Rachid Bouraoui

Effet du stress thermique sur la vache laitière en tunisie

Rachid Bouraoui

Effet du stress thermique sur la vache laitière en tunisie

Impact sur les paramètres physiologiques, métaboliques et performances laitières

Presses Académiques Francophones

Imprint
Any brand names and product names mentioned in this book are subject to trademark, brand or patent protection and are trademarks or registered trademarks of their respective holders. The use of brand names, product names, common names, trade names, product descriptions etc. even without a particular marking in this work is in no way to be construed to mean that such names may be regarded as unrestricted in respect of trademark and brand protection legislation and could thus be used by anyone.

Cover image: www.ingimage.com

Publisher:
Presses Académiques Francophones
is a trademark of
International Book Market Service Ltd., member of OmniScriptum Publishing Group
17 Meldrum Street, Beau Bassin 71504, Mauritius

Printed at: see last page
ISBN: 978-3-8416-3532-7

Zugl. / Agréé par: Tunis, Institut National Agronomique de Tunisie, 2002

Copyright © Rachid Bouraoui
Copyright © 2015 International Book Market Service Ltd., member of OmniScriptum Publishing Group
All rights reserved. Beau Bassin 2015

Dédicace

A la mémoire de ma mère

A mon père

A mes frères et sœurs

En signe de reconnaissance pour les encouragements qu'ils n'ont cessé de m'apporter

A toute ma famille et à tous ceux qui me sont chers.

Rachid

Remerciements

Au terme de ce travail, il m'est à la fois agréable et un devoir de remercier sincèrement tous ceux qui ont contribué à sa réalisation.

Je tiens à exprimer toute ma gratitude à M. Abdessalem Majdoub, Professeur à l'INAT, qui a accepté de m'encadrer et de diriger mon travail de thèse. J'ai trouvé en lui le meilleur conseiller ; il a toujours été disponible et il a porté beaucoup d'intérêt pour la réalisation de ce travail. J'espère qu'il trouvera à travers ce remerciement l'expression de ma reconnaissance et de mon profond respect.

J'adresse mes reconnaissances à M. Gley Khaldi, Professeur à l'INAT, d'avoir accepté d'être l'un des rapporteurs de ce travail et pour l'intérêt qu'il a porté pour son évaluation. Je le remercie aussi d'être membre de jury.

Je dois remercier également M. Khemaïes Kraïm, Professeur à l'Ecole Supérieure d'Horticulture et d'Elevage de Chott-Myriam, qui a accepté d'évaluer ce travail en étant l'un des rapporteurs et membre de jury de ce travail.

Je dois une reconnaissance particulière à M. M'naouer Djemali, Professeur à l'INAT, qui était à l'origine du sujet de ce travail. Il m'a aidé par ses conseils et a mis à ma disposition les moyens informatiques nécessaires pour sa réalisation. Je suis très honoré par sa présence comme membre de jury.

J'adresse mes respectueux remerciements à M. Moncef Harrabi, Directeur de l'Institut National Agronomique de Tunisie, qui m'a fait l'honneur de présider le jury de cette thèse.

C'est un devoir de remercier vivement M. Mondher Lahmar, Maître de recherche à l'INRAT. Il m'a aidé par ses critiques constructives.

Je suis très reconnaissant à M. Abdelmajid Gannoun, ancien technicien au Département des Sciences de la Production Animale et de la Pêche de l'INAT, qui m'a beaucoup aidé à la collecte des données des agro-combinats et à effectuer les essais sur le terrain.

J'adresse aussi mes respectueux remerciements à M. le P. D. G. de l'OTD, les directeurs et le personnel des Agro-combinats El Alem, Enfidha, Badrouna et Mateur pour les facilités et les aides qu'ils ont mis à ma disposition lors de la période de collecte des données et le déroulement des essais.

Je tiens aussi à remercier le personnel du centre de contrôle des performances et d'amélioration génétique de Sidi Thabet, en particulier, MM. Mahjoub Arouss et Hédi Hammami pour m'avoir permis l'accès aux données et effectuer des analyses de la qualité du lait.

Mes profonds remerciements vont à Monsieur le Directeur et au personnel de l'Institut National de Météorologie pour avoir mis à ma disposition des données météorologiques.

Je suis très reconnaissant à M. Abdessalem Trimech de l'Ecole National de Médecine Vétérinaire de Sidi Thabet et M. Tainturier de l'Ecole de Médecine Vétérinaire de Nantes en France qui m'ont aidé à faire le dosage hormonal.

Mes remerciements vont aux responsables du Ministère de la Recherche Scientifique pour le support financier partiel pour la conduite des essais de performances (PNM-BIRD 98-08).

Je dois remercier également mes amis de l'INRAT en particulier M. Hichem Ben Salem et Mme Sonia Bedhief pour les discussions bénéfiques que j'ai eues avec eux.

Je ne saurai oublier pas de remercier mes collègues de l'Ecole Supérieure d'Agriculture de Mateur, en particulier, MM. Hamadi Rouissi, Kamel Zouari, Abderrahmen Ben Gara, Boulbaba Rekik et Elmi Soltani pour leur soutien moral.

Enfin, que tous ceux qui m'ont aidé de près ou de loin dans la réalisation de ce travail et qui n'ont pas été cités par inadvertance, acceptent l'expression de ma profonde gratitude.

Résumé

Dans le but de déterminer les zones à stress thermique en Tunisie et d'étudier son impact sur la production laitière, la composition du lait, les performances de reproduction et les réponses physiologiques de la vache laitière Frisonne-Holstein élevée sous un climat méditerranéen :

- Des données météo de 24 stations réparties sur toute la Tunisie et pour une période de 10 ans ont été utilisées pour calculer l'Index Température – Humidité (THI) en vue d'établir sur cette base une carte du stress thermique en Tunisie.
- Quatre sites réparties dans le centre et le nord tunisiens ont été choisis comme lieux de l'étude. Les données de contrôle de performances (période de 10 ans) et de reproduction (période de 7 ans) relatives à ces sites ont été analysées et des relations entre les performances laitières et le THI ont été établies.
- Des thermomètres minima-maxima placés à l'intérieur de l'étable à 1,5 m par rapport au niveau du sol ont servi pour relever la température moyenne à l'intérieur de l'étable au niveau des 4 sites pour une période de 2 ans. Ces données ont servi à établir la relation entre la température à l'intérieur de l'étable (Te) et celle fournie par les services météo (Ta).
- Au niveau du site El Alem deux expériences ont été conduites. Elles ont utilisé deux groupes identiques de 7 vaches chacun et sont réalisées durant une période d'un mois chacune, l'une où le THI est de 68 (printemps) l'autre où le THI est 78 (été). Les données recueillies ont été analysées pour déterminer l'impact du stress thermique sur les paramètres physiologiques, métaboliques et sur la production laitière.

Les résultats obtenus ont mis en évidence l'existence d'un stress thermique qui se manifeste entre les mois de juin et septembre. Ce stress est très sévère dans les régions de Kébili et de Tozeur au sud du pays où les valeurs THI dépassent 78. Mais il est intense pour le reste du pays avec des valeurs THI variant entre 72 et 78. Par ailleurs, la production laitière journalière par vache chute de 10 % entre les mois de mars et septembre (17,08 vs 15,28 kg pour le mois de mars et de septembre respectivement).

Les saisons de l'été et de l'automne se caractérisent par des valeurs THI élevées. Elles constituent les saisons défavorables à la production des vaches de races pures. En effet, les pics de lactation enregistrés étaient respectivement de 22,7 ; 22,8 ; 21, 3 et 21,4 kg/vache/jour pour l'hiver, le printemps, l'automne et l'été. Le taux butyreux a été également altéré pour passer de 3,80 % en hiver à 3,69 % en été.

Au niveau de tous les sites confondus, le taux de réussite en première insémination (TRI_1) et le taux de conception (CR) sont les plus faibles en été. En effet, le mois d'août présente un TRI_1 de 25 % et un CR de 32 %. Par contre des valeurs plus élevées ont été observées au mois de février 58,9 et 51 % respectivement pour le TRI_1 et le CR. Les équations de régression liant le TRI_1 et le CR aux valeurs THI présentent des coefficients de détermination (R^2) élevés de 0,70 et 0,89 respectivement. Les intervalles vêlage-vêlage (IVV) et vêlage insémination fécondante (IVIF) sont les plus longs pour les vaches vêlant en mai-juillet et les plus courts pour celles vêlant en décembre-janvier.

Les équations de régression liant la Te et la Ta présentent des R^2 supérieurs à 80 % pour tous les sites.

Les résultats obtenus à partir de deux essais conduits à El Alem montrent que le THI a significativement affecté la production, l'ingestion et les paramètres physiologiques de la vache laitière. En effet, lorsque le THI passe de 68 à 78, la production chute de 21 % (4 kg) et l'ingestion de la matière sèche de 9,6 % (1,73 kg). En outre le THI présente des corrélations négatives avec la production laitière (-0,76) et avec l'ingestion (-0,24). Pour une même variation de THI (68 à 78), la température rectale et les rythmes cardiaque et respiratoire ont augmenté de 0,5 °C, 6 battements et 5 inspirations/mn respectivement. Cet effet de stress thermique est plus prononcé à 13 : 00 h où on assiste à une élévation des valeurs des différents paramètres physiologiques mesurés. En outre, la concentration plasmatique en cortisol est passée de 21,75 à 23,5 nmol/l, alors que celle de la thyroxine libre a chuté de 15,5 à 14,5 pmol/l. Les corrélations entre le THI, la température rectale, les rythmes cardiaque et respiratoire et le taux de cortisol dans le sang présentent des valeurs de 0,89 ; 0,88 ; 0,85 et 0,31, alors que celle de la thyroxine libre est de –0,43.

En conclusion, ce travail montre que le stress thermique affecte les paramètres physiologiques et métaboliques et en conséquence les performances de production et de reproduction de la vache laitière.

Mots clés : THI / Vache laitière / Production / Reproduction / Paramètres physiologiques / Cortisol / Thyroxine libre.

Abstract

In order to determine thermal stress areas in Tunisia and to study the effect of heat stress on milk production and composition, reproductive performances and physiological responses of lactating Friesian-Holstein cows under a Mediterranean climate:

- A ten-year period weather data for twenty four weather stations located all over Tunisia were used to determine Temperature Humidity Index (THI) and to establish seasonal heat stress maps based on obtained THI values.
- Four experimental sites from the north and central Tunisia were selected as study areas. Milk production data for a 10-year period and reproduction data for 7 years were analysed and relationships between milk yield, reproduction parameters and THI values were established for each site herd.
- Maxima and Minima thermometers set at a level of 1.5 meters inside the barn served to collect temperature data for a 2 years period for each site. Collected data were used to establish the relationship between temperature inside the barn (Te) and that of the outside given by the weather service (Ta).
- At El Alem experimental site, two experiments were conducted for a month period using two similar groups of 7 cows in each. The first experiment was carried out during the spring season at THI value of 68. The second one took place during the summer at THI value of 78. Collected data were analysed to determine the effect of heat stress on physiological parameters and on milk production of lactating dairy cows in central Tunisia.

Results showed that heat stress is present in Tunisia between June and September. Except for the two south regions of Tozeur and Kebili where THI value are over 78, the remaining part of the country has THI values between 72 and 78. Milk production per cow showed a 10 % drop between the months of March and September going from 17.08 to 15.28 kg respectively.

The summer and the fall seasons showed the highest THI values and were unfavourable to purebred dairy cattle production. In fact, lactation peaks were 22.7 ;

22.8 ; 21.3 and 21.4 kg per cow per day for the winter, the spring, the fall and the summer, respectively. Milk fat content was also slightly affected (3.69 and 3.80 % for the summer and winter, respectively).

First conception rate (TRI_1) and conception rate (CR) were lowest in the summer for the four experimental sites (25 and 32 % for TRI_1 and CR respectively for the month of August). The highest values (58.9 for TRI_1 and 51 % for CR) were observed for the month of February. Regression equations between THI and TRI_1 and THI and CR showed R^2 values of 0.7 and 0.89 respectively. Calving (IVV) and Calving-conception (IVIF) intervals were the longest for cows calving during May-July and the shortest for those calving during December-January.

R^2 value for the regression equation between Te and Ta was over 80 % for the four experimental sites suggesting that Ta can be used for the purpose of stress studies.

Results from the lactating cow trials indicated that heat stress significantly affected milk production, dry matter intake and physiological parameters. When THI values went from 68 to 78, milk production and intake showed 21 % and 9.6 % drop respectively. THI were negatively correlated to milk production and intake (-0.76 and -0.24 respectively). For the same THI variation (68 to 78) rectal temperature, heart and respiration rates increased by 0.5 °C ; 6 beats and 5 inspirations/mn, respectively. The stress effect is more pronounced at 13:00 h where values of all measured physiological parameters were increased. In addition, plasmatic cortisol level went from 21.75 to 23.5 nmol/l and free thyroxin concentration decreased from 15.5 to 14.5 pmol/l. Correlation's values between THI, rectal temperature, heart and respiration rates and blood cortisol and thyroxin levels were 0.89 ; 0.88 ; 0.85 ; 0.31 and -0.43, respectively.

It was concluded that heat stress affects physiological and metabolic parameters, production and reproduction of dairy cow.

Key words: THI / Dairy cow / Milk production / Reproduction / Physiological parameters / Blood cortisol / Free thyroxin.

Liste des abréviations

A. O. A. C. : Association of Official Analytical Chemists
A/C : Agro-combinat
ADH : Hormone antidiurétique
AGV : Acides gras volatils
ATP : Adénosine triphosphate
BGHI : Black globe-humidity index
BGT : Black globe temperature
°C : Degré celcius
Ca : Calcium
CR : Taux de conception
CS : Cellules somatiques
DBT : Dry bulb temperature
ES : Erreur standard
ET : Température effective
FR : Fréquence respiratoire
FSH : Hormone folliculo-stimulante
GnRH : Growth releasing hormone
INM : Institut National de Météorologie
IVIF : Intervalle vêlage-insémination fécondante
IVV : Intervalle vêlage-vêlage
K : Potassium
Kg : Kilogramme
LH : Hormone lutéinisante
M : Mois
MG : Matière grasse du lait
MP : Matière protéique
MS : Matière sèche
N : Nombre d'observations

NRC: National Research Council

P : Phosphore

r : Coefficient de corrélation

R^2 : Coefficient de détermination

T3 : Tri-iodothyronine

T4 : Thyroxine

Ta : Température ambiante à l'extérieur de l'étable

Ta-1 : Température ambiante à l'extérieur de l'étable un jour avant

Ta-2 : Température ambiante à l'extérieur de l'étable deux jours avant

Ta-3 : Température ambiante à l'extérieur de l'étable trois jours avant

TCI : Température critique inférieure

TCS : Température critique supérieure

Te : Température à l'intérieur de l'étable

THI: Température-humidité index

THI-1: Température-humidité index un jour avant

THI-2: Température-humidité index deux jours avant

THI-3: Température-humidité index trois jours avant

TLI : Température létale inférieure

TLS : Température létale supérieure

TRI_1 : Taux de réussite en première insémination

ZNT: Zone de neutralité thermique

Liste des tableaux

Tableau 1. Classification de THI en relation avec la production laitière 16

Tableau 2. L'index THI pour les différentes stations pendant les différentes saisons 24

Tableau 3. Effet du stress thermique sur la production laitière de la vache Frisonne – Holstein 31

Tableau 4. Effet du stress thermique sur les paramètres de reproduction de la vache Frisonne – Holstein 34

Tableau 5. Localisation des sites choisis 40

Tableau 6. Variation de la production laitière au pic de lactation en fonction des saisons 45

Tableau 7. Variation de la production laitière au pic de lactation en fonction de l'index THI 46

Tableau 8. Variation du taux butyreux du lait en fonction des saisons 47

Tableau 9. Variation du taux butyreux du lait en fonction de l'index THI 47

Tableau 10. Moyennes de l'IVIF par site et par mois de vêlage 53

Tableau 11. Moyennes de l'IVV par site et par mois de vêlage 54

Tableau 12. Effet du stress thermique sur la consommation d'eau, l'ingestion et la digestibilité de la vache Frisonne – Holstein 71

Tableau 13. Estimation des variations des besoins d'entretien, d'ingestion et de production laitière pour la vache laitière exposée à différentes températures. 74

Tableau 14. Caractéristiques des vaches utilisées dans les deux essais 77

Tableau 15. Composition chimique (%MS) des aliments utilisés pour les deux essais 77

Tableau 16. Effet du stress thermique sur la température rectale, la fréquence cardiaque et la fréquence respiratoire des vaches laitières 86

Tableau 17. Corrélations entre les THI, la concentration plasmatique en Cortisol et en Thyroxine 91

Tableau 18. Corrélations entre l'ingestion, les THI et les différentes températures ... 92

Tableau 19. Effet du stress thermique sur l'ingestion, la digestibilité, la production laitière, la production laitière corrigée, la composition du lait et le nombre de cellules somatiques. 93

Tableau 20. Pourcentage de diminution de la production laitière en fonction du THI par rapport à la valeur 69 98

Tableau 21. Corrélations entre la production laitière, le THI et certains paramètres physiologiques 99

Liste des figures

Figure 1 Schéma simplifié de l'évolution de la thermolyse (en pointillés) et de la thermogenèse avec la température ambiante. 6

Figure 2 . Transfert de chaleur du noyau producteur vers le milieu ambiant. 11

Figure 3. Diagramme de l'index THI pour l'estimation du degré de stress thermique. 17

Figure 4. Variation climatique mensuelle (moyenne de 24 stations) 20

Figure 5. Evolution des valeurs mensuelles de THI en Tunisie 21

Figure 6 Cartes saisonnière de THI pour la Tunisie 25

Figure 7 . Distribution régionale des élevages laitiers en Tunisie 27

Figure 8. Variation mensuelle de la production laitière par vache 27

Figure 9 Variation du THI, du TRI_1 et du CR à El Alem de 91/92 à 97/98 49

Figure 10 . Variation du THI, du TRI_1 et du CR à Badrouna de 91/92 à 97/98 49

Figure 11 . Variation du THI, du TRI_1 et du CR à Ghézala de 93/94 à 97/98 50

Figure 12. Variation du THI, du TRI_1 et du CR à Enfidha de 91/92 à 97/98 50

Figure 13. variation du taux de réussite en première insémination en fonction du THI du mois 52

Figure 14. Variation du taux de conception en fonction du THI du mois 52

Figure 15. Evolution du taux d'avortement et du pourcentage de rétention placentaire en fonction du mois de vêlage 55

Figure 16. Variation du THI et de la température ambiante à l'agro-combinat El Alem 83

Figure 17. Variation journalière de la température, de l'humidité et des valeurs THI durant l'essai de l'été 83

Figure 18. Variation journalière de la température, de l'humidité et des valeurs THI durant l'essai du printemps 84

Figure 19. Relation entre la température rectale (TR) et le THI 85

Figure 20. Relation entre la fréquence cardiaque (FC) et le THI 87

Figure 21. Relation entre la fréquence respiratoire (RR) et le THI 88

Figure 22. Variation des concentrations plasmatiques en cortisol et en thyroxine libre 90
Figure 23. Variation de la quantité de MS ingérée en fonction de la température ambiante 94
Figure 24. Variation de la digestibilité de la matière sèche en fonction de la température ambiante 96
Figure 25. Variation de la production laitière (PL) en fonction du THI 97

Table de matière

Introduction générale 1
    1- Notion d'homéothermie 3
    2- Neutralité thermique, températures critique et létale 4
    3- Mécanismes de la thermorégulation 7
3.1- Lutte contre la chaleur 7
3.2- Lutte contre le froid 10
    Chapitre II : Etude de l'effet du stress thermique mesuré à travers le calcul de l'index température-humidité sur la vache laitière Frisonne – Holstein élevée dans les conditions tunisiennes 12
    1- Revue bibliographique 12
1.1- Notion de stress thermique 12
1.2- Méthodes d'appréciation du stress thermique 13
        1.2.1- Mesures et indices 13
        1.2.2- Appréciation de l'effet du stress thermique à travers l'index THI .. 15
2.1- Collecte des données météorologiques de base 18
2.2- Collecte des données d'élevage 18
2.3- Calcul de l'Index Température-Humidité (THI) 18
    3- Résultats et discussion 19
3.1- Variation des conditions climatiques en Tunisie 19
3.2- Evolution mensuelle de THI 20
3.3- Cartographie du stress thermique en Tunisie 22
3.4- Répartition des élevages laitiers en Tunisie 23
3.5- Effet du stress thermique sur la production laitière 26
    Chapitre III : Etude de l'effet du stress thermique sur les performances laitières 28
    1- Revue bibliographique 28
1.1 - Effet du stress thermique sur la production laitière, la composition du lait et l'état sanitaire de la mamelle 28

1.1.1 - Effet du stress thermique sur la production laitière 28

1.1.2- Effet du stress thermique sur la composition du lait 31

1.1.3- Effet du stress thermique sur l'état sanitaire de la mamelle 33

1.2- Effet du stress thermique sur la reproduction 33

1.2.1- œstrus 34

1.2.2- Fertilité 35

1.2.3- Gestation 38

1.2.4- Rétention placentaire 39

2- Matériel et méthodes 39

2.1- Choix des sites de l'étude 39

2.2- Mesure de la température à l'intérieur des étables des sites choisis 40

2.3- Collecte et analyse des données de production laitière 41

2.3.1- Collecte des données 41

2.3.2- Analyse des données 41

2.4.1- Collecte des données 42

2.4.2- Analyse des données 43

3-Résultats et discussion 43

3.1- Relation entre la température mesurée à l'intérieur de l'étable (Te) et celle à l'extérieure (Ta) 43

3.2- Relation entre le stress thermique et la production laitière au pic de lactation ... 44

3.3- Relation entre stress thermique et le taux butyreux du lait 46

3.4- Relation entre les valeurs THI, le taux de réussite en première insémination (TRI1) et le taux de conception (CR) 48

3.5- Effet du mois de vêlage sur l'IVIF et l'IVV 52

3.6- Effet du mois de vêlage sur le taux d'avortement et le pourcentage de rétention placentaire 54

Chapitre III :Impact du stress thermique sur les paramètres physiologiques et métaboliques, le statut hormonal et la production laitière chez la vache Frisonne - Holstein 56

1- Revue bibliographique 56

1.1- Température rectale 56
1.2- Fréquence respiratoire 57
1.3- Fréquence cardiaque 60
1.4- Les réactions cutanées 60
1.5- Régulation hormonale 61
    1.5.1- Activité thyroïdienne 61
    1.5.2- Activité cortico-surrénalienne 64
    1.5.3- Prolactine 68
    1.5.4- Hormones liées à la reproduction 68
1.6- Consommation d'eau 70
1.7- Ingestion 72
1.8- Effet du stress thermique sur la digestibilité 74
    2- Matériel et méthodes 76
2.1- Choix du site de l'étude 76
2.2- Matériel animal, alimentation et conduite des vaches laitières 76
2.3 - Mesure des données météorologiques et calcul des valeurs THI 78
2.4- Mesures et analyses de laboratoire. 78
    2.4.1- Matière sèche ingérée 78
    2.4.2- Digestibilité in vivo de la MS 78
    2.4.3- Production laitière 79
    2.4.4- Paramètres physiologiques 79
    2.4.5- Prise d'échantillons de sang 80
2.5- Analyses statistiques 80
    3- Résultats et discussion 82
3.1- Etude de la variation des valeurs THI et de la température ambiante à l'agro-combinat El Alem 82
3.2- Effet du stress thermique sur les réponses physiologiques de la vache laitière .. 84
    3.2.1- Température rectale 84
    3.2.2- Fréquence cardiaque 86
    3.2.3- Rythme respiratoire 87

  3.2.4- Hormones 89
3.3- Effet du stress thermique sur l'ingestion, la digestibilité, la production laitière et la composition du lait 91
  3.3.1- Ingestion 91
  3.3.2- Digestibilité de la matière sèche 95
  3.3.3- Etude de la relation stress thermique-production laitière 96
  3.3.4- Effet du stress thermique sur la composition du lait........................ 99
 Chapitre IV : Discussion générale... 101
 Conclusion générale 106
 Références bibliographiques 109

Introduction générale

Le secteur de l'élevage en Tunisie joue un rôle important avec une contribution de 37,5% à la valeur totale de la production agricole. Quant à l'élevage laitier, sa contribution à cette dernière est de 8,8% (Ministère de l'Agriculture, 2001). L'élevage bovin laitier assure 98% de la production laitière nationale. Deux cent onze mille unités femelles de races pures et 282000 unités femelles locales et croisées constituent le cheptel bovin laitier national. Le cheptel laitier de races pures est constitué à raison de 95% Pie Noire-Holsteinisée, de 4% de Brune des Alpes et de 1% de Tarentaise. Il ne cesse d'augmenter au dépend de la population locale. Ceci peut être attribué à la faible productivité de cette dernière (Bel Hadj, 1972). C'est ainsi que depuis les années 70, des mesures ont été envisagées pour améliorer cette productivité par des croisements d'absorption avec la Pie noire, la Brune des Alpes et la Tarentaise. Cette action a amélioré sensiblement la production par vache et par lactation qui est passée de 500 kg à 3772 kg pour la F2 du croisement Pie noire et à 1610 kg pour celui de la Brune des Alpes (Rondia et al., 1985). Or pour répondre aux besoins croissants de la population tunisienne en lait, cette productivité reste insuffisante, ce qui explique l'orientation de plus en plus marquée vers les races pures.

A partir des années 80, l'effectif des bovins de races pures a connu un accroissement spectaculaire. Ceci est le résultat de différentes mesures d'encouragement préconisées par l'état, telles que l'insémination artificielle, le contrôle laitier, l'amélioration des prix, l'incitation à la création des centres de collecte et l'instauration d'une prime à la réception du lait au niveau de ces derniers. Toutes ces actions visent à répondre à une industrie laitière moderne. On assiste alors à un développement de la production laitière globale. Toutefois, cette production laitière est attribuée en grande partie à l'augmentation de l'effectif des races pures et non à l'amélioration de la productivité. La pérennité de cet élevage n'est pas de ce fait garantie. En effet, bien que ce cheptel détient un potentiel génétique important (>

8000 kg/vache/lactation), il ne produit que 5420 kg/vache/lactation pour les troupeaux contrôlés (Ould Ahmed, 2001).

Cette faible productivité est occasionnée non seulement par des insuffisances au niveau de la conduite du troupeau mais aussi à une faible maîtrise de l'ambiance à l'intérieur de l'étable. En effet, la Tunisie est un pays méditerranéen caractérisé par des étés chauds et secs et des hivers doux et pluvieux. L'irrégularité pluviométrique et les températures variables affectent non seulement la disponibilité alimentaire mais agissent directement sur le confort de la vache laitière. Cependant peu de travaux de recherche ont été réalisés sur la vache laitière en général (Djemali et al., 2000) et en particulier sur l'impact du climat sur la productivité de cette dernière. Malgré la chute de production observée en été, les études permettant de quantifier cet impact et de préconiser les actions adéquates à entreprendre afin d'atténuer cet impact, sont rares. Les quelques travaux réalisés sur l'effet de la température sur la production laitière sont sporadiques et le plus souvent non fondés. C'est dans ce cadre que le présent travail envisage de :

(1) Etablir une carte du stress thermique en Tunisie pour les différentes saisons sur la base de l'index Température-Humidité (THI) préétabli.
(2) Etablir les différentes liaisons entre le stress thermique apprécié par l'index THI, la production laitière, la composition du lait, la reproduction et les problèmes sanitaires à partir des données collectées au niveau du service contrôle des performances (OEP) et au niveau des 4 sites étudiés.
(3) Evaluer l'impact du stress thermique sur les paramètres physiologiques et métaboliques et sur la productivité de la vache laitière élevée dans le centre de la Tunisie à partir d'un essai réalisé à l'agro – combinat d'El Alem.
(4) Etablir pour les 4 sites de l'étude la relation entre la température à l'extérieur enregistrée par les services météorologiques et celle mesurée à l'intérieur de l'étable afin d'estimer cette dernière à partir des données météo fournies par l'Institut National de Météorologie.

Chapitre I : Notion de thermorégulation

1- Notion d'homéothermie

L'organisme a continuellement besoin d'énergie libre. Celle-ci est mise à sa disposition par la dégradation de composés organiques à haut potentiel énergétique. Cette énergie est utilisée pour la synthèse de liaisons phosphates riches en énergie et aussi pour la production d'énergie calorique indispensable au maintien d'une température corporelle déterminée. La vitesse des réactions dans l'organisme dépend de la température. Pour tous les organismes, il existe une zone de température pour laquelle des processus vitaux évoluent d'une façon optimale (Kolb, 1975). Par ailleurs, le comportement de l'organisme animal apparaît étroitement soumis à la température du milieu ambiant.

L'homéothermie est la propriété qu'ont certains animaux de maintenir constante leur température centrale en dépit des variations de la température ambiante ou de leur propre production de chaleur. Elle résulte des mécanismes régulateurs complexes correspondant à une fonction bien définie (Chatonnet, 1970). La température corporelle des homéothermes ou endothermes est variable selon les espèces de mammifères ou d'oiseaux ; elle est comprise entre 36 et 42 °C (Hermann et Cier, 1976). Comme tout animal homéotherme, le ruminant tel que la vache laitière doit maintenir sa température corporelle dans un intervalle très étroit quelles que soient sa production propre de chaleur et les conditions thermiques de son environnement proche. C'est une condition essentielle pour que les grandes fonctions physiologiques et l'ensemble des réactions métaboliques au niveau cellulaire s'effectuent dans des conditions optimales (Morand-Fehr et Doreau, 2001).

2- Neutralité thermique, températures critique et létale

Dans un intervalle de température ambiante assez large et généralement inférieure à la température corporelle, qui définit la zone d'homéothermie, la production de chaleur par l'organisme (thermogenèse), à laquelle s'ajoute l'apport de chaleur par le milieu extérieur, est en équilibre avec la déperdition de chaleur ou thermolyse (figure 1). Dans cette zone d'homéothermie, pour un niveau d'ingestion donné, il existe une plage de températures pour lesquelles la production de chaleur est minimale. Morand-Fehr et Doreau (2001) indiquent que cette plage correspond à l'intervalle de neutralité thermique ou zone de neutralité thermique (ZNT). Selon Gogny et Bidon (1993), la ZNT, dite encore zone métabolique indifférente, correspond à une plage de température ambiante à l'intérieur de laquelle la production de chaleur par l'organisme (thermogenèse) est minimale et compense les pertes de chaleur (thermolyse) qui ne fait pas intervenir la sudation et/ou l'accélération des mouvements respiratoires. Le concept de la ZNT est un moyen de description de la relation entre un animal et son environnement (Silanikove, 2000).

Les températures critiques inférieure et supérieure définissent les limites de la ZNT (Robertshaw, 1981). La température critique inférieure est définie comme étant la température ambiante la plus basse pour laquelle la production de chaleur compense exactement les pertes thermiques (Mount, 1974). La température critique supérieure est la température ambiante lorsque : (a) le taux métabolique augmente ; (b) la perte de chaleur par évaporation augmente ; (c) l'isolation thermique des tissus superficiels est minimale. Plusieurs auteurs définissent la température critique supérieure pour la vache laitière comme étant la température pour laquelle la perte de chaleur par évaporation sous forme respiratoire augmente (Berman et al., 1985 ; Igono et al., 1992). La zone de neutralité thermique est variable en fonction de l'espèce, de l'âge, du sexe et du niveau de production de l'animal. En moyenne, elle est comprise entre 0 et 17°C chez la vache, entre 13 et 25°C chez le veau ; et entre 3 et 20°C chez le mouton (Mahmoudi, 1998).

En zootechnie, la zone de neutralité thermique (ZNT) correspond à la zone de confort thermique, qui est limitée par une température critique supérieure (TCS) et par une température critique inférieure (TCI). Pour les bovins laitiers, cette ZNT varie de 5 à 25°C pour McDowell (1972), de 0 à 25°C pour Remond et Vermorel (1982) et de –5 à 21°C pour Johnson (1986). Si la température corporelle est inférieure à la TCI, on se retrouve dans la zone de lutte contre le froid et l'animal va produire davantage de chaleur pour équilibrer les transferts avec l'environnement (Le Mennec, 1994). Si la température corporelle est supérieure à la TCS, on se trouve dans la zone de lutte contre la chaleur et l'animal va perdre cette dernière en augmentant la thermolyse et en diminuant la thermogenèse (Abidi, 1996). La figure 1 présente la zone de neutralité thermique, les TCI et les TCS. Les possibilités de thermorégulation sont cependant dépassées à partir de la valeur nommée température létale supérieure (TLS) ou température létale inférieure (TLI). L'organisme ne peut plus lutter et la mort survient rapidement (Gogny et Bidon, 1993).

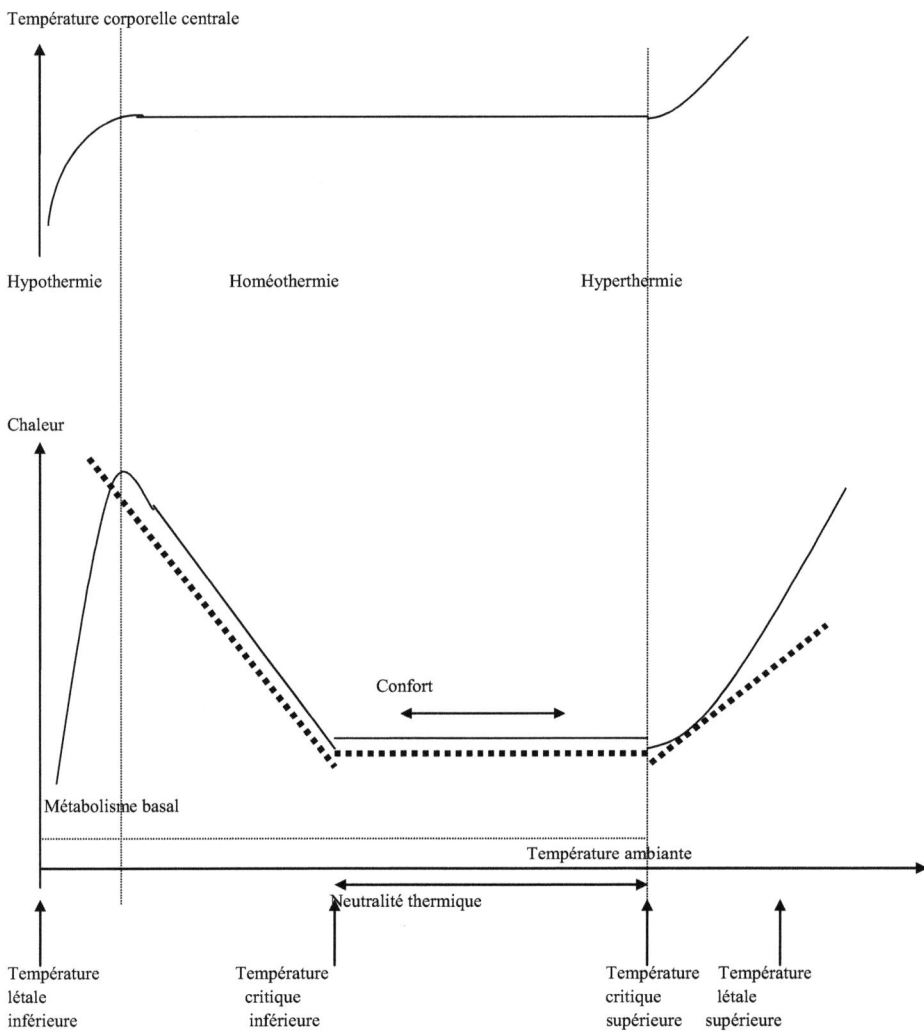

Figure 1 Schéma simplifié de l'évolution de la thermolyse (en pointillés) et de la thermogenèse avec la température ambiante. La courbe de thermogenèse inclut l'apport de chaleur à l'animal par le milieu extérieur (Morand – Fehr et Doreau, 2001).

3- Mécanismes de la thermorégulation

3.1- Lutte contre la chaleur

Selon Morand-Fehr et Doreau (2001), l'énergie utilisée par la vache laitière provient de l'énergie ingérée et éventuellement de la mobilisation et du catabolisme de ses réserves corporelles. Elle se trouve dans différentes fractions : une partie est perdue (fèces, urine, méthane), une partie permet le fonctionnement de l'organisme (métabolisme des organes) et de couvrir les dépenses liées à l'ingestion, une partie est utilisée comme énergie de production (gestation, croissance et lait) et enfin une partie constitue la production de chaleur (fermentation des aliments dans le rumen, activité musculaire et extra-chaleur d'entretien et de production liée à l'utilisation métabolique des nutriments). Lorsque la température ambiante est élevée, la chaleur est fournie à l'animal par son environnement, sous forme de radiation (rayonnement solaire) mais aussi de convection (échange avec l'air) et de conduction (échange avec le sol).

Les principes généraux de la thermorégulation, c'est à dire la notion d'équilibre entre la production et la déperdition calorique, sont applicables en ambiance chaude comme en ambiance froide. Théoriquement, deux modalités majeures devraient permettre d'assurer la constance de la température d'un homéotherme lorsqu'il est placé dans un milieu où la température est supérieure à celle de la neutralité thermique : (1) la diminution de la thermogenèse et (2) l'augmentation de la déperdition calorique (thermolyse). Selon Hermann et Cier (1976) la première modalité ne peut pas être retenue. Ils ont rapporté que la régulation thermique se réalise par une augmentation de la déperdition calorique, mettant en œuvre des processus spéciaux de thermolyse. Ceci se fait lorsque l'homéotherme se trouve placé dans une ambiance dont la température excède celle de la zone de neutralité thermique.

La majeure partie de la chaleur produite par l'organisme est une conséquence inévitable du métabolisme (Geraer, 1991). En effet, Chaque cellule vivante produit systématiquement de la chaleur par le biais des réactions métaboliques lui permettant de survivre ou d'exercer ses fonctions. Selon Li et al. (1992), cette production est surtout importante pour les cellules musculaires lisses (intestins) ou striées (muscles). Cette production de chaleur est réduite en ambiance chaude suite à une diminution du métabolisme basal. Il y a aussi une diminution de l'activité physique de l'animal. Enfin il y a diminution de la thermogenèse alimentaire (extra-chaleur) suite à la diminution de l'ingéré (Abbassi, 1994).

Les processus de déperdition directes type conduction, convection et rayonnement ne sont efficaces que lorsque la température ambiante est supérieure ou égale la température des enveloppes (supérieure à 30). Pour cela, l'organisme développe des modifications cardio-vasculaires et rénales permettant de favoriser le transfert de la chaleur du noyau central vers la périphérie et les zones d'échanges (figure 2). La fréquence cardiaque augmente rapidement et se produit une vasodilatation des voies respiratoires au niveau de la peau qui peut multiplier la conductibilité thermique par un facteur de 3 ou 4. Les autres territoires, vasculaire, digestif et musculaire surtout font l'objet d'une chute du débit sanguin (Bottje et Harisson, 1987). Selon Morand-Fehr et Doreau (2001), la vasodilatation cutanée permet l'accroissement des pertes de chaleur par convection. Lorsque la température extérieure s'accroît, les pertes de chaleur par évaporation deviennent prédominantes. Elles sont favorisées par le halètement. Chez les bovins, lors d'exposition à une température de 27 à 31°C et après une pulvérisation d'eau sur l'animal durant une minute, les thermogrammes obtenus immédiatement après la pulvérisation à 15, 30 et 45 minutes, ont révélé que les zones les plus chaudes et qui permettent une perte par évaporation très importante sont l'encolure, les épaules et les régions des côtes. Ensuite, on trouve la région sous les côtes et les parties caudales du corps qui ont une température moyenne avec sudation moyenne. La gorge et la région sacrale ont la plus faible température et perdent moins d'eau par sudation (Knizkova et al., 1996). Morand-Fehr et Doreau (2001) ont rapporté que les pertes de chaleur sont accrues par une humidité faible, car une forte hygrométrie limite les échanges thermiques au niveau de la peau.

Lorsque la température ambiante augmente et que l'apport de chaleur à l'animal par le milieu extérieur devient important, la lutte contre la chaleur serait plus difficile et la température critique supérieure serait atteinte, ce qui se traduit par la chute de la production de l'animal (lait, viande). L'organisme lutte contre l'hyperthermie en éliminant davantage de chaleur, par la vasodilatation sous-cutanée dans un premier temps, mais surtout en augmentant l'évaporation de l'eau au niveau respiratoire (Morand-Fehr et Doreau, 2001). Selon Mount (1974), une fois la vasodilatation maximale est atteinte, rien ne peut empêcher les pertes non-évaporatives de continuer à décroître lorsque la température augmente. Le relais est alors pris par l'évaporation cutanée et respiratoire qui augmente de façon sensiblement linéaire avec la température ambiante, permettant aux échanges thermiques de s'équilibrer. Morand-Fehr et Doreau (2001) ont rapporté que dans un premier temps l'animal réduit aussi sa production de chaleur en adaptant son comportement, c'est à dire en réduisant ses déplacements. La dépense énergétique liée à l'activité musculaire est donc plus faible. Quand la température s'accroît d'avantage, l'animal s'adapte en réduisant les quantités ingérées. Les pertes de chaleur directement liées aux quantités ingérées (chaleur de fermentation+extra-chaleur) sont réduites, de même que celles induites par l'activité masticatoire liées à l'ingestion. Au-delà d'une certaine température ambiante, la vache laitière ne peut plus assurer le maintien de sa température interne. On peut considérer que la vache est en stress thermique lorsqu'elle est exposée à une température ambiante supérieure à la température critique supérieure. La résistance d'un animal à la chaleur est d'autant plus grande que sa production de chaleur est faible et sa thermolyse est grande (Mount, 1974).

3.2- Lutte contre le froid

Inversement à la lutte contre la chaleur, le mécanisme de lutte contre le froid est favorisé par une diminution de la thermolyse et une augmentation de la thermogenèse. Selon Mahmoudi (1998), la diminution de la thermolyse se fait par la diminution du gradient thermique entre l'animal et son environnement et par la diminution de la conductance thermique.

L'augmentation de la thermogenèse s'effectue par plusieurs mécanismes. Une augmentation de la production de chaleur immédiatement obtenue par des mouvements volontaires puis par frisson thermique. Au niveau des muscles squelettiques, la production de chaleur par frisson thermique est estimée au 1/3 du total de la production de chaleur lors de l'exposition au froid (Maria et al., 1998). Une intervention plus tardive de la thermogenèse sans frisson repose sur l'oxydation des lipides essentiellement par le muscle. Un accroissement de la prise alimentaire augmente aussi la thermogenèse (Rieutort, 1973). Selon Remond et Vermorel (1982), l'augmentation de la thermogenèse se fait d'abord par un catabolisme partiel des nutriments ingérés, puis par l'utilisation des réserves lipidiques corporelles. Selon Morand-Fehr et Doreau (2001), ce détournement de l'énergie ingérée pour lutter contre le froid entraîne la diminution de la production laitière. Lorsque la production de chaleur est maximale et que l'animal n'arrive plus à compenser sa perte de chaleur liée au froid, il entre dans la zone d'hypothermie.

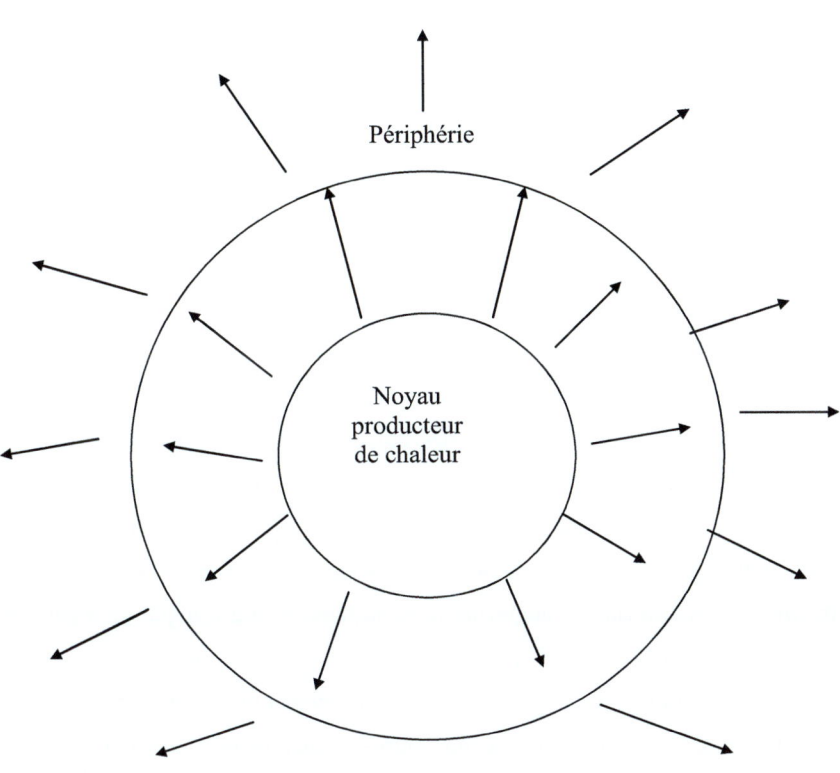

Figure 2 . Transfert de chaleur du noyau producteur vers le milieu ambiant par pertes sensibles (conduction, convection et radiation) et par pertes insensibles (sudation et évaporation) d'après Houdas et Guieu (1977).

Chapitre II : Etude de l'effet du stress thermique mesuré à travers le calcul de l'index température-humidité sur la vache laitière Frisonne – Holstein élevée dans les conditions tunisiennes

1- Revue bibliographique

1.1- Notion de stress thermique

Les différents facteurs climatiques n'ont une action directe sur les performances des animaux d'élevage que dans la mesure où ils perturbent le maintien de leur homéothermie. On peut donc considérer que le principal facteur climatique est la température ambiante et que les autres facteurs (humidité, pluie, vent, ensoleillement,…) agissent comme des cofacteurs en modifiant la thermolyse. Ils renforcent ou atténuent les effets de la température ambiante. L'accroissement de l'humidité resserre la zone de neutralité thermique (Remond et Vermorel, 1982). A des faibles températures, l'humidité provoque une diminution de l'isolation thermique des animaux et augmente donc la température critique inférieure. Selon Bianca (1965) et Fuquay (1981), l'humidité limite la possibilité de dissipation de la chaleur de l'animal par rayonnement et par évaporation pour des températures supérieures à 24°C. Pour ces températures relativement élevées, l'action de la température est très liée à l'humidité relative de l'air. L'accroissement de la vitesse de déplacement de l'air provoque une augmentation des pertes de chaleur sous formes sensible (convection) et latente (évaporation de la sueur). Il décale la plage de neutralité thermique vers des températures plus élevées. Le rayonnement solaire constitue un apport supplémentaire d'énergie transformée en chaleur au niveau du pelage de l'animal. Il réduit ainsi les pertes de chaleur sensible des animaux, ce qui leur permet de supporter des températures plus basses lorsqu'ils sont exposés au froid, mais contribue au stress thermique lorsque la température ambiante est élevée (Remond et Vermorel, 1982).

Finch (1984) rapporte que dans les climats chauds, la température ambiante, l'humidité relative et le rayonnement solaire sont les facteurs climatiques les plus importants qui causent un stress chez les animaux d'élevage (vache laitière). La formulation d'une échelle physique de température est importante pour décrire l'effet du climat sur la température (Finch, 1984).

1.2- Méthodes d'appréciation du stress thermique

1.2.1- Mesures et indices

Les indices qui décrivent le stress thermique varient d'une simple mesure de la température ambiante à des critères qui englobent tous les facteurs climatiques. La température de la boule noire combine les effets du rayonnement, de la température ambiante et de la vitesse du vent (Bond et Kelly, 1955). Selon Buffington et al. (1983), la combinaison de la température de la boule noire et de la température du thermomètre mouillé donne un index plus général BGHI (Black Globe-Humidity Index). Ce dernier représente l'un des meilleurs critères décrivant l'effet du stress thermique dans des endroits ouverts (pâturage).

$$BGHI = Tb + 0{,}36 * Td + 41{,}5$$

Tb: Température de la boule noire (°C)
Td : Température de point de rosée (°C)

Le rayonnement solaire a un effet important sur la thermorégulation des vaches laitières au pâturage (Gebremedhin, 1985). Yamamoto et al. (1994) ont calculé la température effective (ET) à partir de la température ambiante (Dry Bulb

Temperature, DBT) et de la radiation (Black Globe Temperature, BGT) par des régressions multiples, ils ont trouvé l'équation suivante:

$$ET = 0{,}24 * DBT + 0{,}76 * BGT$$

Dans le monde et surtout dans les régions chaudes, l'index température-humidité (THI) est utilisé pour estimer les degrés de stress thermique sur la vache laitière (Bianca, 1962 ; McDowell et al., 1976 ; Fuquay, 1981). Cet index peut caractériser les effets des facteurs climatiques sur les performances animales. Le THI a été établi à l'université de Columbia Missouri aux Etats – Unis (Bosen, 1959 ; Johnson et al., 1962 ; Berry et al, 1964 ; Kibler, 1964). Cet index utilise les facteurs climatiques les plus importants à savoir la température et l'humidité. Il peut s'écrire de trois façons différentes, selon le mode de représentation de l'humidité de l'air :

$$THI = 0{,}72 * (Ta + Th) + 40{,}6$$
$$THI = Ta + 0{,}36 * Td + 41{,}5$$
$$THI = 1{,}8 * Ta - (1 - HR) * (Ta - 14{,}3) + 32$$

Ta : Température ambiante (°C)
Th : Température du thermomètre humide (°C)
Td : Température de point de rosée (°C)
HR : Humidité relative (en fraction de l'unité)

1.2.2- Appréciation de l'effet du stress thermique à travers l'index THI

Cet index permet d'apprécier la variation au niveau des paramètres physiologiques et métaboliques, la production laitière et la fertilité des vaches laitières lorsque la contrainte thermique dépasse un certain seuil. Selon Johnson (1985), les performances de la vache laitière ne sont pas affectées par la contrainte thermique pour des valeurs de THI variant de 35 à 72. A une valeur THI inférieure à 35, la vache laitière subit un stress causé par le froid (cold stress). Pour une valeur de THI supérieure à 72, la vache laitière subit le stress thermique causé par la chaleur. Selon Johnson (1985), certaines zones climatiques sont caractérisées par des valeurs THI supérieures à 72 durant 12 mois (Malaisie), 7 à 8 mois (Mexique), 4 à 6 mois (Egypte), 3 à 4 mois (Arizona) et 2 mois (Missouri). Le Canada a toujours une valeur THI inférieure à 72 durant toute l'année.

En Afrique du Sud, Du Preez et al. (1990a) ont proposé différentes classes de variation de THI (tableau 1) en tenant compte de la valeur critique 72 de THI trouvée par Johnson (1985). D'après Du Preez et al. (1990a), toutes les zones de production laitière subissent un stress thermique suite au dépassement de la valeur THI critique de 72 et ceci pendant la saison estivale. Selon Silanikove (2000), une valeur de THI inférieure ou égale à 70 est considérée comme favorable à la production laitière, une valeur de 75-78 cause un effet de stress sur les performances de la vache laitière et une valeur de THI supérieure à 78 cause un stress sévère sur la vie de la vache laitière. Lemerle et Goddard (1986) rapportent que la température rectale augmente à partir d'une valeur de THI de 80 et le rythme respiratoire augmente à partir d'une valeur de 73. L'élévation de la température entraîne un stress thermique qui se manifeste sur les élevages laitiers. Les effets du stress thermique sont plus marqués dans les zones à climat chaud (Armstrong, 1994).

Tableau 1. Classification de THI en relation avec la production laitière

Valeurs de THI	Effet sur la production laitière
≤ 70	Normal
70 à 72	Alerte, proche de l'index critique
72 à 78	Alerte, dépassement de l'index critique
> 78	Danger

Du Preez et al. (1990a)

Wiersma (1990) a développé un diagramme (figure 3) destiné aux éleveurs pour estimer les degrés du stress thermique qui se manifeste sur leurs élevages. Ce diagramme utilise les données de température ambiante et d'humidité relative pour l'estimation de l'intensité de stress thermique. Selon Wiersma (1990), la vache laitière subit un stress thermique sévère pour un THI dépassant 80.

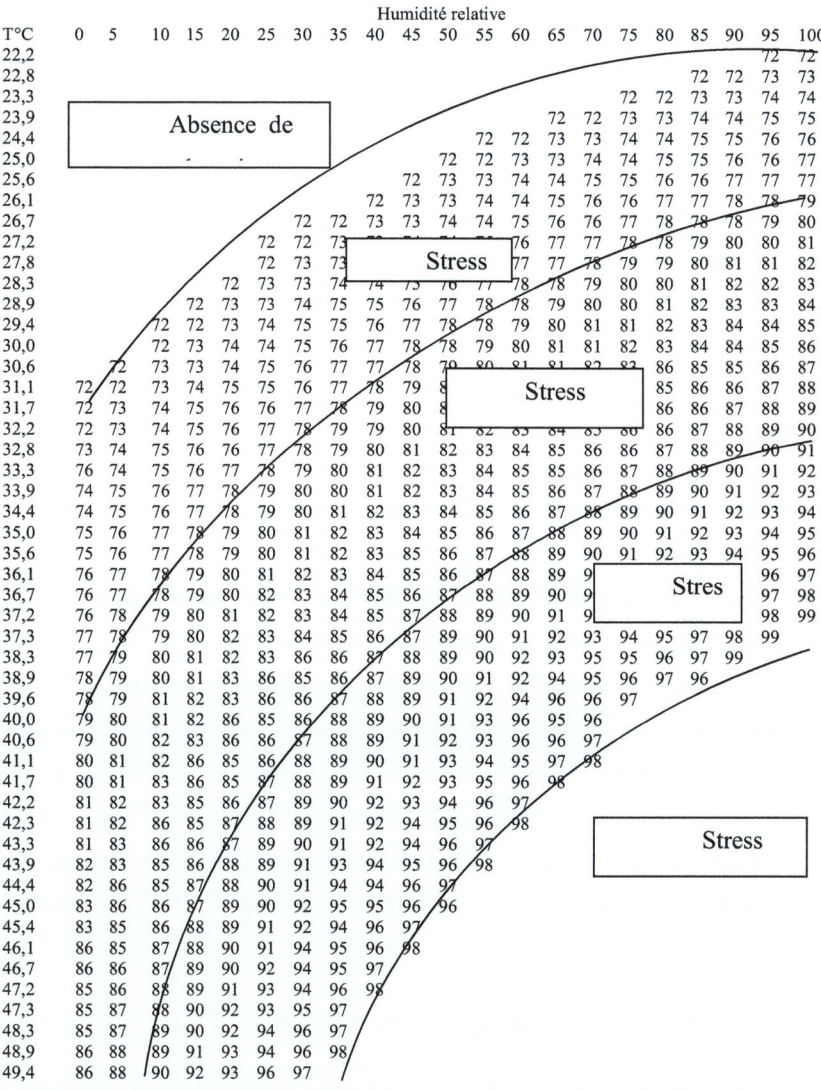

Figure 3. Diagramme de l'index THI pour l'estimation du degré de stress thermique (Wiersma, 1990).

2- Matériel et méthodes

2.1- Collecte des données météorologiques de base

Les données météorologiques mensuelles de 24 stations climatiques principales couvrant toute la Tunisie sur une période de 10 ans (1988 à 1997) sont collectées auprès de l'Institut National de Météorologie de Tunisie (INM). Ces données concernent les températures minimale, maximale et moyenne, l'humidité et la pluviométrie. Elles sont collectées à partir des différents rapports mensuels envoyés par les 24 stations à l'INM.

2.2- Collecte des données d'élevage

Les effectifs des vaches laitières de races pures (Ministère de l'Agriculture, 1997) ont été utilisés pour illustrer la distribution régionale des vaches laitières en Tunisie. Un total de 6813 observations de production laitière (production moyenne par jour et par vache pour un troupeau donné et un mois donné) sur 157 troupeaux durant 5 ans (1996-2001) sont collectées à partir des données du Centre National d'Amélioration Génétique de Sidi Thabet de l'Office de l'Elevage et des Pâturages. Elles sont utilisées pour étudier l'allure de la variation de la production laitière et de déterminer si les hautes températures estivales affectent la production laitière par vache.

2.3- Calcul de l'Index Température-Humidité (THI)

L'index THI utilisé pour les bovins laitiers a été développé à l'université de Columbia-Missouri aux USA selon les méthodes de Johnson et al., (1962) et Berry et al., (1964). Cet index utilise les données des facteurs climatiques les plus importants (la température et l'humidité) selon la formule suivante :

$$THI = 1{,}8 * Ta - (1-HR) * (Ta - 14{,}3) + 32$$

Où

Ta: Température ambiante mensuelle en °C (moyenne mensuelle)

HR: Humidité relative en fraction de l'unité (moyenne mensuelle).

Les valeurs THI sont utilisées pour établir une cartographie de la Tunisie par saison et pour suivre l'évolution des valeurs THI en fonction des mois de l'année. La classification des valeurs THI et l'appréciation de l'intensité du stress thermique est réalisée selon les normes préconisées par Du Preez et al. (1990a) et résumées au tableau 1. Les cartes ont été établies selon le logiciel Mapinfo.

3- Résultats et discussion

3.1- Variation des conditions climatiques en Tunisie

La température et la pluviométrie mensuelles sont présentées dans la figure 4. Il apparaît que la Tunisie se caractérise par un déficit hydrique pendant les mois de mai, juin, juillet, août et septembre suite à une température pouvant atteindre 40 °C et une pluviométrie négligeable de 3 mm. Ceci a un double effet sur l'élevage de la vache laitière. Un effet indirect à travers la réduction des disponibilités alimentaires au cours de cette période. Un effet direct par l'action de la température sur la production laitière (notion de stress thermique) qui a été étudié par plusieurs chercheurs. Il apparaît que la première réponse de l'animal au stress thermique est une augmentation des fonctions qui favorisent la dissipation de chaleur. Celles de production de la chaleur sont réduites (Yousef, 1985). En effet, les hormones associées à la fonction de dissipation de la chaleur et à la régulation hydrique ont tendance à augmenter. Par contre, les autres fonctions (croissance, production, reproduction) ont tendance à chuter (Johnson, 1985).

3.2- Evolution mensuelle de THI

L'évolution des valeurs moyennes de THI est illustrée à la figure 5. Elle montre que l'élevage laitier en Tunisie est exposé à un stress thermique au cours des mois de juin, juillet,

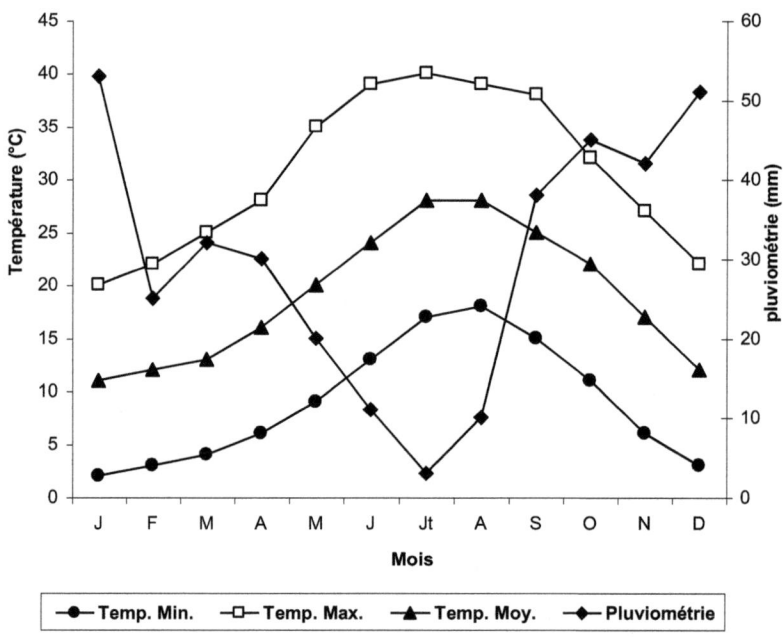

Figure 4. Variation climatique mensuelle (moyenne de 24 stations)

Août et septembre au cours des quels la valeur THI varie de 72 à 77. Cette situation est similaire à celle de l'Arizona (3 à 4 mois) et de l'Egypte (4 à 6 mois) où le THI est supérieur à 72 au cours de 4 à 6 mois de l'année (Johnson, 1985). Cependant la Tunisie semble plus favorable à la production laitière que le Mexique (7 mois) et la Malaisie (12 mois), mais moins favorable que l'état du Missouri aux U. S. A (2 mois) et le Canada où les valeurs THI sont inférieures à 72 pour tous les mois de l'année (Johnson, 1976). En effet les valeurs de THI de 35 et 72 constituent les limites inférieure et supérieure pour la plage humidité température combinée favorable à la production laitière (Johnson, 1985).

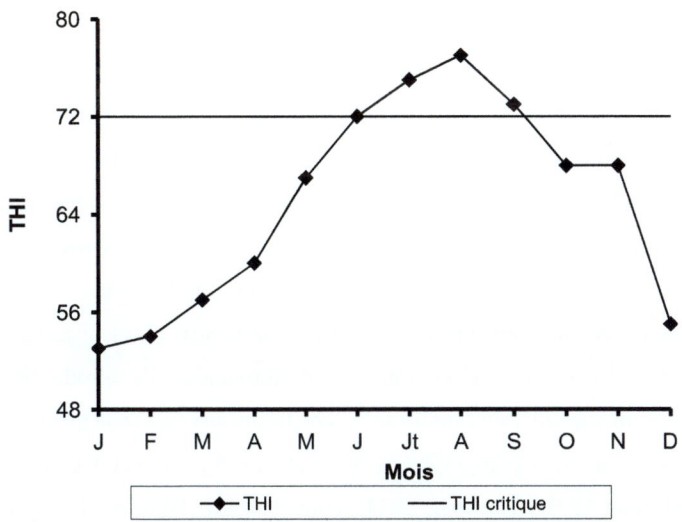

Figure 5. Evolution des valeurs mensuelles de THI en Tunisie

3.3- Cartographie du stress thermique en Tunisie

Les valeurs moyennes de THI pour les 24 stations météorologiques, résumées au tableau 2, montrent qu'elles varient de 46 à 79. Par ailleurs, elles illustrent bien qu'il n'y a pas d'effet du froid sur la production laitière. Par contre, elles dégagent la présence du stress thermique pour les vaches laitières. Ceci concorde avec les observations de Beede et Collier (1986) et Shearer et Beede (1990) qui indiquent la présence d'un stress thermique néfaste sur les performances laitières par augmentation des valeurs THI.

Les résultats du tableau 2 montrent aussi que les 3 mois de l'été, exception faite pour la station de Thala (THI = 70), sont caractérisés par des valeurs de THI allant de 73 à 79. Ceci montre bien que la Tunisie du nord au sud et du continental au littoral se caractérise par un stress thermique estival assez prononcé du fait d'un dépassement de l'index critique supérieur proposé par Johnson (1985) et rapporté par Du Preez (1990a). La figure 6a illustre bien ce stress thermique à travers la Tunisie. Les valeurs élevées du THI au cours de l'été suggèrent que la majorité des élevages laitiers en Tunisie sont annuellement soumis aux effets négatifs du stress thermique sur l'ingestion volontaire, les performances de production et de reproduction et même sur l'état de santé de ces troupeaux qui sont mentionnés dans plusieurs études dans la bibliographie (Hall et al., 1959 ; Bond et McDowell, 1972 ; Maden et Johnson, 1973 ; Thatcher, 1974 ; Fuquay, 1981; Hillman, 1982 ; Ingram et Dauncey, 1985 ; Nickerson, 1987 ; Du Preez, 1988). La figure 6a indique aussi que, dans les régions de Tozeur et Kébili, la vache laitière haute productrice subit un stress thermique sévère avec un THI de 79. En outre dans toutes les régions de la Tunisie, la vache laitière à haut niveau de production (Holstein) se trouve affectée par une température largement plus élevée que la limite critique supérieure de la zone de neutralité thermique rapportée par Johnson (1986). Ainsi le développement des techniques d'élevage visant à atténuer l'effet négatif du stress thermique sur la productivité de la vache laitière et assurant la pérennité des élevages laitiers s'impose. En résumé, il se dégage que pendant l'été, la Tunisie se trouve défavorable à la production laitière.

Quant à la saison automnale, les valeurs de THI comprises entre 64 et 70, la zone de Remada exceptée (73), n'entraînent pas un effet de stress thermique sur la productivité de la vache laitière (figure 6b). Les figures 6c et 6d illustrent que pendant les saisons hivernale et printanière, les valeurs de THI comprises entre 46 et 66 montrent que ces 2 saisons sont très favorables à la production laitière. Ce résultat confirme celui déjà trouvé en Afrique du sud par Du Preez (1990a).

3.4- Répartition des élevages laitiers en Tunisie

Les effectifs des vaches laitières de races pures (Ministère de l'Agriculture, 1997) ont été utilisés pour illustrer la distribution régionale des vaches laitières en Tunisie. Cette répartition est illustrée dans la figure 7. Elle montre que les grands noyaux de vaches laitières de races pures (plus de 10000 unités femelles / gouvernorat) se trouvent dans le nord et dans le centre-est du pays. La vache laitière de race pure se trouve aussi dans le centre ouest (3000 à 4000 vaches laitières par gouvernorat) et dans le sud (< 1500 vaches laitières par gouvernorat) où le stress thermique est plus prononcé. Une attention particulière devrait être faite avant de décider d'installer des troupeaux laitiers dans ces zones.

Tableau 2. L'index THI pour les différentes stations pendant les différentes saisons

STATION	AUTOMNE	HIVER	PRINTEMPS	ETE
BEJA	65	52	59	73
BIZERTE	67	54	59	74
GABES	70	56	63	76
GAFSA	67	53	63	75
JENDOUBA	66	52	60	75
JERBA	70	57	64	75
KAIROUAN	69	55	63	77
KELIBIA	68	55	60	73
MEDNINE	70	56	65	77
MONASTIR	69	56	62	76
NABEUL	68	56	62	74
REMADA	73	55	64	76
SFAX	69	55	62	75
SIDI BOUZID	66	53	62	75
SILIANA	64	50	57	73
TABARKA	66	55	62	73
THALA	60	46	54	70
TOZEUR	69	56	66	79
TUNIS	69	55	61	75
ENFIDHA	69	59	63	76
MAHDIA	70	58	63	75
ZAGHOUAN	65	52	59	73
KEF	62	47	56	72
KEBELI	69	54	65	79
Moyenne	67	54	61	75
Erreur standard	0,59	0,63	0,60	0,42

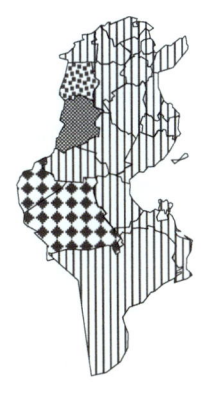

- ▓ **Normal** : THI ≤ 70
- ▨ **Alerte (-)** : THI: 70-72
- ▦ **Alerte (+)** : THI:72-78
- ▨ **Danger** : THI > 78

a-Eté

b-Automne

c – Printemps

d - Hiver

Figure 6 Cartes saisonnière de THI pour la Tunisie

3.5- Effet du stress thermique sur la production laitière

La figure 8 montre que la production laitière par vache diminue pendant l'été et le début de l'automne (du mois de juillet jusqu'au mois d'octobre). En effet, cette production est plus élevée au mois de mars qu'aux mois de juillet, août et septembre. Les moyennes de productions par vache pour ces mois sont de 17,08 ; 15,8 ; 15,4 ; 15,28 et 15,34 kg pour les mois de mars, juillet, août, septembre et octobre respectivement. La variation de la production laitière durant l'année montre qu'elle diminue de 10% entre mars et septembre. Cette diminution est largement expliquée par l'effet du stress thermique durant la période estivale, particulièrement durant le mois d'août où la valeur THI dépasse la valeur critique supérieure de 72 rapportée par Johnson (1985) pour atteindre 77. La diminution de la production laitière au cours de l'automne peut être expliquée d'une part par l'effet négatif du stress thermique durant la période estivale qui peut entraîner la fatigue de la vache laitière. D'autre part, elle peut être également attribuée à la rupture du stock d'ensilage souvent rencontrée dans les élevages laitiers pendant ce moment de l'année.

L'allure de la variation de la production laitière par vache présentée dans la figure 8 évolue presque dans le sens inverse de celles des valeurs THI présentées dans la figure 5. Ceci illustre bien la relation négative entre la production laitière et le THI et supporte le fait que l'index THI peut être utilisé pour évaluer l'effet du stress thermique sur la production laitière des vaches en lactation (Johnson, 1985).

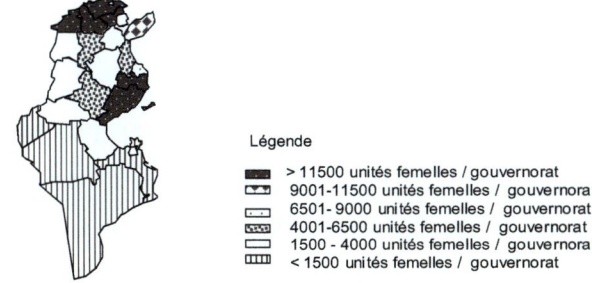

Figure 7. Distribution régionale des élevages laitiers en Tunisie

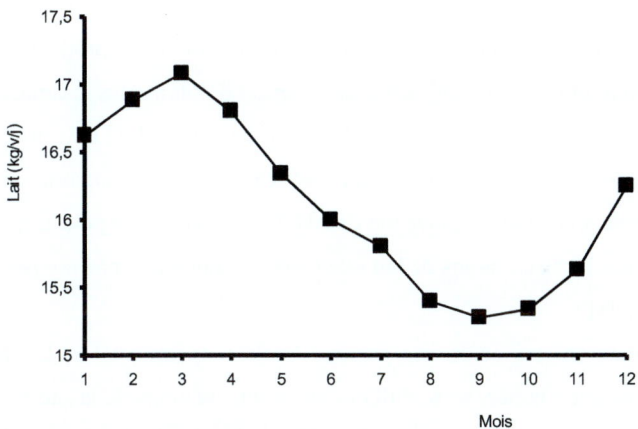

Figure 8. Variation mensuelle de la production laitière par vache

Chapitre III : Etude de l'effet du stress thermique sur les performances laitières

1- Revue bibliographique

1.1 - Effet du stress thermique sur la production laitière, la composition du lait et l'état sanitaire de la mamelle

1.1.1 - Effet du stress thermique sur la production laitière

L'effet du stress thermique sur la production laitière a été étudié dans des conditions très variées. Le tableau 3 rapporte différents résultats qui illustrent cet effet. Berbigier (1988) a rapporté que les statistiques sur les élevages laitiers et les expériences effectuées dans des chambres climatiques sur les vaches laitières à forte productivité ont permis de mettre en évidence la diminution de la production laitière lorsque la contrainte thermique augmente, diminution d'autant plus accentuée que le potentiel de production est plus important. En effet, dans le sud de l'Australie, sur la base des résultats de 65 troupeaux Jersey et 153 troupeaux Frisons, élevés au pâturage et soumis à une valeur moyenne des THI maxima (≥ 75) pour une durée de 3 mois, ont produit 20 % en moins de lait que ceux où cette moyenne n'a pas dépassé 71 (Dragovtch, 1981).

Ces résultats ont été confirmés par des études expérimentales. L'effet de la saison sur la production laitière se traduit par une chute au cours de la saison estivale. Dans ce cadre, en Louisiane, Branton et al. (1974) notent une réduction sensible de 5 à 8% de la production laitière chez les vaches Holstein ayant mis bas en saison estivale. En outre, ils signalent que cette différence est particulièrement élevée au cours des 90 premiers jours de la lactation (10 à 14%). Folman et al. (1979)

constatent une chute de 8% de la production laitière chez la vache Holstein pendant l'été par rapport à l'hiver. De son coté Johnson (1987) indique que la température élevée pendant l'été et les conditions d'humidité peuvent engendrer une diminution de 10 à 35% de la production laitière par comparaison à la moyenne de l'année. Quant à Du Preez et al. (1990b), ils observent une diminution de 10 à 40% de la production laitière pendant la saison estivale. Au Japon, Kume et al. (1990) étudiant l'effet du stress thermique sur la production laitière de la vache Holstein en début de lactation, trouvent que la production du lot expérimental (vêlage d'été) est significativement inférieure à celle du lot témoin (vêlage de printemps). Cette différence est de 3 à 6 kg/vache/jour pour les 7 semaines post-partum. Ingraham et al. (1979) rapportent à Hawaï que l'exposition simultanée à deux niveaux différents de contrainte thermique (ombrage ou sans ombrage) et dans des conditions similaires de conduite, les vaches Holstein sans ombre en début de lactation présentent une diminution de la production laitière d'environ 4 kg/jour, soit 20%. Les animaux non protégés ont donc dépassé leur seuil de tolérance à la chaleur. Par contre, ceux placés à l'ombre ne sont pas affectés (Ingraham et al., 1979). En outre, Shearer et Beede (1990) signalent qu'avant le vêlage les vaches mises à l'ombre produisent 12% plus de lait que celles subissant un stress thermique. Dans leur étude de l'effet de l'ombre sur la production laitière, Muller et al. (1994a) trouvent que les vaches frisonnes mises à l'ombre produisent 5% en plus comparées à celles exposées au soleil.

Plusieurs autres études attribuent la diminution de la production laitière observée à la variation des valeurs THI. En effet, Ingraham et al. (1979) observent une chute de la production laitière de 0,32 kg/jour pour toute augmentation d'une unité de THI au-delà de la valeur 70. Quant à Johnson (1980a) trouve une diminution de 0,26 kg de lait/jour par unité d'augmentation de THI au-delà de la valeur 70. Il signale que la production laitière commence à chuter clairement à partir de la valeur THI de 72. En outre cette chute est plus marquée pour une valeur THI supérieure à 76. ElMasri (1982), travaillant sur des vaches Holstein, rapporte une diminution de la production laitière de 0,9 ; 0,43 et 0,48 kg/jour pour le début, le milieu et la fin de lactation, respectivement par unité d'augmentation de THI au delà de la valeur 72. Lorsque la valeur THI dépasse 72, la vache laitière haute productrice subit un stress thermique sévère pour une valeur THI dépassant 80 (Wiersma, 1990). Des vaches soumises à un stress thermique prononcé (THI > 80) pendant 5 à 6 semaines en l'absence d'un refroidissement visant à atténuer ce stress, produisent 25 à 35% moins de lait (Huber et al., 1994).

Ainsi il se dégage que toutes les études signalent une diminution de 8% à 40% de la production laitière sous l'effet du stress thermique. Cette diminution peut être expliquée par l'orientation de l'énergie pour le maintient de l'homéothermie (augmentation des fréquences respiratoire et cardiaque, la réduction de l'ingestion et de l'absorption des nutriments et enfin l'augmentation du flux sanguin). L'augmentation du flux sanguin au niveau des tissus périphériques vise à équilibrer les pertes de chaleur (Shearer et Beede, 1992). Afin de faire face au stress thermique, la vache laitière engage plusieurs mécanismes physiologiques permettant de maintenir l'homéothermie (Blackshaw et Blackshaw, 1994). Ceci se fait au dépend de la production laitière (Di Costanzo et al., 1997). Cependant, il existe une différence génétique au niveau de la tolérance de la vache laitière à la chaleur. En effet, la chute de la production laitière est plus élevée pour la Holstein suivie de la Jersiaise et enfin la Brown Swiss (West, 1999).

Tableau 3. Effet du stress thermique sur la production laitière de la vache Frisonne – Holstein

Condition de stress	Variation de la production	Références
Pour toute +0,55°C au delà d'une température rectale de 38,9°C	-1,8 kg	Johnson et al. (1963)
THI =71 vs THI ≥ 75 durant 3 mois	-20%	Dragovtch (1981)
Vêlage hivernal vs vêlage estival	-8%	Folman et al. (1979)
Ombrage vs sans ombrage à Hawaï	-20%	Ingraham et al. (1979)
Pour toute unité de THI au delà de 70	-0,32 kg/j	Ingraham et al. (1979)
Pour toute unité de THI au delà de 70	-0,26 kg/j	Johnson (1980a)
Pour toute unité de THI au delà de 72 chez une vache en début de lactation	-0,9 kg/j	ElMasri (1982)
Pour toute unité de THI au delà de 72 chez une vache en milieu de lactation	-0,43 kg/j	ElMasri (1982)
Pour toute unité de THI au delà de 72 chez une vache en fin de lactation	-0,48 kg/j	ElMasri (1982)
Moyenne de l'année vs saison estivale	-10 à –35%	Johnson (1987)
Ombre avant vêlage vs sans ombre	-12%	Shearer et Beede (1990)
Moyenne de l'année vs saison estivale	-10 à –40%	Du Preez et al. (1990b)
THI > 80 durant 5 à 6 semaines	-25 à –30%	Huber et al. (1994)
Ombrage vs sans ombrage	-5%	Muller et al. (1994a)

1.1.2- Effet du stress thermique sur la composition du lait

Plusieurs études ont montré que le passage de la température au-delà de la zone de neutralité thermique altère la composition chimique du lait. Les teneurs du lait en matière grasse, matière protéique, calcium, phosphore et magnésium chutent pendant les 5 premières semaines après le vêlage puis augmentent progressivement (Kume et al., 1990). Cependant, ces teneurs sont plus faibles pour les vaches à vêlage d'été que celles à vêlage hivernal.

Bruhn et Frank (1977) ont mis en évidence des variations saisonnières de la composition du lait. Ils ont observé des taux butyreux et protéique élevés en hiver et faibles en été. Selon Remond et Vermorel (1982) pour des températures plus élevées à la température critique supérieure, les quantités de matière grasse et matière protéique varient avec des taux aléatoires. L'étude de 22972 observations collectées sous un climat sub-tropical en Floride montre que lorsque la température varie de 8 à 36°C, les pourcentages de matière grasse et de matière protéique varient de 3,85 à 3,31% et de 3,42 à 2,98% respectivement (Rodriguez et al., 1985). En outre, Du Preez et al. (1990b) constatent que le stress thermique estival peut entraîner des réductions des quantités de matière grasse et de matière protéique de 20 à 40% et de 10 à 20% respectivement. Bandaranayaka et Holmes (1976) notent une chute du taux protéique pour les vaches placées en milieu contrôlé à 30°C comparées à d'autres placées à 15°C. Pour Cobble et Herman (1951), le stress thermique affecte aussi la teneur du lait en P, Ca et K. Par contre, d'autres études ne mettent en évidence aucune variation de la composition du lait en présence du stress thermique. En effet, Roman-Ponce et al. (1977) ne trouvent pas une différence significative au niveau des taux de matière grasse et de matière protéique entre les vaches sous abris et sans abris dans un climat subtropical. En outre, Muller et al. (1994a), examinant les résultats de 3 saisons estivales, ne trouvent aucune différence significative au niveau de la composition du lait chez les vaches à l'ombre et celles exposées au soleil.

En conclusion, il se dégage que même si certains travaux ne mentionnent pas de variations, il y a un effet du stress thermique sur la composition du lait. Cette réduction peut être attribuée à la diminution de l'ingestion et à la perte de certains minéraux par la sudation (Potassium).

1.1.3- Effet du stress thermique sur l'état sanitaire de la mamelle

Le nombre de cellules somatiques et la fréquence des mammites augmentent dans le lait pendant la saison estivale (Macleod et al., 1954 ; Paape et al., 1973 ; Nickerson,1987, Muller et aL., 1994a). Selon Collier et al. (1982) l'augmentation du nombre de cellules somatiques du lait pendant cette saison est due au développement des mammites cliniques. De ce fait le stress thermique affaiblit les mécanismes de défense des animaux contre les infections (Collier et al.,1982 ; Hahn, 1985 ; Johnson, 1985 ; Giesecke et al., 1988). Quant à Shearer et Beede (1990), ils rapportent un effet indirect de la température ambiante sur le système immunitaire de la vache laitière. Ce dernier résulte de la diminution de l'ingestion d'où un déficit en nutriments essentiels au fonctionnement optimal du système immunitaire. En outre, l'élévation de la température et de l'humidité entraîne le développement des germes dans l'environnement du milieu ambiant de la vache laitière augmentant ainsi les risques d'infections (Shearer et Beede, 1990).

1.2- Effet du stress thermique sur la reproduction

La baisse de la fertilité pendant les périodes chaudes de l'année est rapportée chez plusieurs espèces (Ingraham et al., 1974 ; Thatcher et al., 1974). La majorité des problèmes de reproduction constatés en périodes chaudes sont associés à une température élevée et aggravés davantage par l'augmentation de l'humidité (Ulberg et Burfening, 1967). Cet effet de la température est confirmé à travers des études menées en milieu contrôlé. Hansen (1994) rapporte que dans un climat subtropical, la température est un élément déterminant des performances de reproduction. La température peut affecter la reproduction à différents niveaux à savoir la puberté, le taux de conception , la mortalité embryonnaire et la gestation (tableau 4).

Tableau 4. Effet du stress thermique sur les paramètres de reproduction de la vache Frisonne – Holstein

Condition de stress	Paramètre	Variation	Références
Ta = 18,2 vs 33,5°C	Durée du cycle sexuel	+10%	Abilay et al. (1975)
THI= 68 vs 78	Taux de conception	-47%	Ingraham et al. (1976)
Ta = 28,4 vs 36,7°C	Taux de conception	-43%	Roman-Ponce et al. (1977)
Mois froid vs mois chaud	Rétention placentaire	+50%	DuBois et Williams (1980)
Mois froid vs mois chaud	IVIF	+28 j	DuBois et Williams (1980)
Vache gestante stressée	Poids du fœtus	-38%	Head (1981)
Ta = 24 vs 34°C	TRI_1	-79%	Cavestany et al. (1985)
Printemps vs Eté	Durée des chaleurs	-30%	Fuquay (1986)
Octobre-mai vs juin-septembre	Chaleurs non détectées	+44%	Thatcher et collier (1986)
Période de Stress thermique	Taux de conception	-10	Shearer et Beede (1990)
Stress thermique	Durée des chaleurs	-44%	Shearer et Beede (1990)

1.2.1- œstrus

La durée des chaleurs est réduite avec l'élévation de la température (Madan et Johnson, 1973 ; Abilay et al., 1975 ; Fuquay, 1986 ; Hansen, 1994). En Louisiane, selon Fuquay (1986), les génisses ont une durée de chaleur plus courte en été (14 heures) qu'au printemps (20 heures) et que pour celles maintenues à 18°C dans un milieu contrôlé climatique (20 heures). Shearer et Beede (1990) ont indiqué que le stress thermique entraîne un problème de détection des chaleurs suite à la réduction des durées des chaleurs de 18 à 10 heures. En outre, Abilay et al. (1975) notent l'allongement du cycle œstral avec l'élévation de la température qui passe de 21,4 jours pour une température de 33,5°C à une durée de 19,5 jours pour une température de 18,2°C. Tucker (1982) constate aussi un allongement de la durée du cycle pour atteindre 25 jours et une réduction de la durée des chaleurs lorsque la température ambiante dépasse 25°C.

L'intensité de l'œstrus est aussi réduite avec les températures élevées (Hansen, 1994), ce qui fait que l'écoulement de mucus et la légère nervosité sont les seuls signes des chaleurs (Bianca, 1985). Cette diminution de l'intensité de l'œstrus entraînée par le stress thermique se traduit par une réduction du pourcentage des chaleurs détectées (Hansen et Aréchiga, 1999). En effet en Floride, le pourcentage de chaleurs non détectées varie de 76 à 82% pour la période de juin à septembre contre une variation de 44 à 65% pour la période allant du mois d'octobre au mois de mai (Thatcher et Collier, 1986).

Ces différentes études signalent donc une réduction de la durée des chaleurs et de l'intensité de l'œstrus. Par ailleurs, plusieurs chaleurs passent inaperçues, d'où une difficulté dans leur détection dans les élevages laitiers.

1.2.2- Fertilité

Plusieurs auteurs rapportent des effets néfastes du stress thermique sur la fertilité (Kelly et Hurst, 1963 ; Monty et Wolff, 1974 ; Thatcher, 1974 ; Roman-Ponce et al., 1977 ; Collier et al., 1982 ; Cavestany et al., 1985 ; Udomprasert et Willamson, 1987). Ces effets ont fait l'objet de plusieurs études expérimentales (Dunlop et vincent, 1971 ; Gwasdauskas et al. 1983 ; Gwasdauskas,1985 ; Putney et al., 1989a,b,c ; Ryan et al., 1992). Toutes ces études concluent que la baisse de la fertilité est attribuée à la chute du taux de conception ou à l'augmentation de la mortalité embryonnaire suite à l'élévation de la température corporelle chez la vache.

1.2.2.1- TAUX DE CONCEPTION

Plusieurs études montrent une diminution du taux de conception suite à un stress thermique. Elles proposent même des graphiques représentant soit le taux de conception (CR) en fonction de la température extérieure au moment de l'insémination (Thatcher, 1974), soit l'évolution mensuelle du CR et de la température (Udomprasert et Willamson, 1987). En effet, en Floride, Roman-Ponce et al. (1977) constatent que le CR chute de 44,4 à 25,3% lorsque la température extérieure passe de 28,4 à 36,7°C. De même, Cavestany et al. (1985) rapportent une chute du taux de réussite en première insémination (TRI_1) qui a passé de 33% à 7% lorsque la température maximale passe de 24 °C au mois de décembre à 34°C au mois de juillet. Badinga (1985) montre sur la base de 6555 inséminations des races Holstein, Jersiaise et Brown Swiss, que la plus grande diminution du taux de conception est observée au cours de la saison estivale. Il indique en outre que la diminution du taux de conception se trouve accélérée lorsque la température ambiante dépasse 30°C. Quant à Shearer et Beede (1990), ils ont rapportent une diminution de 10% du taux de conception pendant la période de stress thermique.

Plusieurs autres études ont permis d'établir la relation entre la diminution du taux de conception et la variation de la valeur THI. En effet, à Hawaï, Ingraham et al. (1976) signalent que le taux de conception passe de 66 à 35% lorsque la valeur THI passe de 68 à 78. Johnson (1984) trouve une corrélation négative hautement significative de l'ordre de –0,69 entre le CR et le THI. Dans ce cadre certains auteurs proposent des équations de régression liant le CR à la valeur de THI. Selon Ingraham (1974) et Hahn (1981) cette équation est de la forme :

$$CR (\%) = 383,3 - 4,62 * THI$$

En Afrique du sud, Du Preez et al. (1991) rapportent que les moyennes mensuelles les plus faibles du CR (36,4%) et du TRI_1 (32,8%) sont observées durant les mois où les valeurs THI sont les plus élevées. C'est ainsi que Du Preez et al. (1991) proposent 3 modèles de régression pour la prédiction de certains paramètres de reproduction. Le CR est lié à la moyenne mensuelle de la valeur THI par l'équation de régression (1):

$$CR (\%) = 31{,}15*THI - 0{,}25*THI^2 - 890{,}2 \quad (R^2 = 0{,}73) \qquad (1)$$

Quant au taux de réussite en première insémination ils donnent l'équation (2). Enfin la 3ème équation consiste à relier le taux de conception au numéro du mois de l'année (3).

$$TRI_1 (\%) = 173{,}45 - 1{,}79 * THI \quad (R^2 = 0{,}58) \qquad (2)$$
$$CR (\%) = 11{,}8*M - 0{,}82*M^2 + 26{,}36 \quad (R^2 = 0{,}58) \qquad (3)$$

1.2.2.2- MORTALITE EMBRYONNAIRE

Les difficultés de la thermorégulation de la vache soumise à un stress thermique sont caractérisées par l'élévation de la température rectale. Cette dernière entraîne une augmentation de la température intra-utérine et des modifications de la composition du lait utérin qui sont responsables de la mortalité embryonnaire (Berthelot et Bergonier, 1995). Shearer et Beede (1990) notent qu'un stress thermique survenant le jour des chaleurs ou entre les jours 1 et 7 après les chaleurs peut entraîner des mortalités embryonnaires. De ce fait, ils recommandent la protection de la vache laitière contre le stress thermique particulièrement pendant les 7 premiers jours après l'insémination en vue de limiter la mortalité embryonnaire.

Les effets du stress thermique sur l'endomètre et l'embryon ont été précisés à travers une série d'études réalisées par Putney et al. (1988a,b,c, 1989a,b,c) qui montrent que l'embryon est sensible à une température maternelle élevée pendant les sept premiers jours de gestation. En effet, Biggers et al. (1987) ont montré qu'un stress thermique du 8ème au 16ème jour après l'insémination entraîne une réduction du poids des embryons et des corps jaunes. La diminution du taux de gestation pourrait alors résulter d'une perturbation des mécanismes de reconnaissance maternelle associée à la souffrance de l'embryon. Il semble donc que le stress thermique modifie le métabolisme de l'embryon et perturbe les mécanismes de reconnaissance maternelle de la gestation (Berthelot et Bergonier, 1995). Dans le même ordre d'idées Hansen et Aréchiga (1999) signalent que le stress thermique a des effets non seulement sur l'embryon mais aussi sur l'environnement où il vit (oviducte, utérus). Ils suggèrent également que les effets les plus importants du stress thermique portent aussi sur l'embryon lui-même. En effet, l'exposition d'un embryon à un stress thermique peut altérer son développement (Ealy et al., 1995 ; Edwards et Hansen, 1997 ; Sugiyama, 1999).

1.2.3- Gestation

Fuquay (1986) constate que le taux d'avortement augmente sous l'effet du stress thermique. Il indique que 2 vaches Holstein en milieu de gestation exposées à une température de 38°C pour 27 heures avortent deux jours plus tard. Quant à Biggers et al. (1987) ils mentionnent, que le stress thermique en début de gestation altère le développement de l'embryon et peut causer une mortalité embryonnaire, alors que le stress thermique en milieu et en fin de gestation touche le développement du fœtus donnant des animaux légers à la naissance.

Il a été démontré qu'approximativement 60% de la croissance du fœtus chez la vache se réalise pendant le dernier tiers de gestation (90 derniers jours) avec des gains de poids de 0,5 à 0,7 kg/jour. Ce qui fait qu' une exposition de la vache à un stress thermique au cours de cette période peut altérer la croissance du fœtus (Shearer et Beede, 1990). Head (1981) indique que l'exposition de la vache laitière au cours de la gestation à un stress thermique entraîne une réduction du poids de 60% et 17% pour le placenta et le fœtus respectivement.

1.2.4- Rétention placentaire

La rétention placentaire peut être attribuée à plusieurs causes (Shearer et Beede, 1990). Le taux normal de la rétention placentaire est de 10 à 12%. Cependant, DuBois et Williams (1980) indiquent que le taux de rétention placentaire peut atteindre 24% au cours des mois les plus chauds de l'année en comparaison à la valeur de 12% pour les mois les plus froids. Ces auteurs notent aussi que l'intervalle vêlage-insémination fécondante augmente de 32 et 24 jours chez les vaches avec rétention placentaire et les vaches vêlant pendant les mois les plus chauds de l'année respectivement. Quant à Martin (1986), il supporte un effet de la saison sur le taux de rétention placentaire. Cependant d'autres études citées par Shearer et Beede (1990) ne signalent pas l'impact des variations saisonnières de la température sur la fréquence des rétentions placentaires.

2- Matériel et méthodes

2.1- Choix des sites de l'étude

Pour minimiser les sources de variation entre les sites, le choix a misé sur des sites similaires du point de vue mode d'élevage (200 vaches laitières par site) et degré d'intégration. Les sites sont différents surtout du point de vue localisation bioclimatique. Les agro – combinats d'El Alem, d'Enfidha, de Badrouna et de Mateur (tableau 5) ont été choisis pour la réalisation de ce travail. Le site El Alem est situé dans la région de Kairouan à 35°40' Latitude Nord et 10 °6' Longitude Est. Il s'agit d'une zone continentale qui se trouve dans le semi-aride inférieur. Pour le site Enfidha, il est situé à 36°08' Latitude Nord et 10°23' Longitude Est. Ce site est localisé dans le semi-aride inférieur à effet maritime puisqu'il se trouve à proximité de la mer. Quant au site Badrouna, il est situé à 36°29' Latitude Nord et 08°48' Longitude Est. Ce site se trouve dans la région de Jendouba localisée dans le semi-aride supérieur. Il s'agit d'une zone continentale qui se trouve à proximité de nombreux périmètres irrigués. Le site Mateur se trouvant dans la région de Bizerte est situé à 37°15' Latitude Nord et 09°48' Longitude Est. Le site Mateur se trouve dans une zone sub-humide à proximité du lac Ichkeul. Ces sites ont été utilisés pour établir d'une part une relation entre la température à l'étable et celle à l'extérieur de l'étable mesurée par l'INM et d'autre part, pour établir les relations entre le stress thermique et la production laitière et le stress thermique et la reproduction.

Tableau 5. Localisation des sites choisis

Site	Gouvernorat	Etage bioclimatique	Latitude - longitude
A/C El Alem	Kairouan	Semi-aride inférieur	35°40' Nord - 10°6' Est
A/C Enfidha	Sousse	Semi-aride inférieur	36°08' Nord - 10°23' Est
A/C Badrouna	Jendouba	Semi-aride supérieur	36°29' Nord - 8°48' Est
A/C Mateur	Bizerte	Sub-humide	37°15' Nord - 9°48' Est

2.2- Mesure de la température à l'intérieur des étables des sites choisis

Un thermomètre minima-maxima est installé à l'intérieur de chaque étable des 4 sites choisis. Ces thermomètres se trouvent à 1,5 m de hauteur par rapport au niveau du sol. Les données sont collectées quotidiennement une fois par jour et concernent les températures minimale et maximale de la journée. On dispose ainsi d'une banque de données pour deux campagnes pour chaque site choisi.

2.3- Collecte et analyse des données de production laitière

2.3.1- Collecte des données

Les pics de 5815 lactations aussi bien que la teneur en MG du lait ont été collectés dans les 4 sites choisis. De plus, les pourcentages de MG des contrôles laitiers (87225 contrôles) relatifs à ces lactations ont été collectés à partir des documents du Centre National d'Amélioration Génétique de Sidi Thabet de l'Office de l'Elevage et des Pâturages pour les années 1991 - 2000.

2.3.2- Analyse des données

Ces données ont été analysées selon deux types de modèles (1 et 2) pour déterminer l'effet saison et l'effet de THI sur la production laitière du pic de lactation et la teneur en MG. Les moyennes ont été comparées en utilisant le test Duncan.

$$Y_{ij} = \mu + S_i + e_{ij} \qquad (1)$$

Avec Y_{ij} = Production laitière du pic de la lactation pendant la $i^{ème}$ saison (ou dans la $i^{ème}$ classe des valeurs THI) de la $j^{ème}$ vache,

μ = effet de la moyenne,

S_i = effet de la $i^{ème}$ saison (i=1, 2, 3, 4) ou de la $i^{ème}$ classe de valeurs THI (i=1, 2, 3),

e_{ij} = erreur résiduelle.

$$Y_{ijkl} = \mu + S_i + n_j + std_k + e_{ijkl} \qquad (2)$$

Avec Y_{ijkl} = % de matière grasse pendant la $i^{ème}$ saison (ou dans la $i^{ème}$ classe de valeurs THI) dans la $j^{ème}$ numéro de lactation dans le $K^{ème}$ stade de lactation de la $l^{ème}$ vache,

μ = effet de la moyenne,

S_i = effet de la $i^{ème}$ saison (i=1, 2, 3, 4) ou de la $i^{ème}$ classe de valeurs THI (i=1, 2, 3),

n_j = effet du $j^{ème}$ numéro de lactation (j=1,2),

std_k = effet du $k^{ème}$ stade de lactation (covariable),

e_{ijkl} = erreur résiduelle.

2.4- Collecte et analyse des données de reproduction

2.4.1- Collecte des données

Les données relatives aux dates de vêlage et aux inséminations portant sur un effectif de 200 vaches laitières par site durant les campagnes 91-92 à 97-98 ont été collectées par consultation des fiches dans les étables. Elles ont servi à déterminer le taux de réussite en première insémination (TRI_1), le taux de conception (CR), les intervalles vêlage-vêlage (IVV) et les intervalles vêlage-insémination fécondante (IVIF). Seules les données du site El Alem, les seules disponible, ont été utilisées pour calculer les taux d'avortement et de non-délivrance.

En outre les données mensuelles de température et d'humidité relative pour chaque site et pour la période 91-98 ont été collectées. Elles ont servi pour déterminer le THI selon les méthodes de Johnson et al. (1962) et Berry et al. (1964).

2.4.2- Analyse des données

Les valeurs CR, TRI_1 et THI calculées par mois et par site ont servi à suivre leurs variations en fonction des différents mois de l'année. Des régressions liant d'une part les valeurs de CR aux valeurs THI et d'autre part les valeurs TRI_1 aux valeurs THI ont été par la suite établies. En outre, les valeurs de l'IVV et de l'IVIF ont été déterminées pour chaque site et pour la période 91-98.

3-Résultats et discussion

3.1- Relation entre la température mesurée à l'intérieur de l'étable (Te) et celle à l'extérieure (Ta)

La relation établie entre ces deux températures Te et Ta montre que toutes les équations de régression ainsi développées présentent un coefficient de détermination supérieur à 80. Ceci est d'une grande importance car il indique qu'on peut apprécier la température Te à partir des moyennes de Ta fournies par l'INM. De telles équations se présentent comme suit :

Site El Alem : **Te = 0,09 + 1,12 * Ta** ($R^2 = 0,86$; $P < 0,01$; E S = 3,18),

Site Badrouna: **Te = 5,63 + 0,89 * Ta** ($R^2 = 0,87$; $P < 0,01$; E S = 2,60),

Site Enfidha: **Te = 5,64 + 0,79 * Ta** ($R^2 = 0,80$; $P < 0,01$; E S = 2,69),

Site Mateur : **Te = 3,28 + 0,97 * Ta** ($R^2 = 0,80$; $P < 0,01$; ES = 3,28).

Ces équations montrent que la plus grande élévation de température est observée au niveau du site El Alem où une élévation de température Ta de 1°C engendre une élévation de 1,12 °C à l'intérieur de l'étable (Te). Par contre la plus petite élévation de température est observée au niveau du site Enfidha.

3.2- Relation entre le stress thermique et la production laitière au pic de lactation

Les résultats du tableau 6 illustrent la variation de la production laitière en fonction des saisons. Ils indiquent qu'il y a deux saisons favorables pour la production laitière (hiver et printemps) et deux autres défavorables (été et automne). Le pic le plus faible est le plus souvent observé pour tous les sites pendant la saison estivale. En effet, pour le site El Alem les pics réalisés sont de 24,9 ; 24,6 ; 23,1 et 22,7 kg/vache/jour, respectivement pour les saisons de l'hiver, du printemps, de l'automne et de l'été. Le pourcentage de chute de ce pic entre l'hiver et l'été est de 8,8%. Cette diminution a des effets d'autant plus néfastes car elle se répercute sur la production de la lactation. Quant au site Enfidha, une diminution modérée du pic de lactation a été observée. En effet, cette chute est de 3,7% entre le printemps et l'automne.

Les résultats du tableau 7 montrent que parallèlement à cette diminution de la production laitière on enregistre des valeurs THI élevées. En effet, presque pour tous les sites, on enregistre une chute de pic de lactation lorsqu'on passe de la classe THI ≤ 70 à celle de la classe 71 ≤ THI ≤ 78 puis à la classe de THI > 78. Ces résultats confirment celles de Berbigier (1988) qui rapporte une diminution de la production laitière lorsque la contrainte thermique augmente, une diminution d'autant plus accentuée que le potentiel de production est plus important.

Les résultats du tableau 6 sont en accord avec toutes les études rapportant une diminution de la production laitière due au stress thermique et une chute plus prononcée au cours de la saison estivale. Selon la bibliographie, cette diminution varie entre 8 et 40% (Branton et al., 1974 ; Folman et al., 1979 ; Johnson, 1987 ; Du Preez et al., 1990b ; Kume et al., 1990). Le tableau 7 met en évidence une chute de production laitière suite à une élévation des valeurs THI. Ces résultats confirment ceux de plusieurs études antérieures qui lient la diminution de la production laitière à la variation du THI (Ingraham et al., 1979 ; Johnson, 1980a ; ElMasri, 1982 ; Wiersma, 1990). En effet certaines de ces études indiquent que la production laitière diminue lorsque la valeur THI devient supérieure à 70. Par contre, d'autres signalent une chute de production lorsque cette dernière dépasse 72.

Tableau 6. Variation de la production laitière au pic de lactation en fonction des saisons

Site	Saison			
	Hiver	Printemps	Automne	Eté
Tous les sites confondus	22,7 (1529)[a]	22,8 (1633)[a]	21,3 (1343)[b]	21,4 (1021)[b]
El Alem	24,9 (373)[a]	24,6 (358)[a]	23,1 (190)[b]	22,7 (209)[b]
Badrouna	22,4 (484)[b]	23,4 (532)[a]	21,2 (469)[c]	21,1 (270)[c]
Mateur	22,1 (246)[a]	21,1 (303)[b]	20,5 (223)[b]	20,2 (174)[b]
Enfidha	21,6 (489)[ab]	21,8 (440)[a]	21,0 (46)[b]	21,4 (368)[ab]

Les Moyennes dans la même ligne avec la même lettre ne sont pas significativement différentes (P>0,05) ; ( ) : nombre d'observations.

Tableau 7. Variation de la production laitière au pic de lactation en fonction de l'index THI

Site	THI ≤ 70	71≤THI ≤ 78	THI > 78
Tous les sites confondus	22,4 (4315)^a	21,4 (1158)^b	20,8 (116)^b
El Alem	24,7 (870)^a	22,4 (221)^b	21,9 (39)^b
Badrouna	22,3 (1431)^a	21,6 (325)^a	20,9 (17)^a
Mateur	21,2 (749)^a	20,6 (197)^a	********
Enfidha	21,7 (1283)^a	21,1 (415)^{ab}	19,9 (60)^b

Les moyennes dans la même ligne avec la même lettre ne sont pas significativement différentes (P>0,05) ; * : pas de valeurs ; ( ) : nombre d'observations.

3.3- Relation entre stress thermique et le taux butyreux du lait

La variation du taux butyreux du lait en fonction des saisons est présentée dans le tableau 8. Ces résultats indiquent que le taux butyreux du lait est altéré au cours de la saison estivale. En effet, le taux le plus élevé est observé au cours de l'automne. Pour tous les sites confondus, les valeurs de la MG trouvées pour l'hiver, le printemps, l'automne et l'été sont de 3,80 ; 3,73 ; 3,83 ; et de 3,69 % respectivement enregistrant ainsi une chute entre l'automne et l'été de 3,65%. Ces résultats confirment ceux de Bruhn et Frank (1977) qui constatent des variations saisonnières de la composition du lait. En effet, ils observent des taux butyreux et protéique plus élevés en hiver et plus faibles en été. Nos résultats confirment ceux de Du Preez et al. (1990b) qui rapportent des chutes de MG de 20 à 40% suite au stress thermique de la saison estivale. Cependant, la diminution de la teneur du lait en MG trouvée est inférieure à celle rapportée par Du Preez et al. (1990b). Les résultats du tableau 9 concernant la variation de la teneur en MG en fonction des classes de valeurs THI montrent qu'il n'y a pas d'effet significatif de la classe de THI sur le taux de MG. Cependant, une légère diminution de ce taux est observée en passant de la classe de valeurs THI ≤ 70 aux classes de 71≤THI ≤ 78 et de THI > 78. Ces résultats concordent avec ceux trouvés par d'autres chercheurs (Roman-Ponce et al., 1977 ; Muller et al., 1994a) qui n'observent pas de variation de la composition du lait en présence d'un stress thermique.

Tableau 8. Variation du taux butyreux du lait en fonction des saisons

Site	Saison			
	Hiver	Printemps	Automne	Eté
Tous les sites confondus	3,80 (2683)^a	3,73 (2343)^b	3,83 (2907)^a	3,69 (3312)^c
El Alem	3,67 (342)^b	3,57 (281)^c	3,78 (741)^a	3,42 (570)^d
Badrouna	3,75 (4)^a	3,59 (101)^a	3,56 (15)^a	3,83 (12)^a
Mateur	3,80 (183)^a	3,60 (98)^b	3,63 (100)^b	3,56 (318)^b
Enfidha	3,83 (2154)^a	3,77 (1863)^b	3,86 (2051)^a	3,77 (2412)^b

Les moyennes dans la même ligne avec la même lettre ne sont pas significativement différentes (P>0,05) ; ( ) : nombre d'observations.

Tableau 9. Variation du taux butyreux du lait en fonction de l'index THI

Site	THI ≤ 70	71≤THI ≤ 78	THI > 78
Tous les sites confondus	3,77 (7228)^a	3,74 (3268)^a	3,74 (672)^a
El Alem	3,65 (1234)^a	3,59 (570)^a	3,64 (121)^a
Badrouna	3,60 (122)^a	3,70 (10)^a	********
Mateur	3,71 (373)^a	3,57 (298)^b	********
Enfidha	3,81 (5499)^a	3,81 (2390)^a	3,77 (551)^a

Les moyennes dans la même ligne avec la même lettre ne sont pas significativement différentes (P>0,05) ; * : Pas de valeurs ; ( ) : nombre d'observations.

3.4- Relation entre les valeurs THI, le taux de réussite en première insémination (TRI1) et le taux de conception (CR)

Les figures 9, 10, 11 et 12 représentent les variations du THI, du TRI_1 et du CR pour les 4 sites étudiés. Il se dégage de ces figures que le TRI_1 et le CR chutent en même temps au cours de la saison estivale qui se caractérise par des valeurs THI élevées. En outre, la diminution la plus accentuée est observée à El Alem où on a enregistré des TRI_1 de 47,6 ; 67,1 ; 67,1 ; 55,8 et des CR de 49 ; 59 ; 68 ; 44 pour les mois de janvier, février, mars et avril respectivement contre des TRI_1 de 39,1 ; 38,9 ; 17,6 ; 10 et des CR de 31 ; 31 ; 29 ; 25 pour les mois de juin, juillet, août et septembre respectivement. Par contre une variation modérée des TRI_1 et des CR a été observée au niveau du site Enfidha. Ces résultats concordent avec la plupart des ceux rapportés par la bibliographie (Dunlop et vincent, 1971 ; Ingraham et al., 1974 ; Thatcher et al., 1974 ; Gwasdauskas et al. 1983 ; Gwasdauskas,1985 ; Putney et al., 1989a ; Putney et al., 1989b ; Putney et al., 1989c ; Ryan et al., 1992). Ces auteurs indiquent une chute de la fertilité expliquée par la chute du taux de conception. Roman-Ponce et al. (1977), en Floride, notent le passage du CR de 44,4% à 25,3% lorsque la température extérieure passe de 28,4°C à 36,7°C. Par contre Cavestany et al. (1985) indiquent une chute du TRI_1 de 33% à 7% avec le passage de la Ta de 24 °C en décembre à 34°C en juillet. Shearer et Beede (1990) constatent que le stress thermique entraîne une diminution de 10% au niveau du CR.

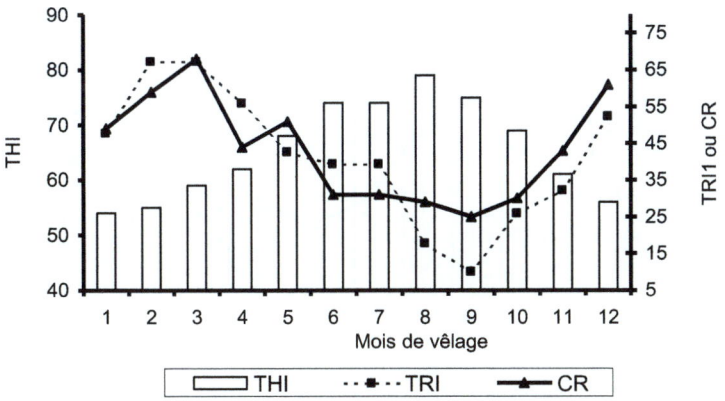

Figure 9 Variation du THI, du TRI_1 et du CR à El Alem de 91/92 à 97/98

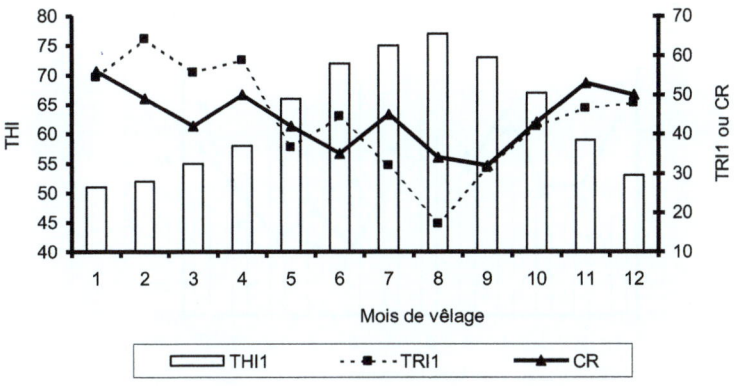

Figure 10 . Variation du THI, du TRI_1 et du CR à Badrouna de 91/92 à 97/98

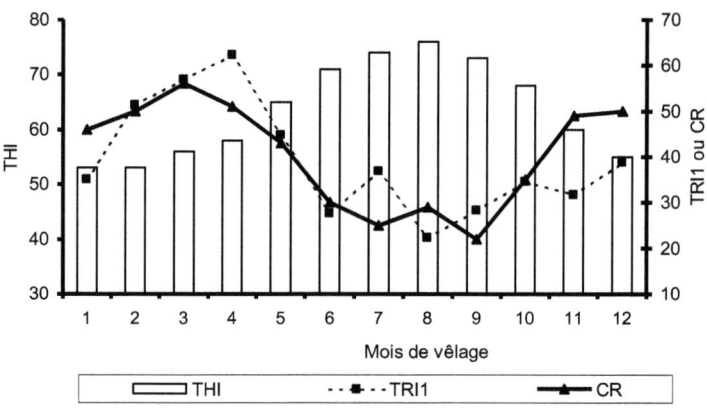

Figure 11. Variation du THI, du TRI$_1$ et du CR à Ghézala de 93/94 à 97/98

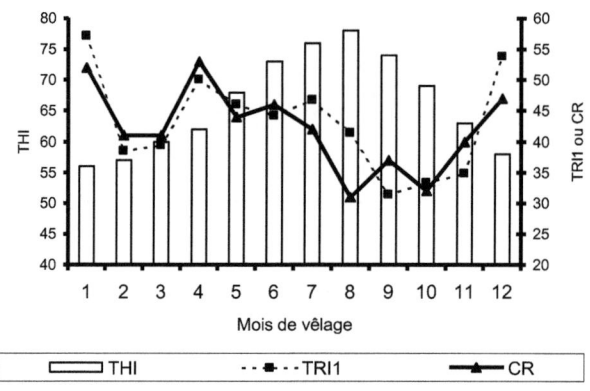

Figure 12. Variation du THI, du TRI$_1$ et du CR à Enfidha de 91/92 à 97/98

Les résultats des figures 13 et 14 exprimant la variation des TRI_1 et des CR en fonction des valeurs THI concordent avec ceux rapportés par plusieurs études qui ont établi une relation entre le CR et TRI_1 avec la valeur THI (Ingraham et al., 1976 ; Hahn, 1981 ; Ingraham, 1974 ; Du Preez et al., 1991). Les équations de régression liant les valeurs TRI_1 et CR aux valeurs THI du mois, pour tous les sites confondus, sont de la forme :

- **TRI_1= 121-1,2*THI (R^2= 0,7 ; P < 0,01 ; E S = 6,75)**

- **CR = 103 – 0,93 * THI (R^2 = 0,86 ; P < 0,01 ; E S = 3,28)**

Ceci montre que les valeurs THI expliquent à elles seules 70% de la variation des taux de TRI_1 et 86% des taux de CR. Les mêmes types d'équations établies pour El Alem sont de la forme :

- **TRI_1=139-1,5*THI (R^2= 0,55 ; P < 0,01 ; E S = 12,60)**

- **CR = 131 – 1,3 * THI (R^2 = 0,70 ; P < 0,01 ; E S = 8,26)**

Ceci montre que les valeurs THI expliquent à elles seules 55% de la variation des valeurs TRI_1 et 70% de celles du CR. Pour Badrouna, les Valeurs THI expliquent 62% de la variation du TRI_1 et 63 % de la variation du CR. Les équations sont de la forme :

- **TRI_1=110-1*THI (R^2= 0,62 ; P < 0,01 ; E S = 8,47)**

- **CR = 85 – 0,64 * THI (R^2=0,63 ; P < 0,01 ; E S = 4,92)**

Quant à Ghézala, les valeurs THI expliquent seulement 41% des valeurs TRI_1 (TRI_1=97-0.9*THI avec R^2=0,41 ; P < 0,05 ; E S = 9,89) et 85% des valeurs CR (119 – 1,24 * THI avec R^2 = 0,85 ; P < 0,01 ; E S = 4,76). Par contre, à Enfidha où l'effet maritime est plus prononcé, le THI n'a pas d'effet significatif sur le TRI_1 et le CR. Ces modèles ont la même tendance que ceux rapportés par Ingraham (1974), Hahn (1981) et Du Preez et al. (1991) en Afrique du sud.

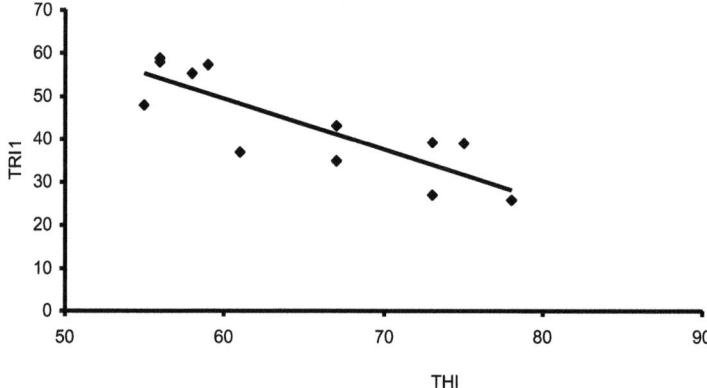

Figure 13. variation du taux de réussite en première insémination en fonction du THI du mois (TRI_1= 121- 1,2*THI ; R^2=0,7 ; P < 0,01 ; E S = 6,75)

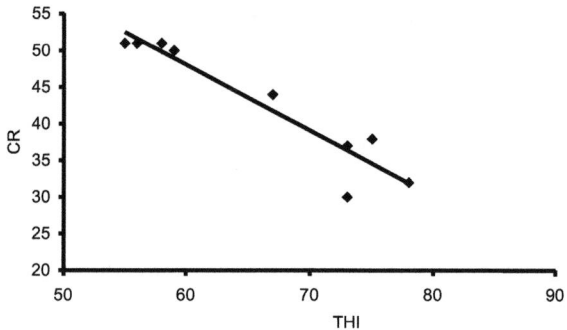

Figure 14. Variation du taux de conception en fonction du THI du mois
(CR = 103 – 0,93 * THI ; R^2 = 0,86 ; P < 0,01 ;   E S = 3,28)

3.5- Effet du mois de vêlage sur l'IVIF et l'IVV

Les résultats relatifs à la variation de l'IVIF et l'IVV présentés dans les tableaux 10 et 11 montrent que les intervalles les plus longs au niveau des 4 sites sont observés au cours des mois de mai, juin et juillet. Ces résultats confirment ceux rapportés par Du Bois et Williams (1980) et Weller et Folman (1990) qui indiquent un allongement de l'IVIF pour les vaches vêlant au cours des mois chauds. Ceci pourrait être expliqué par une mise à la reproduction des vaches au cours de la période estivale qui est caractérisée par les TRI_1 et les CR les plus faibles (Roman-Ponce et al., 1977 ; Cavestany et al., 1985). En effet, les vaches vêlant pendant les mois de mai, juin et juillet seront inséminées au cours des mois de juillet, août et septembre respectivement. D'après les résultats du chapitre 2, toute la Tunisie est caractérisée par un stress thermique néfaste sur les performances laitières pendant cette période. De ce fait, une vache inséminée risque l'échec de l'insémination et peut avoir des mortalités embryonnaires (Fuquay,1986). Les tableaux 10 et 11 montrent aussi que les intervalles les plus courts sont observés chez les vaches qui vêlent pendant l'hiver. Ceci pourrait suggérer que dans les conditions tunisiennes la saison d'hiver est favorable à la reproduction.

Tableau 10. Moyennes de l'IVIF par site et par mois de vêlage

Mois	El Alem	Badrouna	Enfidha	Mateur
1	77	94	115	106
2	124	106	96	98
3	98	120	109	143
4	121	127	130	133
5	135	152	100	167
6	151	136	132	126
7	137	118	111	116
8	112	112	116	118
9	100	112	106	122
10	113	112	105	98
11	95	118	113	98

| 12 | 80 | 97 | 114 | 111 |

Tableau 11. Moyennes de l'IVV par site et par mois de vêlage

Mois	El Alem	Badrouna	Enfidha	Mateur
1	355	367	386	367
2	365	353	373	364
3	373	372	386	394
4	373	385	391	383
5	386	409	377	404
6	420	402	384	392
7	404	387	380	393
8	382	374	380	390
9	369	389	374	391
10	382	386	372	369
11	362	379	386	368
12	359	370	388	384

3.6- Effet du mois de vêlage sur le taux d'avortement et le pourcentage de rétention placentaire

Les résultats de la figure 15 montrent que le taux d'avortement et le pourcentage de rétention placentaire les plus élevés sont observés chez les vaches ayant mis bas pendant la saison estivale. Le taux d'avortement est de l'ordre de 17,4 et de 15,2 % pendant le mois de juin et de juillet. Le pourcentage de rétention placentaire est de 39,1 ; 21,7 et 18,4 % pour les mois de juin, juillet et août respectivement. Ces résultats confirment ceux trouvés par Martin (1986) qui a observé un effet de saison sur le taux de rétention placentaire. De même ils concordent avec ceux indiqués par DuBois et Williams (1980) qui montrent que le taux de rétention placentaire peut atteindre 24% pendant les mois les plus chauds de l'année comparé à celui des mois les plus froids (12%).

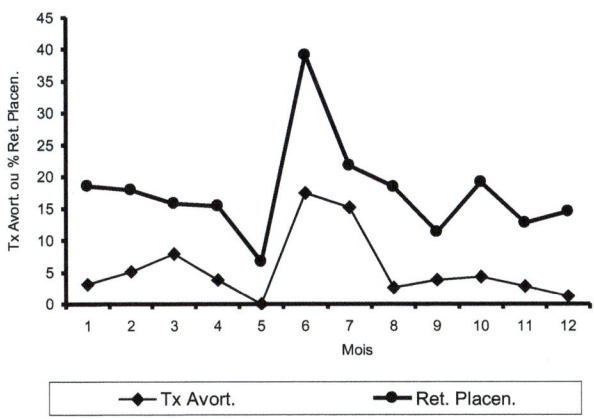

Figure 15. Evolution du taux d'avortement et du pourcentage de rétention placentaire en fonction du mois de vêlage

L'augmentation du taux d'avortement pendant la saison estivale est comparable à celle trouvée par Fuquay (1986) qui a indiqué que le taux d'avortement augmente sous l'effet du stress thermique. De même, cette augmentation est comparable à celle mentionnée par Biggers et al. (1987) qui suggèrent que le stress thermique pendant le début de gestation altère le développement de l'embryon ou peut même causer une mortalité embryonnaire. Ces avortements peuvent être attribués aux difficultés de la thermorégulation chez la vache soumise à un stress thermique. Ils suivent l'élévation de la température rectale qui s'accompagne d'une augmentation de la température intra-utérine et des modifications de la composition du lait utérin. Ces derniers pourraient être responsables de la mortalité embryonnaire (Berthelot et Bergonier, 1995).

Chapitre III : Impact du stress thermique sur les paramètres physiologiques et métaboliques, le statut hormonal et la production laitière chez la vache Frisonne - Holstein

1- Revue bibliographique

Les critères permettant l'évaluation de la réaction de l'organisme à la chaleur sont nombreux. Parmi les plus courants figurent la température rectale, la fréquence respiratoire, la fréquence cardiaque, la température cutanée, l'évaporation cutanée, les paramètres sanguins (hormones), le bilan hydrique, la régulation de l'ingestion et la production de chaleur.

1.1- Température rectale

Le paramètre le plus couramment rapporté pour la mesure de la température centrale est la température rectale. Parfois, selon le problème posé, la température du tympan, proche de l'hypothalamus ou celle de l'ovaire, sont également utilisées. La température centrale est la résultante globale des échanges de chaleur de l'animal, donc le paramètre le plus significatif pour juger de l'aptitude de la thermorégulation (Berbigier, 1988).

La température rectale est un indicateur de l'équilibre thermique. Elle est utilisée pour estimer l'effet thermique défavorable de l'environnement sur la croissance, la production et la reproduction de la vache laitière (Johnson, 1980b ; Hahn, 1999 ; Hansen et Aréchiga, 1999 ; West, 1999). Une augmentation de 1°C ou moins de la température rectale est suffisante pour réduire les performances chez plusieurs espèces (McDowell et al., 1976 ; Shebaita et El-Banna, 1982). En effet, il y'a une chute de la production laitière et de l'ingestion quand la température rectale dépasse 38,9°C et pour chaque augmentation de 0,55°C, la production et l'ingestion chutent de 1,8 et 1,4 kg respectivement (Johnson et al., 1963). Dans le cas particulier des bovins de Guadeloupe, l'élévation de la température au dessus d'un seuil donné (environ 40,5°C) semble un bon indicateur d'un coup de chaleur, indisposition violente des animaux due à la chaleur excessive (Berbigier, 1987). C'est également l'une des mesures les plus faciles à effectuer. Les études sur la thermotolérance des bovins laitiers conduites depuis longtemps aux USA montrent l'existence d'une corrélation étroite (r=0,96) entre la température rectale et la valeur THI au delà de 70 (Johnson, 1986). Les animaux à potentiel laitier élevé présentent une élévation de la température rectale plus importante que les génotypes les moins productifs (Berbigier, 1988). En Afrique du sud, Muller et al. (1994b) rapportent que la température rectale par jour frais (température ambiante maximale ≤ 25°C) ne diffère pas lorsque les vaches sont à l'ombre ou exposées au soleil. Par contre, en jour chaud (température ambiante maximale ≥25,1°C), ils constatent que la moyenne de la température rectale diffère entre les deux lots de vaches à 7 heures (P<0,05) à 11 heures, 13 heures et à 15 heures (P<0,01). Ils ont ainsi développé deux équations de régression pour les deux lots de vaches. Pour les vaches à l'ombre, la température rectale est égale à 38,10 + 0,25 * Ta (R^2 = 0,40). Pour les vaches exposées au soleil la température rectale est égale à 37,28 + 0,0654 * Ta (R^2=0,80). En outre, la température rectale mesurée entre 14 et 15 heures est de 39,6°C pour les vaches à l'ombre et de 40,2°C pour les vaches au soleil.

1.2- Fréquence respiratoire

Après la température rectale, la fréquence respiratoire est la mesure physiologique la plus utilisée pour étudier la thermotholérance. Cependant, sa signification est notablement différente. En effet, elle n'est pas la résultante de l'équilibre thermique, mais un mode de thermorégulation (Berbigier, 1988). Elle réagit à un contrôle neuroendocrinien dépendant des signaux, intégrés au niveau de l'hypothalamus, et les extrémités nerveuses (thermorécepteurs) situées aussi bien sur la périphérie (peau) que dans les parties centrales du corps. Si la chaleur ambiante augmente, elle s'élève beaucoup plus vite que la température centrale, en quelques minutes, en réponse au signal des extrémités cutanées. En plus, tant que les mécanismes de la thermorégulation agissent efficacement, la fréquence respiratoire, donc l'évaporation respiratoire peut être élevée sans que la température centrale ne soit affectée. C'est seulement lorsque ces mécanismes sont saturés que cette dernière augmente de manière notable. La fréquence respiratoire peut réagir à la contrainte thermique du milieu alors que la température rectale reste constante (Bru et al, 1987). La fréquence respiratoire ne peut être dissociée du volume utile d'air inspiré à chaque respiration. Au dessus d'un certain niveau de contrainte thermique, ce dernier décroît régulièrement lorsque la fréquence augmente : toutefois, l'augmentation de celle-ci est plus importante que la diminution du volume utile et leur produit (volume d'air transitant par les voies respiratoires par unité de temps, proportionnel à la thermolyse respiratoire) continue d'augmenter. La respiration devient alors de moins en moins profonde, et permet de refroidir plus les voies respiratoires supérieures puisqu'il y'a plus d'air, tout en évitant l'alcalose sanguine car cet air pénètre de moins en moins dans les alvéoles pulmonaires (Berbigier, 1988).

Lorsque la contrainte thermique dépasse un certain seuil, le système se dérègle. La fréquence diminue et une respiration profonde, dite de 2ème phase est observée. L'alcalose sanguine ne tarde pas à apparaître et l'animal ne peut supporter une telle contrainte que pendant un temps très court (Ingram et Mount, 1975). Les fréquences respiratoires peuvent atteindre des valeurs élevées sans que la 2ème phase ne s'établisse. En effet chez les bovins on peut passer à 6 fois la valeur de base d'environ 20 respirations/mn (Pagot, 1985 ; Thompson, 1985). La température rectale est la conséquence de l'équilibre (ou du défaut d'équilibre) entre les gains et les pertes de chaleur, et la fréquence respiratoire représente un des mécanismes régulant cet équilibre. Cependant, malgré ces différences, la réponse de la fréquence respiratoire à la chaleur dépend étroitement, comme celle de la température centrale, du degré d'acclimatisation de l'animal au milieu thermique (Berbigier, 1987).

Muller et al. (1994b) mentionnent que pendant les jours frais (température ambiante < 25 °C), il n'y a pas une différence significative (P > 0,05) de fréquence respiratoire entre la moyenne des vaches à l'ombre et celle des vaches sans ombre. Pendant les jours chauds (Ta > 25,1°C), la moyenne de fréquence respiratoire à 9 heures des vaches sans ombre est significativement plus élevée que celles à l'ombre (P < 0,05). Ce phénomène est beaucoup plus prononcé à 11, 13, 15 heures (P < 0,01) avec une différence maximale entre les deux groupes de vaches observée à 13 heures. Berman et Morag (1971) ont indiqué que le rythme respiratoire maximal est observé à 15 heures pour des vaches Holstein en lactation. Alors qu'en Floride, Roman-Ponce et al. (1977) notent à 12 heures une supériorité du rythme respiratoire pour les vaches sans ombre (115 inspirations/mn) que les vaches à l'ombre (75 inspirations/mn). En Israël, le rythme respiratoire est de 59 ± 1 et 73 ± 2 inspirations/mn pour des vaches dont l'étable est à ventilation forcée (ventilation dynamique) et celles dont l'étable est sans ventilation forcée respectivement (Berman et al., 1985). En faisant la régression de la fréquence respiratoire (FR) en fonction de la température ambiante (Ta), Berman et al. (1985) trouvent : FR= 0,5 + 2,5 * Ta ; R^2 = 0,67 avec P < 0,01. Muller et al. (1994b) ont trouvé : FR = 14,92 + 1,75 * Ta ; R^2 = 0,81 et P < 0,01 (pour les vaches à l'ombre) et FR = -29,60 + 3,79 * Ta ; R^2 = 0,92 et P < 0,01 (pour les vaches sans ombre). De même Muller et al. (1994b) remarquent une augmentation du rythme respiratoire de 194 % à partir de 32 inspirations/mn (Ta = 18°C) à 94 inspirations/mn (Ta = 30°C).

1.3- Fréquence cardiaque

Chez les ruminants tels que les bovins, il semble exister, pour un individu donné, une relation étroite entre la fréquence cardiaque et la thermogenèse (Yamamoto et al., 1979). Ce résultat n'est pas surprenant, car le débit sanguin, en apportant l'oxygène et les nutriments à l'organisme, conditionne l'intensité des processus métaboliques. La production de chaleur tend à diminuer en réponse à une contrainte thermique, la fréquence respiratoire devrait également baisser.

En fait, une exposition aiguë à la chaleur engendre souvent, dans un premier temps, une augmentation de la fréquence cardiaque due sans doute à l'effet de choc pour les bovins (Beakley et Findlay, 1955) et pour les ovins (Bianca et Kuntz, 1975) mais une exposition à long terme provoque effectivement une baisse de celle-ci (Worstell et Brody, 1953). Ces auteurs montrent en climat contrôlé, que le pouls commence à baisser à partir d'une température ambiante de 27°C pour les vaches laitières Holstein et de 35°C pour les vaches Brahman. En Guadeloupe, aucune diminution de la fréquence cardiaque n'est observée sur les bovins et caprins locaux conduits sous des conditions naturelles. Ce résultat semble indiquer que, dans un climat relativement modéré, ces animaux, dont la thermotolérance est importante, n'ont pas besoin de diminuer leur production de chaleur pour équilibrer leur bilan thermique.

1.4- Les réactions cutanées

Les réactions cutanées sont représentées essentiellement par l'évaporation cutanée et la température cutanée. Selon Berbigier (1988) l'évaporation cutanée est une voie de thermolyse qui est néanmoins, pour les bovins, le principal mode de régulation thermique en climat chaud. Les problèmes de mesure sont un frein très important à l'estimation de la transpiration et expliquent pourquoi malgré le fait que la transpiration joue un rôle tout à fait primordial dans la régulation thermique sous les tropiques, cette grandeur n'a été mesurée que par certains auteurs. Amakiri et Onwuki (1980), en travaillant sur des génotypes de bovins européens et tropicaux, ont mis en évidence la meilleure capacité de transpiration de ces derniers. En effet, ils ont trouvé que la signification du taux de transpiration varie selon la contrainte thermique. Si, en milieu très chaud, les animaux transpirant le plus sont les plus thermotolerants car ils expriment un potentiel de sudation supérieur, en revanche, dans une ambiance plus fraîche, les animaux moins bien adaptés à la chaleur transpirent souvent plus car ils sont déjà hors de leur zone de confort thermique.

La température cutanée est la résultante des échanges thermiques au niveau de la peau. Chez les bovins tout au moins, elle semble être le facteur essentiel de la régulation de la transpiration. Bianca et Hales (1970), sur des veaux maintenus en chambre climatique, ont montré que, dès que la transpiration commence et tant qu'elle n'a pas atteint son maximum, elle varie de façon à maintenir une température cutanée constante. En plein air l'existence, d'un tel seuil n'est pas confirmée, mais une relation étroite subsiste entre les deux paramètres. Bianca et Hales (1970) mettent également en évidence une corrélation très élevée entre la température cutanée et la fréquence respiratoire dès que le confort thermique n'est plus réalisé.

1.5- Régulation hormonale

1.5.1- Activité thyroïdienne

La thyroïde sécrète principalement de la thyroxine (T4), hormone faiblement active sur le métabolisme. Celle-ci, par la perte d'un atome d'iode, est principalement transformée dans l'organisme en tri-iodothyronine (T3), beaucoup plus active. Outre leurs effets sur la synthèse des protéines, les hormones thyroïdiennes contrôlent la plupart des grands métabolismes. Un des effets les plus remarquables des hormones thyroïdiennes est leur capacité d'augmenter la consommation d'oxygène et la production de chaleur (Lissitzky, 1978). Habeeb et al. (1992) indiquent que ces deux hormones influencent différents processus cellulaires en particulier l'activité de thermogenèse.

Plusieurs auteurs notent que l'activité thyroïdienne est déprimée avec la chaleur (McDowell ,1958 ; Thompson, 1973 ; Magdub et al., 1982 ; Beede et Collier, 1986 ; Pratt et Wettemann, 1986 ; Habeeb et al., 1992). D'autres observent que la concentration plasmatique en hormones thyroïdiennes augmente ou ne varie pas suite à un stress thermique (Ingraham et al, 1979 ; Zoa-Mboe et al. ,1989 ; Muller et al., 1994b).

McDowell (1958) suggère que l'activité de la thyroïde est réduite de 35 à 65 % lorsque la température dépasse 35 °C. De même, Magdub et al. (1982) et Beede et Collier (1986) enregistrent une diminution de la concentration des hormones thyroïdiennes de l'ordre de 25%. Quant à Pratt et Wettemann (1986) ils notent une réduction de l'activité de la thyroïde chez les vaches qui subissent un stress thermique. Dans ce même ordre d'idées, Habeeb et al. (1992) rapportent une réduction de l'activité thyroïdienne en été par rapport à l'hiver. Thompson (1973) signale que l'adaptation à une température élevée entraîne une réduction de l'activité de la glande thyroïde.

Ingraham et al. (1979) observent qu'en conditions naturelles, dans les îles Hawaï, les taux plasmatiques d'hormones thyroïdiennes de vaches Holstein en début de lactation ne varient pas d'une manière significative entre la saison chaude et la saison fraîche. De plus, ces taux plasmatiques ne sont négativement corrélés (P < 0,05) avec les valeurs THI qu'à 4 heures et 16 heures du soir. Il n'existe aucune corrélation à 12 et à 20 heures. Enfin, aucune différence n'a été observée entre les animaux placés au soleil et à l'ombre. Zoa-Mboe et al. (1989) ne trouvent pas de différence entre les moyennes de concentration en thyroxine (T_4) des vaches à l'ombre et sans ombre. Ceci peut être expliqué par le fait que ces deux groupes de vaches (avec ombre et sans ombre) ont été exposés à une température élevée avant l'expérience. Quant à Muller et al. (1994b), ils ne trouvent pas une différence significative pour la concentration de thyroxine entre le groupe de vaches à l'ombre et celui sans ombre. La concentration en thyroxine pour le dernier groupe présente une tendance d'être plus faible (P>0,05) que le groupe de vaches à l'ombre.

On peut conclure que la concentration plasmatique en hormones thyroïdiennes diminue pendant un stress thermique pour éviter une production de chaleur excessive puisque ces hormones thyroïdiennes contrôlent la thermogenèse en activant la production de chaleur (Lissitzky, 1978 ; Habeeb et al., 1992). Edelman et Ismail-Beigi (1974) signalent que la production de chaleur par les homéothermes est associée à la respiration et à l'oxydation des substrats d'origine alimentaire. L'augmentation de la respiration mitochondriale nécessite une augmentation de l'utilisation de l'ATP. Ces mêmes auteurs indiquent que la nature probable du processus d'utilisation de l'ATP est stimulée par les hormones thyroïdiennes. Aboulnaga et al. (1989) rapportent pour des vaches exposées à des conditions de stress thermique en Egypte, que la concentration en thyroxine augmente lorsqu'on refroidit les vaches probablement pour entraîner une augmentation de production de chaleur. De même Muller et al. (1994b) observent que les nuits fraîches pendant une durée de 4 à 5 heures augmentent le taux de thyroxine. A travers des conditions néfastes de stress thermique, le rythme du métabolisme de base est réduit suite à une réduction de l'énergie de ce dernier mais en même temps il y a une augmentation dans le métabolisme de l'eau et des électrolytes (Beede et Collier, 1986). Ces adaptations sont reflétées par la diminution de taux de certaines hormones dont principalement la thyroxine (Beede et Collier, 1986). Selon les mêmes auteurs, la modification de l'activité thyroïdienne est régulière avec une diminution du métabolisme, de l'ingestion, de la croissance et de la production laitière à travers des conditions de stress thermique. Selon Silanikove (2000), il apparaît qu'une réduction de l'activité thyroïdienne reflète que l'animal fournit un effort considérable pour s'adapter à son environnement. Par contre l'élévation de la concentration du cortisol reflète qu'un animal est sous des conditions défavorables de stress thermique (distress).

1.5.2- Activité cortico-surrénalienne

La partie corticale des glandes surrénales sécrète deux principaux types de corticoïdes : les glucocorticoïdes, ainsi nommés parce qu'ils jouent un rôle dans le métabolisme du glucose, et les minéralocorticoïdes, qui interviennent dans l'équilibre hydrominéral de l'organisme.

1.5.2.1- GLUCOCORTICOÏDES

Ils agissent sur le métabolisme du glucose et des protéines, donc sur la production de chaleur. Ils sont sensibles à de nombreux stimuli extérieurs. Ils sont couramment appelés « hormones de stress » (Sergent, 1985). Chez les ruminants, la principale hormone glucocorticoïde est le cortisol (Berbigier, 1988). Feigelson et al. (1971) notent que l'effet le plus important du cortisol s'exerce au niveau du foie, où il stimule la glycogénogenèse. Les substrats les plus importants de cette synthèse de glycogène sont les métabolites des acides aminés. Le cortisol induit la synthèse de toute une série d'enzymes intervenant dans ces transformations métaboliques.

Dans la littérature, les résultats sur la variation de la concentration plasmatique en cortisol sont contradictoires suggèrant ainsi que les réponses de la vache laitière à un stress thermique sont différentes. De nombreux auteurs (Christison et Johnson, 1972 ; Stott et Wiersma , 1973 ; Dantzer et Mormede, 1979 ; Roman-Ponce et al, 1981 ; Collier et al., 1982 ; Wise et al, 1988 ; Habeeb et al., 1992 ; Muller et al., 1994b) ont rapportent une augmentation de la concentration plasmatique en cortisol suite à un stress thermique. Par contre, d'autres (McFarlane, 1963 ; Christison et Johnson, 1972 ; Lee et al, 1974 ; Abilay et al, 1975 ; Ingraham et al, 1979 ; West et al., 1991 ; Habeeb et al., 1992) rapportent soit une diminution, soit aucune variation de la concentration du cortisol pendant un stress thermique.

Dantzer et Mormede (1979) indiquent que sous l'effet d'un stress brutal, thermique ou d'autre origine, le taux plasmatique du cortisol s'élève, augmentant la vigilance de l'animal afin de lui permettre de répondre à une menace («Syndrome d'adaptation générale » ou « fight-or flight-syndrome ». Dans le climat très chaud et sec, mais très contrasté de l'Arizona, Stott et Wiersma (1973) observent chez des vaches laitières une augmentation d'un facteur 5 (de 5 à 25 ng/ml) de la cortisolémie entre le mois de juillet (chaud) et d'octobre (frais). Muller et al. (1994b) rapportent une élévation de la concentration en cortisol chez les vaches sans ombre durant la période expérimentale estivale pendant la période 1985/1986. Christison et Johnson (1972) signalent une augmentation de la concentration en cortisol lorsque les vaches sont exposées à une température supérieure à 35 °C à l'intérieur d'une chambre climatique pendant les vingt premières minutes. Cette concentration continue à augmenter pour atteindre un plateau entre 2 et 4 heures après le début du stress thermique. Wise et al. (1988) constatent une concentration élevée de cortisol pour des vaches laitières Holstein exposées à un stress thermique comparées à celles qui se trouvent dans la zone de confort thermique. Ce résultat est similaire à celui trouvé par Roman-Ponce et al. (1981). Cependant Collier et al. (1982) remarquent une élévation de la concentration de cortisol suite à un stress thermique aigu mais aucune élévation en présence d'un stress thermique prolongé.

McFarlane (1963) constate que la réponse des ruminants à la chaleur dépend de leur origine génétique. Il signale en outre une diminution du taux de renouvellement (« turn over ») en cortisol chez les ruminants de races tropicales en comparaison à ceux de races d'origine tempérée. La réponse des ruminants à la chaleur dépend aussi du type de climat tropical. En effet à Hawaï, sous un climat tropical humide aux saisons peu marquées, Ingraham et al. (1979) ne rapportent pas d'effet clair de la saison, du THI et de l'exposition à l'ombre ou au soleil sur le taux du cortisol. Ce taux est de l'ordre de 10 à 15 ng/ml pour des vaches laitières. Lee et al. (1974) et Abilay et al. (1975) indiquent que l'exposition prolongée à la chaleur provoque une chute du taux plasmatique du cortisol. De même Christison et Johnson

(1972) signalent que la concentration de cortisol diminue significativement (P < 0,01) suite à un stress thermique prolongé comparée à la concentration en cortisol pendant la zone de neutralité thermique.

Ces résultats contradictoires sont expliqués par les différentes réponses de la vache laitière à un stress thermique prolongé ou non prolongé (Beede et Collier, 1986). La concentration en cortisol augmente lorsque la vache laitière est exposée à un stress thermique et diminue lorsque cette exposition est prolongée (Habeeb et al., 1992). Collins et Weiner (1968) suggèrent que la réponse initiale d'un animal à un stress thermique est une réponse émotionnelle et non thermorégulatrice. Par contre pendant une exposition prolongée à un stress thermique (stress thermique chronique), l'action hyperglycémiante du cortisol est nécessaire puisque l'utilisation du glucose augmente. Ils concluent que la diminution de la concentration du cortisol pendant un stress thermique chronique est un indicateur d'adaptation au stress thermique. Par contre, une augmentation de la concentration en cortisol indique que l'animal commence à sentir un stress thermique. Cependant, certains auteurs considèrent que l'élévation de la concentration du cortisol suite à un stress thermique est transitoire (Christison et Johnson, 1972 ; Miller et Alliston, 1974 ; Elvinger et al., 1992).

1.5.2.2- MINERALO-CORTICOÏDES

Le principal représentant est l'aldostérone. Ils jouent un rôle dans l'équilibre ionique des fluides corporels et du bilan hydrique. L'élévation de la concentration d'aldostérone réduit l'excrétion urinaire. Or, chez les bovins, divers résultats montrent que le taux d'aldostérone plasmatique diminue lorsque la contrainte thermique augmente. Cependant, cette baisse est couplée à une montée d'hormone antidiurétique (ADH), dont l'effet est inverse (Berbigier, 1988). La combinaison de ces deux effets antagonistes expliquerait pourquoi les bovins sont une des rares espèces de mammifères à ne pas concentrer leur urine sous l'effet de la chaleur.

En Floride, selon Niles et al. (1980), une exposition chronique de l'ordre de 14 jours des vaches laitières au soleil (moyenne des maxima de température de 46,5°C) déprime l'évolution circadienne de l'aldostérone plasmatique par rapport aux animaux témoins maintenus à l'ombre (moyenne des maxima 32,8°C). Les concentrations plasmatiques moyennes sur le nycthémère étant respectivement de 272 et 154 picog/ml. Contrairement à l'hypothèse d'El Nouty et al. (1980), la concentration plasmatique du potassium n'est pas affectée et ne peut donc être responsable de ce phénomène, dont le mécanisme n'est pas bien compris. Les difficultés de dosage de l'aldostérone, dues à sa faible concentration dans le plasma, expliquent en partie la rareté des résultats disponibles.

1.5.2.3- ACTIVITE MEDULLO-SURRENALIENNE

Les catécholamines (adrénaline ou épinéphrine et nor-adrénaline ou nor-épinéphrine) sont rapidement sécrétées dans les cas de stress critique et permettent des réactions immédiates (syndrome d'adaptation générale). Les deux hormones peuvent être sécrétées par la partie médullaire des glandes surrénales. En outre la nor-adrénaline est aussi émise au niveau des terminaisons nerveuses du système synaptique pour lesquelles elle joue le rôle de neurotransmetteur.

Les catécholamines sont étroitement impliquées dans les mécanismes endocriniens de la thermorégulation (Bligh, 1973 ; Rieutort, 1986), qui sont commandés par l'hypothalamus antérieur. Chez les mammifères, le froid aussi bien que la chaleur provoquent une montée du taux plasmatique de nor-adrénaline, alors que l'adrénaline ne réagit que chez certaines espèces (Yousef et Johnson, 1985). Bligh (1985) suppose que ces augmentations parallèles correspondent en fait à l'activation de deux types différents de terminaisons nerveuses, l'activation des unes inhibe les autres.

Selon Berbigier (1988), par temps froid, la nor-adrénaline permet le catabolisme de certains lipides facilement mobilisables et la thermogenèse sans frisson et régule l'apport de chaleur sanguin au niveau de la peau en fonction du milieu thermique ambiant. Par contre par temps chaud, elle régularise la thermolyse, par le contrôle de vasodilatation périphérique, de la fréquence respiratoire et de la transpiration (chez les bovins, cette dernière répond également à l'adrénaline). Les catécholamines ont donc un rôle tout à fait préviligié dans la thermorégulation à très court terme. Cependant, il y a des grandes difficultés de dosage.

1.5.3- Prolactine

La prolactine est une hormone sécrétée par l'antéhypophyse. Elle a des effets très variés. Son rôle le plus connu est la stimulation de la sécrétion lactée chez les mammifères. Cependant, son rôle général (des poissons aux mammifères) est sans doute la régulation de l'équilibre des fluides et des ions de l'organisme (osmorégulation).

Shams et al. (1980) indiquent que, chez les bovins, la prolactine a un rôle dans l'équilibre des fluides et des électrolytes du corps, mais ne semble pas intervenir dans la thermorégulation. Par contre pour Sergent et al. (1988), ont rapporté que la prolactine peut avoir un rôle thermorégulateur chez les caprins.

1.5.4- Hormones liées à la reproduction

La LH, la FSH, les stéroïdes (l'œstradiol) et la progestérone sont des hormones qui contrôlent le cycle sexuel de la vache laitière. La chaleur perturbe les niveaux de ces hormones pendant le cycle. L'ovulation est rarement supprimée, mais le comportement d'œstrus est atténué et la durée des chaleurs est réduite. Ceci diminue les chances de succès de la reproduction (Berbigier, 1988). Plusieurs études mentionnent une augmentation de la concentration de la progestérone suite à un stress thermique (Monty et wolf, 1974 ; Roman-Ponce et al., 1981 ; Johnson, 1984). D'autres indiquent une diminution de la concentration de progestérone pendant un stress thermique (Stott et Wiersma, 1973 ; Folman et al., 1983). Ce paradoxe existe également pour l'oestradiol (Stott et Williams, 1962 ; Christison et Johnson, 1972 ; Stott et Wiersma, 1973 ; Abilay et al., 1975 ; Roman-Ponce et al., 1981).

Un stress thermique lors de l'œstrus et/ou au moment de l'insémination entraîne une diminution de la sécrétion d'œstradiol (Gwazdauskas et al., 1981 ; Wilson, 1998) et provoque ainsi une réduction du flux sanguin utérin qui induit une élévation locale de la température et une augmentation de la progestéronémie (Gwasdauskas, 1985). Par contre, en Floride, Thatcher et al. (1984) observent que l'exposition au soleil des vaches laitières diminue le niveau de progestérone plasmatique et augmente celui de la LH lors du pic pré-ovulatoire. Ils confirment également que les cycles sexuels ne sont pas inhibés par l'exposition au soleil. Etudiant la fonction lutéale de vaches Holstein en lactation, Howell et al. (1994) trouvent des concentrations plasmatiques en progestérone plus faible en été (4,8 ± 0,9 ng/ml à 31,1 ± 0,3 °C) qu'au printemps (7,4 ± 0,9 ng/ml à 21,2 ± 0,9 °C) entre les jours 6 et 18 du cycle. Par contre la durée de la phase lutéale ne se trouve pas modifiée. Ces auteurs concluent qu'une baisse de la fonction lutéale pourrait contribuer à la plus faible fertilité des vaches inséminées pendant l'été.

Comparant les sécrétions de stéroïdes ovariens et surrénaliens et de LH chez des vaches Holstein soumises à un stress thermique ou maintenues dans une étable climatisée, Wise et al. (1988) trouvent que les concentrations plasmatiques en oestradiol et en progestérone ne sont pas différentes pour les deux lots. Cependant chez les vaches soumises au stress thermique, ils observent une diminution du nombre de pics de LH en début de cycle. La perturbation de l'activité hypophysaire par la température est également rapportée par Gilad et al. (1993) qui indiquent une diminution de l'amplitude des pics de LH. En outre, chez des vaches en début de la phase folliculaire et présentant de faibles concentrations plasmatiques en oestradiol, le stress thermique entraîne une plus faible réponse hypophysaire en FSH et LH suite à une stimulation par la GnRH.

Le stress thermique perturbe l'activité hypophysaire donc la sécrétion de FSH et de LH. Ces hormones ne règlent pas bien la croissance du follicule d'où l'altération de la maturation de l'ovocyte et la sécrétion d'œstradiol. Berthelot et Bergonier (1995) notent que pendant un stress thermique, les mécanismes de la maturation ovocytaire et de l'ovulation seraient perturbés. Ceci augmente les risques de mortalité embryonnaire. Les résultats paradoxaux concernant la variation de la concentration de progestérone et d'œstradiol pourraient être attribués à l'intensité du stress thermique et à la période de prise d'échantillons durant le cycle sexuel.

1.6- Consommation d'eau

L'eau est considérée parmi les nutriments les plus importants pour la vache laitière. La production laitière (Little et Shaw, 1978 ; Little et al., 1979) et l'ingestion (Thornton et yates, 1969 ; Utley et al., 1970) chutent quand la quantité d'eau consommée diminue. Berbigier (1988) indique que l'eau totale de l'organisme rapportée au poids vif augmente avec la chaleur (au Sahara , chez les vaches frisonnes, elle passe de 58,6% en hiver à 66,9% en été). L'eau est l'élément le plus important pour surmonter le stress thermique (McDowell, 1972 ; NRC, 1989 ; Beede, 1992 ; Sevcik, 1996).

Plusieurs études ont rapporté l'augmentation de la consommation d'eau au cours du stress thermique (tableau 12). En effet, McDowell (1972), rapporte que la quantité d'eau consommée par la vache Holstein en chambre thermique et en environnement favorable (18°C) est de 57,9 litres/jour alors qu'elle est de 74,7 litres/jour dans un environnement chaud (30°C). NRC (1981) estime l'augmentation de la consommation d'eau à 55% quand la température varie de 26 à 40°C. Moran (1989), en utilisant des vaches frisonnes dans un climat méditerranéen d'Australie, trouve que la quantité d'eau consommée pendant l'été par vache du lot témoin (avec ombre) et du lot exposé au soleil est de 72,2 et 86 litres/jour respectivement. Muller et al. (1994a) notent à partir de leurs études sur des vaches frisonnes en Afrique du sud au cours de la saison estivale que la consommation journalière d'eau et par vache du lot témoin est 96,8 litres contre 114 litres pour une vache du lot expérimental.

Toutes ces études concordent sur le fait que la consommation d'eau augmente pendant le stress thermique chez la vache. Cette augmentation de la consommation d'eau constitue la première voie à être utilisée pour dissiper la chaleur par respiration et sudation (Sevcik, 1996).

Tableau 12. Effet du stress thermique sur la consommation d'eau, l'ingestion et la digestibilité de la vache Frisonne – Holstein

Condition de stress	Paramètre	Variation	Références
Pour toute +0,55°C au delà d'une température rectale de 38,9°C	Ingestion	-1,4 kg	Johnson et al. (1963)
Ta = 18 vs 30°C	Consommation d'eau	+29%	McDowell (1972)
Ta= 15 vs 30°C	Ingestion	-16%	Bandaranayaka et Holmes (1976)
Ta = 26 vs 40°C	Consommation d'eau	+55%	NRC (1981)
Ta = 26 vs 40°C	Ingestion	-44%	NRC (1981)
Ombrage vs sans ombrage	Consommation d'eau	+19%	Moran (1989)
Ta = 25 vs 40°C	Ingestion	-40%	Shearer et Beede (1990)
Ombrage vs sans ombrage	Consommation d'eau	+18%	Muller et al. (1994a)
Stress thermique	Ingestion	-22%	West (1999)
Accroissement de la température de 10°C entre 10 à 40°C	Digestibilité	+2 unités	Morand-Fehr et Doreau (2001)

1.7- Ingestion

La maximisation de l'ingestion est le premier objectif pour les vaches laitières hautes productrices vue l'importance de leur potentiel génétique (Sevcik, 1996). Les facteurs qui affectent l'ingestion pendant la zone de neutralité thermique s'intensifient pendant la période de stress thermique. Pour essayer de diminuer sa température corporelle, la vache stressée (stress thermique) réduit son ingestion volontaire de matière sèche pour réduire la production de chaleur de fermentation, de digestion et des autres processus métaboliques. L'effet du stress thermique sur l'ingestion a été étudié dans différentes conditions. Le tableau 12 résume ces résultats. Selon Orskov et Ryle (1990), la vache laitière réduit son ingestion pour diminuer la production de chaleur liée aux fermentations ruminales, à l'activité masticatoire, aux déplacements et mouvements liés à la recherche des aliments et, à un degré moindre, à l'activité musculaire du tube digestif (Chilliard et al., 1995). Selon West (1999), l'ingestion commence à diminuer et les besoins d'entretien de la vache laitière augmentent quand la température ambiante dépasse 25°C. Selon Sevcik (1996), quand la température ambiante dépasse 26-27°C, il y'a une chute de l'ingestion et de la production laitière. Lorsque la température atteint 40 °C, le NRC (1981) prédît une réduction de l'ingestion de 44% par rapport à une température de 20°C pour une vache laitière produisant 27 kg de lait à 3,7% de matière grasse (tableau 13). Bandaranayaka et Holmes (1976), travaillant dans les chambres climatiques, ont rapporté une diminution de l'ingestion de 16% lorsque la température passe de 15 à 30°C. Pendant le stress thermique, la chute de l'ingestion est de 22% pour les multipares et de 6% pour les primipares (West, 1999). D'après ce même auteur, la différence de diminution de l'ingestion entre primipares et multipares peut être attribuée à la taille réduite de la primipare donc à une production de chaleur réduite. En Afrique du sud, Muller et al. (1994a) ont déterminé l'effet de l'ombre sur l'ingestion de la vache Frisonne durant 3 étés. L'ingestion des vaches à l'ombre est plus élevée (P < 0,05 et P < 0,01) pour les années 1984/85 et 1985/86 respectivement, que celle des vaches sans ombre. L'étude de la régression montre que l'ingestion pendant la nuit est significativement affectée par l'élévation de la température (P < 0,05 et P < 0,01) pour les vaches à l'ombre et sans ombre respectivement. Shearer et Beede (1990) notent que l'ingestion chute quand la température dépasse 25-26°C. Ils indiquent aussi qu'à une température de 40°C, l'ingestion ne représente que 60% de l'ingestion normale.

D'autres travaux ont essayé d'établir la relation entre les variations de l'ingestion et celles des valeurs THI. En effet, Johnson et al. (1963) observent que le THI décrit d'une façon plus précise la capacité de la vache à dissiper la chaleur. Ils signalent que l'ingestion et la production laitière diminuent légèrement quand la valeur THI dépasse 72 et fortement quand cette valeur dépasse 76. Quant à Holter et al. (1996) ils trouvent que la valeur THI minimale journalière est mieux corrélée avec l'ingestion que la valeur THI maximale journalière chez la vache jersiaise. Ils signalent que la réduction de l'ingestion commence quand la valeur THI minimale passe de 56 à 57. Ceci correspond à une valeur THI moyenne de 72 et une valeur THI maximale de 71 à 85. Dans ces conditions, il y'a une chute de l'ingestion de 4,4 kg/jour, soit 22%. En outre, des corrélations similaires entre l'ingestion et les valeurs minimales et maximales de THI ont été établies. Elles ont des valeurs de r = –0,63 et r = –0,62 respectivement. Dans ce cadre, la corrélation entre la valeur minimale et maximale de THI est de 0,95 (Holter et al., 1997). Quant à la production laitière et à l'ingestion, elles chutent lorsque la température rectale dépasse 38,9 °C. Pour toute augmentation de 0,55 °C de cette dernière, la production et l'ingestion diminuent de 1,8 et 1,4 kg respectivement (Johnson et al., 1963). Toute atténuation de l'augmentation de la température rectale s'accompagne par une amélioration de l'ingestion (West, 1999). La température ambiante journalière affecte significativement la production laitière et la température rectale par comparaison à la température minimale et maximale de la journée (Kabuga et Sarpong, 1991).

Les facteurs qui limitent l'ingestion lors des températures élevées sont de deux types (Early et Lu, 1996). Le premier groupe concerne ceux dont les mécanismes ne sont pas liés directement à la digestion et au métabolisme des aliments. Ce groupe entraîne au cours d'un stress thermique une diminution de l'ingestion par une augmentation de la consommation d'eau (Mallonee et al., 1985). Ceci est le résultat de la diminution de la concentration plasmatique de l'hormone de croissance (Mitra et al., 1972). Le second type de facteurs limitant l'ingestion concerne ceux qui engendrent la production de chaleur pendant la digestion des aliments. Pour réduire cette production de chaleur, la vache laitière diminue la motilité du rumen, ce qui entraîne la diminution de l'ingestion (Attebery et Johnson, 1969).

Tableau 13. Estimation des variations des besoins d'entretien, d'ingestion et de production laitière pour la vache laitière exposée à différentes températures.

Température (°C)	Entretien (% / 20°C)	Ingestion (kg MS)	Lait par jour (kg)
-10	126	19,2	25
0	110	18,8	27
10	100	18,2	27
20	100	18,2	27
30	111	16,9	23
40	132	10,2	12

NRC (1981)

1.8- Effet du stress thermique sur la digestibilité

Morand-Fehr et Doreau (2001) rapportent qu'à une ingestion constante l'accroissement de la température tend à améliorer la digestibilité des rations à base de fourrage. Cette augmentation est de l'ordre de 2 points pour un accroissement de température de 10°C, dans une fourchette de 10 à 40°C (tableau 12). Cet effet positif n'est pas démontré avec des rations riches en concentré (Young et Degen, 1981 ;

Bunting et al., 1992). Par ailleurs, avec une ration riche en fourrage, Bhattacharya et Hussain (1974) observent une diminution de digestibilité à Ta élevée, malgré la diminution de l'ingestion.

Selon Moran-Fehr et Doreau (2001) les variations de la digestibilité d'une ration de composition déterminée peuvent être attribuées à des variations du temps de rétention des aliments dans le rumen et de l'activité microbienne ou de la transformation du substrat en particules fines. Une augmentation de la température n'a pas d'effet sur la vitesse de dégradation des fourrages mesurée in vitro (Martz et al., 1990). A même niveau d'ingestion, une élévation de la température entraîne une augmentation du temps de rétention des particules dans le rumen (Warren et al., 1974). Ceci peut expliquer en partie l'augmentation de la digestibilité. Kennedy et al. (1977) et Christopherson et Kennedy (1983) concluent que le froid accélère la vitesse du transit alimentaire. Le ralentissement du transit à hautes températures peut être attribué à une réduction de la motricité ruminale (Attebery et Johnson, 1969), en fréquence de contractions et de leur amplitude, et par voie de conséquence la quantité d'aliments quittant le rumen. En outre, Kennedy et al. (1977) indiquent que l'action de l'augmentation de la température sur le transit via la motricité ruminale peut être liée à une baisse de sécrétion d'hormones thyroïdiennes.

Malgré la tendance à l'amélioration de la digestibilité avec les températures élevées, la concentration en acides gras volatils (AGV) dans le rumen n'est pas modifiée (Lippke, 1975) ou tend parfois à diminuer (Kelly et al., 1968). D'un autre coté la température n'a pas d'effet propre sur l'excrétion azotée (Morand-Fehr et Doreau, 2001). En effet, à même quantités ingérées, l'azote urinaire ne varie que peu ou pas (Colditz et Kellaway, 1972; Ames et Brink, 1977; Bunting et al., 1992).

2- Matériel et méthodes

2.1- Choix du site de l'étude

Pour étudier l'impact du stress thermique sur la production laitière, les paramètres physiologiques et métaboliques et sur le statut hormonal chez la vache laitière, le site El Alem a été choisi parmi les sites mentionnés au chapitre précédent. Il s'agit d'une unité laitière Pie noire Holsteinisée de l'agro-combinat El Alem située dans la région de Sebikha à 35 km de Kairouan située 35°40' Latitude Nord et 10°6' Longitude Est et où le climat est du type continental à été chaud et sec.

2.2- Matériel animal, alimentation et conduite des vaches laitières

Deux essais sont conduits sur des vaches laitières en pleine lactation. Le premier est réalisé dans des conditions printanières (THI= 68, pas de stress thermique) de mi-avril à mi-mai 2000. Le deuxième a eu lieu durant l'été (THI=78, condition de stress thermique) au cours du mois de juillet 2000.

Pour chaque essai, 7 vaches laitières de race Frisonne – Holstein en pleine lactation ont été utilisées. Ces vaches ont été choisies sur la base du niveau de production, numéro de lactation, poids vif et stade de lactation de manière que les deux lots de vaches utilisées dans les deux essais soient statistiquement similaires (tableau 14). Les vaches ont vêlé de mi-novembre à début décembre pour la période 1 et de fin janvier à mi-février pour la période 2. La période expérimentale a duré 25 jours précédée de deux semaines d'adaptation pour chaque essai. Pour les deux essais, la conduite des vaches laitières était la même.

Les vaches ont été logées en stabulation entravée sans litière. Les mêmes fourrage grossier et aliment concentré ont été distribués durant les deux périodes. Une ration de base constituée d'ensilage d'avoine est distribuée ad-libitum 2 fois par jour.

Les quantités journalières de concentré ont été fractionnées en 3 repas de 3kg chacun (7h , 13h. et 22h) L'ensilage d'avoine et le concentré représentent respectivement 53% et 47% de la ration totale et sont distribués d'une façon séparée. Le concentré distribué est formulé à base de maïs, d'orge, de tourteau de soja, de minéraux et de vitamines. Le tableau 15 donne la composition chimique de l'ensilage d'avoine et du concentré. L'ensilage d'avoine est distribué à volonté. L'abreuvement est permanent et à volonté. Il est assuré par un abreuvoir automatique individuel.

Tableau 14. Caractéristiques des vaches utilisées dans les deux essais

Paramètre	Essai 1	Essai 2
Nombre des vaches	7	7
Niveau de production (kg)	20 ± 3	19 ± 4
Stade de lactation (j)	144 ± 7	150 ± 6
Numéro de lactation	2,29 ± 0,48	2,42 ± 0,53
Poids vif (kg)	510 ± 45	530 ± 24

Tableau 15. Composition chimique (%MS) des aliments utilisés pour les deux essais

Paramètres	Ensilage		Concentré
	Essai 1	Essai 2	
Matière sèche (%)	28,5	30,0	89,2
Matières azotées totales	6,7	7,11	17,8
Matière minérale	13,0	12,1	6,5
Cellulose brute	35,1	34,0	4,2

2.3 - Mesure des données météorologiques et calcul des valeurs THI

Les températures minima et maxima sont mesurées chaque jour. La température ambiante et l'humidité relative sont obtenus à partir des données de la météo comme pour les deux parties précédentes. Les valeurs THI sont déterminées selon la méthode de Kibler (1964) pour les deux essais. De plus, le THI mensuel sur ce site est calculé sur une période de 10 ans (1988-1997) en utilisant la même méthode.

2.4- Mesures et analyses de laboratoire.

2.4.1- Matière sèche ingérée

Les quantités des aliments distribuées ont été pesées 2 fois par jour pour l'ensilage et 3 fois pour le concentré. Les refus ont été pesés une fois par jour à 7 heures du matin. Des échantillons représentatifs des aliments et des refus ont été prélevés quotidiennement pour en constituer des échantillons hebdomadaires. Ces derniers ont été broyés et analysés pour déterminer leurs teneurs en matière sèche, cellulose brute, matière minérale et en matières azotées totales selon les méthodes A.O.A.C (1990).

2.4.2- Digestibilité in vivo de la MS

Pour étudier l'effet du stress thermique sur la digestibilité de la ration totale, 2 essais de digestibilité d'une semaine chacune ont été menés par période après une adaptation de deux semaines. Un essai a été réalisé pendant une semaine, ensuite une semaine de repos et enfin le deuxième essai est réalisé pendant la semaine d'après. La matière fécale est collectée dans le caniveau qui se trouve derrière les vaches, pesée et mélangée deux fois par jour. De plus, des échantillons représentatifs des aliments et des refus aussi bien qu'un échantillon représentatif journalier de la matière fécale ont été prélevés et conservés au congélateur pour les analyser.

2.4.3- Production laitière

Les vaches sont traites 3 fois par jour. Un contrôle laitier journalier est effectué pour chaque vache. Des échantillons représentatifs (provenant de 3 traites) de lait sont prélevés une fois par semaine. Ils sont analysés pour déterminer leurs teneurs en matière grasse (MG), en matière protéique (MP) et en cellules somatiques (CS) au laboratoire de contrôle des performances à Sidi Thabet par la méthode d'absorption dans le moyen infrarouge en utilisant un appareil milko scan 4000 (Foss Eloctronic, France). La production laitière par vache est utilisée pour calculer la production laitière corrigée à 4% de matière grasse (MG). Les rendements en matières grasses et matière protéique sont calculés en utilisant le %MG, le %MP et la production laitière/vache.

2.4.4- Paramètres physiologiques

La température rectale, la fréquence respiratoire et le rythme cardiaque sont mesurés 3 fois par jour avant chaque traite (7 h, 13 h et 22 h). La température rectale est mesurée à l'aide d'un thermomètre digital appliqué sur la muqueuse rectale pendant une minute. La fréquence cardiaque est mesurée à l'aide d'un stéthoscope placé au niveau de la zone de projection du cœur. La fréquence respiratoire est déterminée par comptage du nombre d'inspirations par minute lorsque la vache est en position debout. En effet, quand l'animal est en décubitus, les mouvements respiratoires sont accélérés vu la pression exercée par le rumen sur le diaphragme.

2.4.5- Prise d'échantillons de sang

Des échantillons de sang sont collectés dans des tubes héparinés (10 cc) deux fois par période et deux fois par jour à partir de la veine caudale de l'animal. Les échantillons sont prélevés à 7 h et à 13 h avant la traite et la distribution de l'alimentation. Les échantillons sont alors réfrigérés pendant quelques heures avant leur centrifugation pour séparer le plasma des hématies. Les échantillons de plasma ont été envoyés le même jour dans des tubes 'vacutainer systems' (Becton-Dickinson) à l'Ecole Vétérinaire de Nantes (France) pour les analyses d'hormones. Les échantillons de sang sont analysés pour déterminer la concentration en thyroxine libre (T4) et en cortisol total. La T4 est analysée en utilisant un radio immunoassay kit (Immunotech, ref. 1363). Le cortisol est déterminé par l'utilisation d'un ^{125}I R IA kit (DiaSorin, catalog N°./REF./ CA-1529, CA-1549) qui convient le mieux pour la détermination quantitative du cortisol dans le plasma ou l'urine.

2.5- Analyses statistiques

Pour déterminer l'effet de la période de mesure sur l'ingestion, la production laitière, le THI, la température rectale, la fréquence respiratoire et le rythme cardiaque, on a utilisé un modèle mixte où les mesures répétées sur chaque vache ont été considérées aléatoires et auto - corrélées. Le modèle statistique (1) utilisé est le suivant :

$$Y_{ijk} = \mu + P_i + V_j(P_i) + U_k(V_j) + e_{ijk} \qquad (1)$$

avec
Y_{ijk} = Observation du $k^{ème}$ jour et du $j^{ème}$ vache durant la $i^{ème}$ période,
μ = effet de la moyenne,
P_i = effet de la $i^{ème}$ période,
$V_j(P_i)$ = effet de la $j^{ème}$ vache à l'intérieur de la $i^{ème}$ période;

$U_k(V_j)$ = effet du $k^{ème}$ jour de mesure pour la $j^{ème}$ vache, et
e_{ijk} = erreur residuelle.

où

$U_k(V_j) = e_k$ pour $k = 1$ et $U_k(V_j) = r\, u_{(k-1)}(V_j)$ pour $k > 1$

avec

$E[U_k(V_j)] = 0$, $Var[U_k(V_j)] = s^2_k$ et $Cov[U_k(V_j), U_{k-1}(V_j)] = r\, s^2_k$,
r = coefficient de corrélation, et e_k = erreur aléatoire.

Pour tester la différence entre les effets des deux périodes sur ces paramètres, on a utilisé les contrastes.

Pour déterminer l'effet de la période de mesure sur le lait corrigé (4 %), le % MG, la quantité de MG produite, le % MP, la quantité de MP produite et le nombre de cellules somatiques, le modèle 2 a été utilisé du fait de l'absence des mesures répétées pour ces différents paramètres.

$$Y_{ijk} = \mu + P_i + V_j(P_i) + e_{ijk} \qquad (2)$$

avec
Y_{ijk} = $k^{ème}$ observation du $j^{ème}$ vache durant la $i^{ème}$ période,
μ = effet de la moyenne,
P_i = effet de la $i^{ème}$ période,
$V_j(P_i)$ = effet de la $j^{ème}$ vache à l'intérieur de la $i^{ème}$ période, et
e_{ijk} = erreur residuelle.

où
$$E[e_{ijk}] = 0 \text{ et } V[e_{ijk}] = s^2_e$$

Pour tester la différence entre les effets des deux périodes sur ces paramètres, on a utilisé le Test Student.

Des corrélations de Pearson entre les différents paramètres ont été déterminées. Enfin, une équation de régression a été développée entre la production laitière et l'index THI. Toutes les analyses sont réalisées en utilisant le programme SAS (1985).

3- Résultats et discussion

3.1- Etude de la variation des valeurs THI et de la température ambiante à l'agro-combinat El Alem

La figure 16 illustre la variation de la moyenne de température et des valeurs THI du site expérimental pour une période de 10 ans (1988-1997). Il se dégage que les valeurs de THI et de température augmentent de la saison printanière à la saison estivale allant de 68 et 21,6°C à 78 et 30,6°C respectivement pour le THI et la température Ta. Les données météorologiques collectées durant les deux essais sont en accord avec celles collectées sur 10 ans. En effet, les moyennes de température et d'humidité relative étaient de 21,6°C et 55,7 % pour le printemps et de 29,8°C et de 45,9% pour l'été pendant la période expérimentale.

Ceci indique que dans la zone de l'étude, la vache laitière est exposée à un stress thermique durant 4 mois de juin à septembre. Ces résultats sont similaires à ceux de Johnson (1976). Ceci peut entraîner des effets négatifs sur le comportement alimentaire, la production et la composition du lait de vache (Beede et collier, 1986 ; Shearer et Beede, 1990 ; Du Preez et al., 1990a).

Les figures 17 et 18 représentent les variations journalières de la température ambiante, de l'humidité relative et des valeurs THI du même site durant les deux essais. Ils indiquent que, l'essai de l'été s'est déroulée pendant une période de stress thermique (THI > 72), alors que celle du printemps s'est réalisée durant une période où les vaches ne sont pas stressées.

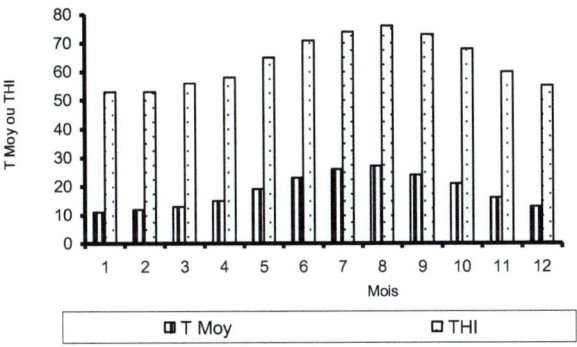

Figure 16. Variation du THI et de la température ambiante à l'agro-combinat El Alem

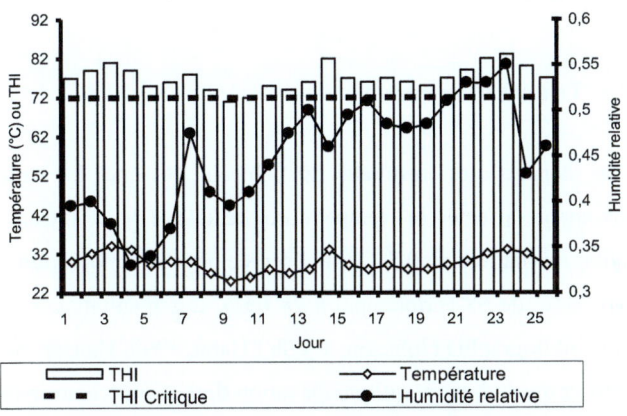

Figure 17. Variation journalière de la température, de l'humidité et des valeurs THI durant l'essai de l'été

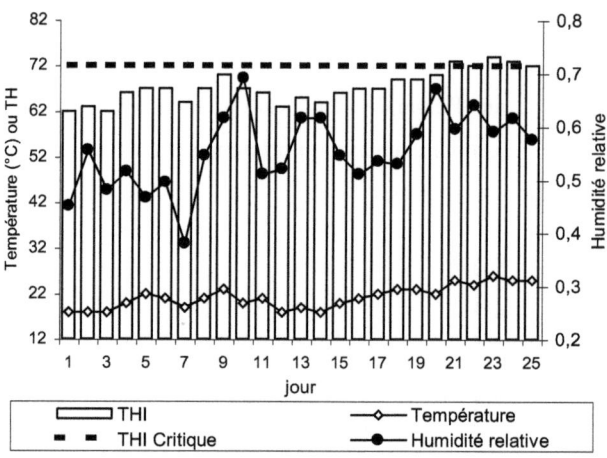

Figure 18. Variation journalière de la température, de l'humidité et des valeurs THI durant l'essai du printemps

3.2- Effet du stress thermique sur les réponses physiologiques de la vache laitière

3.2.1- Température rectale

Il se dégage des résultats du tableau 16 que le stress thermique a significativement affecté la température rectale (P < 0,01). En effet, une augmentation journalière de 0,5°C est observée pour la température rectale lorsque la valeur THI passe de 68 (printemps) à 78 (été). Ces résultats concordent avec ceux cités dans la bibliographie (Johnson, 1980b ; Hahn, 1999, Hansen et Aréchiga, 1999 ; West, 1999) et qui indiquent qu'une élévation de la température rectale accompagne toute hausse de la contrainte thermique. Or puisque la température rectale est un indicateur de l'équilibre thermique, elle est utilisée pour apprécier l'effet thermique défavorable de l'environnement qui affecte la croissance, la production et la reproduction de la vache laitière. En effet, selon Johnson (1986), la variation de la température rectale peut être étudiée en fonction de la variation de la valeur THI. De ce fait, une équation de régression liant la température rectale aux valeurs THI a été développée (figure 19). L'équation trouvée dans cette étude est similaire à celle trouvée en Afrique du Sud par Muller et al. (1994b) et même avec une meilleure précision (coefficient de détermination plus élevé). Elle montre que la température rectale augmente en fonction des valeurs THI. Par ailleurs, elle peut être utilisée pour la prédiction de la température rectale en fonction de la valeur THI.

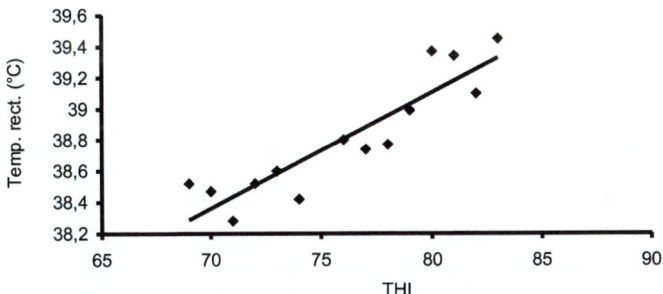

Figure 19. Relation entre la température rectale (TR) et le THI (TR = 0,07*THI + 33 ; R2 = 0,82 ; P < 0,01 ; ES = 0,17)

Tableau 16. Effet du stress thermique sur la température rectale, la fréquence cardiaque et la fréquence respiratoire des vaches laitières.

Paramètres	Période		
	Printemps	Eté	Différence (%)
TR par jour (°C)	38,36 (0.03)[a]	38,86 (0.03)[b]	+1,2
TR à 7 h (°C)	38,24 (0,03)[a]	38,31 (0,03)[a]	+0,2
TR à 13 h (°C)	38,51 (0,04)[a]	39,18 (0,04)[b]	+1,7
TR à 22 h (°C)	38,32 (0,04)[a]	39,10 (0,04)[b]	+2,0
RC par jour (Bat./mn)	64 (0,21)[a]	70 (0,21)[b]	+9,3
RC à 7 h (Bat./mn)	63 (0,24)[a]	66 (0,24)[b]	+4,8
RC à 13 h (Bat./mn)	65 (0,26)[a]	74 (0,27)[b]	+13,8
FC à 22 h (Bat./mn)	64 (0,27)[a]	69 (0,28)[b]	+7,8
RR par jour (Insp./mn)	31 (0,29)[a]	36 (0,29)[b]	+16,1
RR à 7 h (Insp./mn)	28 (0,38)[a]	28 (0,38)[a]	+0,0
RR à 13 h (Insp./mn)	31 (0,37)[a]	41 (0,38)[b]	+32,3
RR à 22 h (Insp./mn)	32 (0,37)[a]	37 (0,38)[b]	+15,6
THI (unités)	68 (0,31)[a]	78 (0,31)[b]	+14,7

Les moyennes des moindres carrés dans la même ligne avec la même lettre ne sont statistiquement différentes (Pr>0,05) ; TR = Température rectale ; RC = Rythme cardiaque ; RR = Rythme respiratoire ; Bat. : Battement ; Insp. : Inspiration ; ( ) : Erreur standard

3.2.2- Fréquence cardiaque

Les résultats du tableau 16 montrent qu'avec une hausse de la température rectale, la fréquence cardiaque augmente aussi de 6 battements/mn lorsque la valeur THI passe de 68 (printemps) à 78 (été). Ces réponses montrent que la vache laitière adopte des mécanismes d'adaptation et de compensation pour maintenir l'homéothermie. Les résultats de la figure 20 confirment aussi le fait que la fréquence cardiaque se trouve accélérée avec l'élévation de la contrainte thermique. Ces résultats coïncident avec ceux de Yamamoto et al (1979) qui ont montré qu'il existe une relation entre la fréquence cardiaque et la thermogenèse. Ces résultats sont aussi en accord avec ceux de Beakley et Findlay (1955) et Bianca et Kuntz (1975) qui ont montré qu'une exposition aiguë à la chaleur engendre souvent une accélération de la fréquence cardiaque résultant sans doute de l'effet de choc. Les résultats de la figure 20 révèlent que la variation de la valeur THI explique 77% de la variation de la fréquence cardiaque. Ceci fait que cette équation (figure 20) peut être utilisée pour la prédiction de la fréquence cardiaque à partir des valeurs THI.

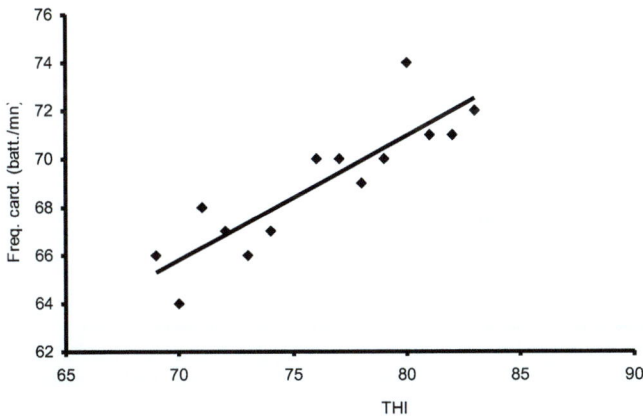

Figure 20. Relation entre la fréquence cardiaque (FC) et le THI (FC = 0,52*THI + 30 ; R2 = 0,77 ; P < 0,01 ; E S = 1,37)

3.2.3- Rythme respiratoire

Les résultats du tableau 16 montrent aussi que la fréquence respiratoire augmente lorsque la température ambiante et le stress thermique s'accentuent. En effet, la fréquence respiratoire augmente de 5 inspirations/mn lorsque la valeur THI passe de 68 (printemps) à 78 (été). Ceci confirme l'idée de Berbigier (1988) qui considère qu'après la température rectale, la fréquence respiratoire est la mesure physiologique la plus utilisée pour étudier la thermotholérance. Ces résultats sont en accord avec la majorité des résultats rapportés dans la bibliographie (Berman et Morag, 1971 ; Roman-Ponce et al., 1977 ; Berman et al., 1985) qui indiquent une élévation du rythme respiratoire avec toute augmentation de la température ambiante. L'équation de régression (figure 21) liant la fréquence respiratoire aux valeurs THI, montre que ces derniers expliquent 78% de la variation du rythme respiratoire. Des résultats similaires sont rapportés par Muller et al. (1994b) en Afrique du sud. Cependant, ils trouvent des coefficients de détermination légèrement plus élevés que ceux de la présente étude.

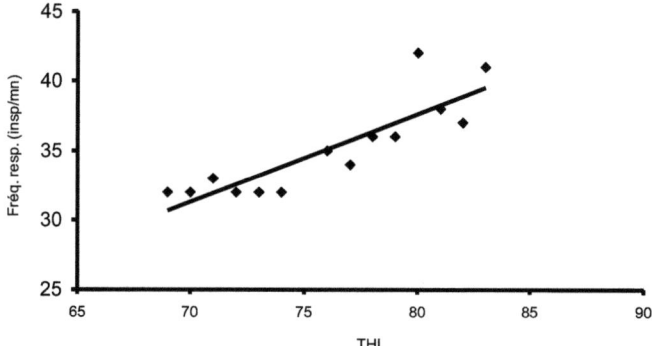

Figure 21. Relation entre la fréquence respiratoire (RR) et le THI (RR = 0,71*THI – 19 ; R2 = 0,78 ; P < 0,01 ; E S = 1,82)

Les paramètres physiologiques ne sont pas significativement affectés (P > 0,05) à 7 h. Ceci illustre bien qu'il y a absence de stress thermique. Par contre, à 13 h la différence de ces paramètres entre les deux lots est significative (P < 0,01). On effet, on enregistre une augmentation de 1,7 ; de 13,8 et de 32,3 % pour la température rectale, les rythmes cardiaque et respiratoire respectivement. Il se dégage que durant cette période de la journée, l'effet du stress thermique est le plus prononcé. Cependant, ces différences sont plus atténuées à 22 h où un rafraîchissement commence à se faire sentir à cette heure de la journée (tableau 16)

3.2.4- Hormones

Les concentrations plasmatiques en cortisol et en thyroxine libre chez les vaches laitières sont différentes entre la première et la deuxième période expérimentale. En effet, lorsque la valeur THI passe de 68 à 78, la concentration du plasma en cortisol passe de 21,75 à 23,5 nmol/l soit une augmentation de 8% (figure 22). Ce résultat est en accord avec ceux rapportés par plusieurs auteurs qui constatent une augmentation de la concentration plasmatique en cortisol suite à un stress thermique (Christison et Johnson, 1972 ; Stott et Wiersma , 1973 ; Dantzer et Mormede, 1979 ; Roman-Ponce et al, 1981 ; Collier et al., 1982 ; Wise et al, 1988 ; Habeeb et al., 1992 ; Muller et al., 1994b). Cependant, l'augmentation trouvée dans la présente étude reste inférieure à celle de 14,8% rapporté par Muller et al. (1994a).

En outre, suite à l'effet du stress thermique, la concentration en thyroxine libre passe de 15,5 à 14,5 pmol/l occasionnant une chute de 6.5% (figure 22). Ceci confirme les résultats trouvés par d'autres auteurs et qui montrent que l'activité thyroïdienne est déprimée sous l'effet de la chaleur (McDowell ,1958 ; Thompson, 1973 ; Magdub et al., 1982 ; Beede et Collier, 1986 ; Pratt et Wettemann, 1986 ; Habeeb et al., 1992). Cependant ces études rapportent des chutes plus accentuées (25% à 35%).

Les corrélations présentées dans le tableau 17 indiquent que la thyroxine libre est négativement corrélée avec le THI (r= -0,43 ; P < 0,01), le THI-1 (r= -0,61 ; P < 0,01) et le THI-3 (r= -0,51 ; P < 0,01). L'altération de la concentration plasmatique en thyroxine est le résultat du stress thermique qui a lieu le jour même de la mesure ou pendant les 3 jours qui précédent la prise d'échantillons. Cependant, la concentration plasmatique en cortisol est positivement corrélée avec THI (r= 0.31 ; P < 0,05). Ces résultats confirment ceux rapportés par Feigelson (1971). Ce dernier indique que le cortisol stimule la mise en réserve de glucose dans le foie sous forme de glycogène. De ce fait lorsque la valeur THI augmente, la vache subit un stress thermique qui la pousse à réaliser certains efforts nécessitant beaucoup d'énergie et de glucose d'où l'augmentation de la production de chaleur. Une augmentation de la concentration plasmatique en cortisol est justifiable pour stimuler la glycogénogenèse diminuant ainsi la production de chaleur. La diminution de la concentration plasmatique en thyroxine avec l'élévation de la valeur THI confirme le résultat rapporté par Lissitzky (1978) qui constate que l'un des effets le plus remarquable des hormones thyroïdiennes est leur capacité d'augmenter la consommation d'oxygène et par voie de conséquence la production de chaleur. De même, Edelman et Ismail-Beigi (1974) observent que la production de chaleur par les homéothermes est souvent associée à la respiration et à l'oxydation concomitante du substrat d'origine alimentaire. Ils indiquent aussi qu'une augmentation soutenue de la respiration mitochondriale nécessite une augmentation de l'utilisation de l'ATP. La nature probable du processus d'utilisation de l'ATP est peut être stimulée par les hormones thyroïdiennes. De ce fait une diminution de la concentration plasmatique en thyroxine peut expliquer la chute de la production de chaleur.

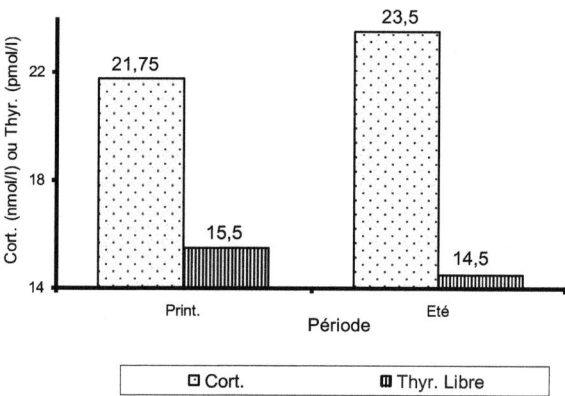

Figure 22. Variation des concentrations plasmatiques en cortisol et en thyroxine libre

Tableau 17. Corrélations entre les THI, la concentration plasmatique en Cortisol et en Thyroxine

	Cortisol	Thyroxine	THI	THI-1	THI-2	THI-3
Cortisol	1	$0,22^{ns}$	+0,31*	$+0,24^{ns}$	$+0,05^{ns}$	$+0,22^{ns}$
Thyroxine		1	-0,42*	-0,61**	$-0,21^{ns}$	-0,51**
THI			1	+0,89	+0,30*	+0,75**
THI-1				1	$+0,09^{ns}$	+0,92**
THI-2					1	$+0,27^{ns}$
THI-3						1

**P < 0,01 ; *P<0.05 ; ns P>0.05

3.3- Effet du stress thermique sur l'ingestion, la digestibilité, la production laitière et la composition du lait

3.3.1- Ingestion

L'ingestion est négativement corrélée avec les valeurs THImin, THImax, THImoy et la température ambiante, les coefficients de corrélations sont de –0,16 ; -0,23 ; -0,15 et -0,26 respectivement (tableau 18). Les résultats du tableau 18 indiquent aussi que l'ingestion est négativement corrélée avec les THI et les Ta des trois jours qui précédent le jour de mesure de l'ingestion. Les THI et les températures mesurés 3 jours avant présentent les corrélations les plus élevées. Ces résultats sont en accord avec ceux de plusieurs travaux (Johnson et al., 1963 ; Holter et al., 1996 ; Holter et al., 1997) qui ont établi la relation entre la variation de l'ingestion et la variation du THI sous des conditions de stress.

Tableau 18. Corrélations entre l'ingestion, les THI et les différentes températures

	THImin	THImax	THI	THI-1	THI-2	THI-3	Ta	Ta-1	Ta-2	Ta-3
Ingéré	-0,16*	-0,15*	-0.23**	-0,24**	-0,25**	-0,32**	-0,26**	-0,29**	-0,29**	-0,38**
THImin	1	0,71**	0,85**	0,82**	0,75**	0,81**	0,85**	0,81**	0,73**	0,68**
THImax		1	0,93**	0,77**	068**	0,65**	0,91**	0,74**	0,63**	0,61**
THI			1	0,90**	0,81**	0,80**	0,98**	0,89**	0,79**	0,77**
THI-1				1	0,88**	0,80**	0,90**	0,98**	0,85**	0,77**
THI-2					1	0,89**	0,84**	0,90**	0,98**	0,86**
THI-3						1	0,84**	0,85**	0,91**	0,98**
Ta							1	0,90**	0,83**	0,81**
Ta-1								1	0,89**	0,83**
Ta-2									1	0,90**
Ta-3										1

**P < 0,01 ; *P < 0,05

    Les résultats du tableau 19 illustrent bien cette relation. En effet, lorsque le THI passe de 68 (printemps) à 78 (été), l'ingestion diminue de 18 à 16,27 kg

MS/vache/jour. Le stress thermique estival entraîne une chute de l'ingestion de 1,73 kg MS/vache/jour, soit une diminution de 9,6%. Cette chute de l'ingestion touche uniquement le fourrage grossier (ensilage d'avoine) vu que tout le concentré distribué dans les deux essais a est toujours consommé. Ces résultats concordent avec ceux rapportés par le NRC (1981) et Bandaranayaka et Holmes (1976). Cependant le pourcentage de diminution de l'ingestion observé dans notre étude est moins élevé que les valeurs déjà rapportées. En effet, le NRC (1981) prédît une réduction de l'ingestion de 44% lorsque la température passe de 20°C chez une vache laitière produisant 27 kg de lait à 3,7% matière grasse à 40 °C. Quant à Bandaranayaka et Holmes (1976), ils signalent une diminution d'ingestion de 16% lorsque la température passe de 15 à 30°C en chambres climatiques.

Tableau 19. Effet du stress thermique sur l'ingestion, la digestibilité, la production laitière, la production laitière corrigée, la composition du lait et le nombre de cellules somatiques.

Paramètres	Période		Différence (%)
	Printemps	Eté	
Ingestion de la MS totale (kg/j)	18,00 (0,24)[a]	16,27 (0,16)[b]	-9,6
Fourrage ingéré (kg MS/j)	9,98 (0,24)[a]	8,25 (0.16)[b]	-17,3
Digestibilité in vivo (%)	63 (0,01)[a]	67 (0,01)[a]	+6,3
Production laitière (kg/j)	18,73 (0.18)[a]	14,75 (0.18)[b]	-21,2
%MG	3,58 (0,06)[a]	3,24 (0,06)[b]	-9,5
Lait corrigé à 4% (kg/j)	17,83 (0,36)[a]	13,25 (0,36)[b]	-25,7
%MP	2,96 (0,03)[a]	2,88 (0,03)[b]	-2,7
MG produite (g/j)	681 (15)[a]	480 (15)[b]	-29,5
MP produite (g/j)	562 (11)[a]	433 (11)[b]	-22,9
Cellules somatiques * 10^5	4,1 (0,9)[a]	8,6 (0,8)[b]	+109,7
THI (unités)	68 (0,31)[a]	78 (0,31)[b]	+14,7

Les moyennes des moindres carrés dans la même ligne avec la même lettre ne sont statistiquement différentes (Pr>0,05) ; ( ) : Erreur standard

La figure 23 représente la variation de l'ingestion en fonction de la température ambiante. Il se dégage que l'ingéré augmente lorsque la température passe de 19 à 24°C. Une fois la température atteint 25°C, l'ingéré commence à diminuer. Cependant la chute la plus remarquable est observée à une température ambiante de 30°C. Ces résultats confirment ceux rapportés par d'autres auteurs (Shearer et Beede, 1990 ; Sevcik, 1996 ; West, 1999) qui indiquent que l'ingestion diminue et les besoins d'entretien de la vache laitière augmentent quand la température ambiante dépasse 25°C. Cette diminution de l'ingestion pourrait être attribuée soit à la consommation de grandes quantités d'eau (Mallonee et al., 1985) soit à d'autres mécanismes physiologiques menés par la vache pour réduire la production de chaleur d'origine digestive (Attebery et Johnson, 1969).

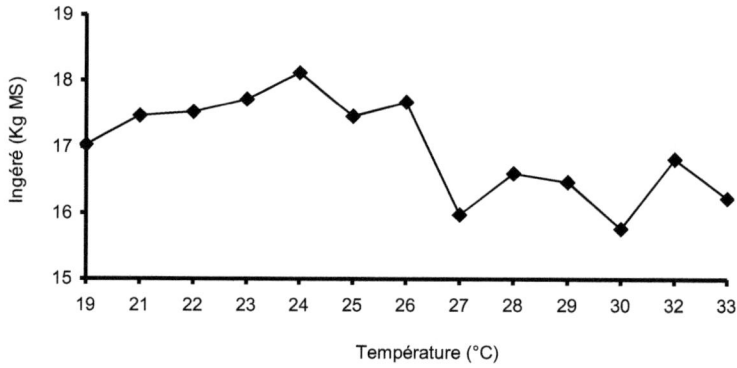

Figure 23. Variation de la quantité de MS ingérée en fonction de la température ambiante

3.3.2- Digestibilité de la matière sèche

Contrairement à l'ingestion, la digestibilité a été positivement corrélée aux valeurs THImin, THImax, THImoy et à la température ambiante. Les coefficients de corrélations étaient de 0,26 ; 0,3 ; 0,3 et 0,33 respectivement. La digestibilité s'est améliorée sous l'effet du stress thermique estival (tableau 19). En effet, elle est passée de 0,63 au printemps à 0,67 en été, soit une augmentation de 0,04 unités. Cependant, cette augmentation n'est pas significative ($P>0,05$). Cette tendance à l'augmentation de la digestibilité avec l'élévation de la température a été déjà observée par Young et Degen (1981) ; Bunting et al. (1992) ; Morand-Fehr et Doreau (2001). En outre, la figure 24 illustre bien l'augmentation de la digestibilité avec l'augmentation de la température. Elle montre que lorsque la température passe de 20 à 25°C, la digestibilité passe de 0,59 à 0,65. Par contre, pour une variation de la température de 25 à 33°C, la digestibilité varie de 0,65 à 0,71. Cette amélioration de la digestibilité avec l'élévation de la température pourrait être attribuée à des variations du temps de rétention des aliments dans le rumen Moran-Fehr et Doreau (2001). Dans le même contexte Warren et al. (1974) observent qu'une élévation de la température ambiante entraîne une augmentation du temps de rétention des particules dans le rumen. Ceci peut expliquer en partie l'augmentation de la digestibilité.

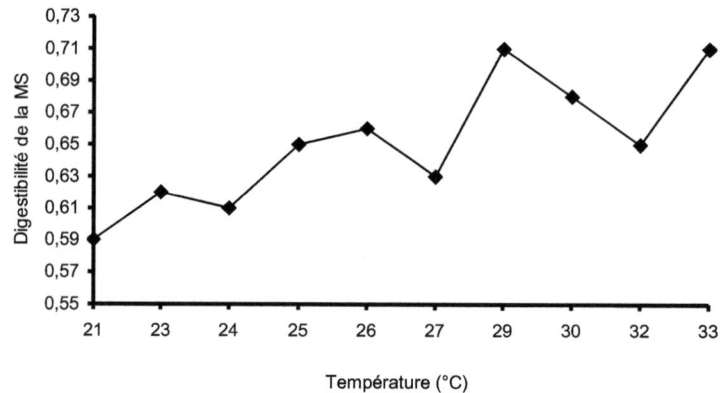

Figure 24. Variation de la digestibilité de la matière sèche en fonction de la température ambiante

3.3.3- Etude de la relation stress thermique-production laitière

Les résultats du tableau 19 révèlent un effet période significatif (P<0,01) sur la production laitière. En effet, lorsque la valeur THI passe de 68 à 78, la production laitière/vache/jour passe de 18,73 à 14,75 kg, soit une diminution relative de 21%. Ces résultats concordent avec ceux déjà rapportés par Mallonee et al. (1985) qui constatent une diminution de 22,7% et par Du Preez et al. (1990b) qui estiment une perte de lait de 10 à 40% sous l'effet du stress thermique.

La figure 25 montre que la production laitière est une fonction variable avec la valeur THI. Le coefficient directeur négatif de la droite représentative de cette fonction montre que la production laitière diminue en fonction du THI. L'équation de cette droite de régression est la suivante :

Production laitière(kg/vache/jour) = -0,4129 * THI+47,722   (R^2=0,76)

Cette équation indique que toute augmentation d'une unité de la valeur THI au-delà de 69 (figure 25) se traduit par une diminution de la production laitière de 0,41 kg par vache et par jour. Cette diminution est supérieure aux valeurs de 0,32 et 0,26 kg rapportées par Ingraham et al. (1979) et Johnson (1980a) pour toute augmentation d'un point de la valeur THI au-delà de 70.

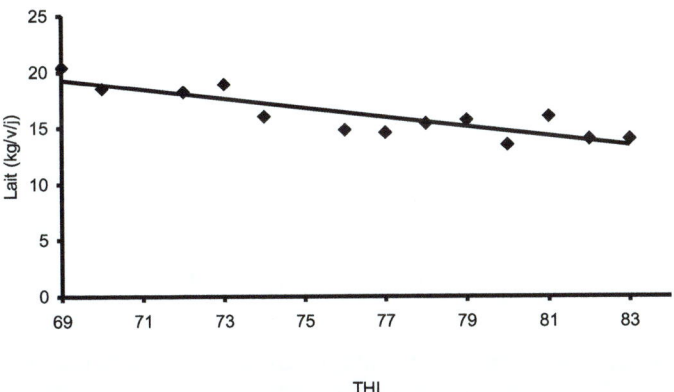

Figure 25. Variation de la production laitière (PL) en fonction du THI (PL = -0,4129 + 47,722 ; R2 = 0,76 ; P < 0,01 ; E S = 1,12)

Le tableau 20 montre le pourcentage de chute de la production laitière en fonction de la valeur THI. Il est à signaler qu'au niveau du site où cette étude a été réalisée une chute de la production laitière est enregistrée avant même d'atteindre la valeur critique supérieure 72 de THI indiquée par Johnson (1985) et Du Preez et al.(1990a). Cependant elle est en discordance avec celle observée par Silanikove (2000) qui considère qu'une valeur THI ≤ 70 est favorable à la production laitière. En outre, la chute la plus prononcée de la production laitière est observée lorsque la valeur THI atteint 80, ce qui confirme les résultats de Wiersma (1990).

Tableau 20. Pourcentage de diminution de la production laitière en fonction du THI par rapport à la valeur 69

Valeur de THI	Diminution de la prod. lait. (kg)	Diminution de la prod. lait. (%)
69	0	0
70	1,90	9
72	2,24	11
73	1,56	8
74	3,93	19
76	5,58	27
77	5,80	28
78	5,02	25
79	4,68	23
80	6,88	34
81	4,41	22
82	6,28	31
83	6,20	30

Il se dégage des résultats du tableau 21 que la production laitière est négativement corrélée aux valeurs THI ($r= -0,76$; $P< 0,01$), THI-1 ($r= -0,83$; $P< 0,01$), THI-2 ($r= -0,87$; $P< 0,01$) et THI-3 ($r= -0,89$; $P< 0,01$). Il est à signaler que les effets sur la production laitière des trois jours qui précèdent le jour de production sont plus prononcés. La production laitière est aussi négativement corrélée aux paramètres physiologiques de la thermorégulation qui sont eux mêmes affectés par les valeurs THI ($r= -0,56$; $-0,84$ et $-0,72$ pour la température rectale, la fréquence cardiaque et le rythme respiratoire respectivement). Ceci pourrait expliquer la chute de la production laitière occasionnée par le stress thermique. En effet, il est fort probable que l'animal oriente l'énergie disponible pour le maintien de son homéothermie au dépend de sa production.

Tableau 21. **Corrélations entre la production laitière, le THI et certains paramètres physiologiques**

	THI	THI-1	THI-2	THI-3	PL	TR	RR	RC
THI	1	0,86 **	0,68 **	0,74 **	-0,76 **	0,89 **	0,85 **	0,88 **
THI-1		1	0,89 **	0,84 **	-0,83 **	0,83 **	0,89 **	0,96 **
THI-2			1	0,89 **	-0,87 **	0,58 *	0,72 **	0,88 **
THI-3				1	-0,89 **	0,56 *	0,69 **	0,83 **
PL					1	-0,56 *	-0,72 **	-0,84 **
TR						1	0,92 **	0,86 **
RR							1	0,93 **
RC								1

PL= Production laitière ; TR= Température rectale ; RR = rythme respiratoire ; RC= rythme cardiaque ; **P < 0,01 ; *P < 0,05

3.3.4- Effet du stress thermique sur la composition du lait

Le stress thermique a significativement affecté (P < 0,05) la composition du lait (tableau 19). Les pourcentages de MG et de MP passe de 3,58 et de 2,96 à 3,24 et 2,88 pour le printemps et l'été respectivement. La diminution de ces taux suite à un stress thermique estival est en accord avec les résultats rapportés par certains auteurs (Bandaranayaka et Holmes, 1976 ; Rodriguez et al., 1985 ; Du Preez, 1990b). Par contre elle est en désaccord avec d'autres qui ne rapportent pas de diminution de ces taux suite à un stress thermique (Roman-Ponce et al., 1977 ; Muller et al., 1994a).

Quant au nombre des cellules somatiques, il passe de $4,1.10^5$ à $8,6.10^5$ cellules/ml. Ces valeurs sont en accord avec les tendances observées par certains auteurs (Macleod et al., 1954 ; Paape et al., 1973 ; Nickerson,1987, Kume et al.,1990 ; Du Preez et al., 1990b ; Muller et al., 1994a) qui notent que le nombre de cellules somatiques et la fréquence des mammites augmentent dans le lait pendant la saison estivale suite à la présence d'un stress thermique qui affaiblit les mécanismes de défense des animaux contre les infections (Collier et al.,1982 ; Hahn, 1985 ; Johnson, 1985 ; Giesecke et al., 1988). Cependant l'effet du stress thermique sur la composition du lait reste contradictoire dans la bibliographie.

Il se dégage de ce chapitre que le stress thermique affecte significativement la production laitière et l'ingestion chez la vache laitière élevée dans les conditions de climat méditerranéen au centre de la Tunisie. Lorsque la valeur THI passe de 68 à 78, l'ingestion et la production laitière chutent de 1,73 kg et de 4 kg respectivement. Ces effets de stress thermique pourraient être attribués à des changements de la température rectale, des rythmes respiratoire et cardiaque et des concentrations plasmatiques en T4 et en cortisol. L'index THI peut être favorablement utilisé pour prédire avec assez de précision la chute de la production laitière. En effet, l'équation de régression obtenue dans cette étude indique que la production laitière par vache chute de 0,41 kg pour chaque unité supplémentaire de THI au dessus de 69.

Chapitre IV : Discussion générale

Le principal facteur climatique qui affecte les performances et les paramètres physiologiques et métaboliques de la vache laitière est la température. Les autres facteurs agissent comme des cofacteurs avec la température (Remond et Vermorel, 1982). Parmi ces derniers, l'humidité présente après la température l'effet le plus important particulièrement sur les animaux en stabulation telle que la vache laitière. Selon Johnson (1985), l'index THI peut décrire d'une façon précise l'effet combiné de la température et de l'humidité sur les performances de la vache laitière. Il a rapporté aussi qu'à partir d'une valeur de 72 de cet index, la vache laitière est soumise à un stress thermique.

La première partie de ce travail a été menée dans le but d'identifier pour chaque saison les zones à stress thermique dans le pays à partir du calcul des moyennes des valeurs de THI par saison. Les résultats montrent que la Tunisie est soumise pendant la saison estivale à un stress thermique du nord au sud, du continental au littoral. En effet, les valeurs de l'index THI dépassent le seuil critique supérieur de 72 proposé par Johnson (1985) et rapporté par Du Preez (1990a). Les régions du sud de Kébili et Tozeur présentent des valeurs de THI supérieures à 78 suggérant la présence d'un stress sévère pendant l'été dans ces deux zones.

La répartition de l'élevage de la vache laitière en Tunisie montre que celle-ci est présente dans toutes les zones où il y a présence de conditions de stress thermique. De ce fait la production laitière diminue dans ces zones, les chutes les plus prononcées sont observées dans les zones continentales. En plus, la variation des valeurs de THI en fonction des mois de l'année a une tendance inverse que celle de la production laitière/vache/jour.

Pour évaluer l'impact du stress thermique sur les performances laitières en Tunisie, la deuxième partie de ce travail a été menée dans des sites qui diffèrent par leurs étages bioclimatiques. Ces sites ont été choisis dans le nord et le centre de la Tunisie. On n'a pas choisi de sites dans le sud parce qu'il n'existe pas de grands noyaux d'élevages laitiers dans cette zone. Les productions laitières au pic de lactation réalisées dans les différents sites sont de 22,7 ; 22,8 ; 21,3 et 21,4 kg/j pour l'hiver, le printemps, l'automne et l'été respectivement. Ceci montre que l'élévation de la contrainte thermique altère la production laitière. En effet, la production laitière au pic de lactation la plus faible est observée pendant l'été et l'automne. Ceci est vrai pour tous les sites confondus. Cette diminution est en accord avec les résultats rapportés par la bibliographie (Branton et al., 1974 ; Folman et al., 1979 ; Johnson, 1987 ; Du Preez et al., 1990b ; Kume et al., 1990). La diminution la plus prononcée est observée lorsqu'on s'éloigne du bord de la mer et on va vers l'intérieur du pays. En effet, pour le site Enfidha (proche de la mer) la production laitière au pic de lactation est de 21,6 ; 21,8 ; 21,0 et 21,4 kg/vache/jour pour l'hiver, le printemps, l'automne et l'été respectivement. Par contre pour le site El Alem (continental), cette production est de 24,9 ; 24,6 ; 23,1 et 22,7 kg/vache/jour pour les saisons de l'hiver, du printemps, de l'automne et de l'été respectivement. De plus, une diminution de la production laitière est observée lorsqu'on passe de la classe THI ≤ 70 aux classes 71 ≤ THI ≤ 78 et THI > 78. Ces résultats confirment les résultats de plusieurs études antérieures qui ont lié la diminution de la production laitière à la variation du THI (Ingraham et al., 1979 ; Johnson, 1980a ; ElMasri, 1982 ; Wiersma, 1990). En effet, Silanikove (2000) rapporte que la production laitière diminue lorsque la valeur THI est supérieure à 70. Par contre, Johnson (1985) signale une chute de production lorsque la valeur THI dépasse 72. Les résultats de la deuxième partie indiquent que pour tous les sites, la composition du lait tend à être altérée au cours de la saison estivale. Par contre, il n'y a pas de modification significative de la composition du lait avec la variation des valeurs THI. Ces résultats sont en accord avec ceux de certains auteurs (Roman-Ponce et al., 1977 ; Muller et al., 1994a) et en désaccord avec d'autres (Bandaranayaka et Holmes, 1976 ; Rodriguez et al., 1985 ; Du Preez, 1990b). La variation de la composition du lait au cours du stress thermique reste contradictoire dans la bibliographie.

L'analyse des donnés de reproduction montre que le stress thermique a des effets néfastes sur les performances de reproduction des troupeaux laitiers. En effet le TRI_1 et le CR chutent en même temps au cours de la saison estivale suite aux augmentations observées au niveau des valeurs THI. En outre la diminution la plus accentuée est observée lorsqu'on s'éloigne de la mer. C'est le cas d'El Alem qui est une zone continentale où on a enregistré des TRI_1 de 47,6 ; 67,1 ; 67,1 ; 55,8 et des CR de 49 ; 59 ; 68 ; 44 pour les mois de janvier, février, mars et avril respectivement contre des TRI_1 de 39,1 ; 38,9 ; 17,6 ; 10 et des CR de 31 ; 31 ; 29 ; 25 pour les mois de juin, juillet, août et septembre respectivement. Par contre, pour le site Enfidha, situé à proximité de la mer, la variation de ces taux a été modérée. Ces résultats concordent avec la plupart de ceux rapportés par la bibliographie (Dunlop et Vincent, 1971 ; Ingraham et al., 1974 ; Gwasdauskas et al. 1983 ; Gwasdauskas,1985 ; Putney et al., 1989a,b,c ; Ryan et al., 1992) et expliquent en partie la mauvaise fertilité (diminution de TRI_1 et de CR) des vaches observée en présence de stress thermique. Elle pourrait être attribuée à l'altération du système hormonal lié à la reproduction. En effet, certains auteurs rapportent une perturbation de la sécrétion de la progestérone (Stott et Wiersma, 1973 ; Monty et wolf, 1974 ; Roman-Ponce et al., 1981 ; Folman et al., 1983 ; Johnson, 1984), de la LH (Wise et al., 1988 ; Gilad et al., 1993), de la FSH (Gilad et al., 1993) et de l'œstradiol lors du stress thermique (Stott et Williams, 1962 ; Christison et Johnson, 1972 ; Stott et Wiersma, 1973 ; Abilay et al., 1975 ; Roman-Ponce et al., 1981; Berthelot et Bergonier, 1995). De plus, les difficultés au niveau de la thermorégulation de la vache stressée peuvent affecter la fertilité de cette dernière. En effet, ces difficultés sont caractérisées par l'élévation de la température rectale qui se traduit par l'augmentation de la température intra-utérine et des modifications de la composition du lait utérin. Or ces derniers pourraient être responsables des mortalités embryonnaires (Berthelot et Bergonier, 1995). Cette chute de TRI_1, de CR et l'élévation du taux d'avortement résultant de stress thermique peuvent expliquer en partie l'allongement des IVV et des IVIF. Par ailleurs, les résultats montrent qu'ont peut prédire le TRI_1 et le CR à partir de la valeur THI puisqu'il existe une relation linéaire entre la chute des taux de TRI_1 et de CR et l'augmentation de la valeur THI (Ingraham, 1974 ; Ingraham et al., 1976 ; Hahn, 1981 ; Johnson, 1984 ; Du Preez et al., 1991).

Dans la troisième partie de ce travail, le site El Alem a été retenu puisque d'après la première partie de ce travail, ce site se caractérise par des valeurs THI qui dépassent la valeur critique de 72. De plus, la deuxième partie de ce travail montre que des chutes des performances de production et de reproduction de la vache laitière caractérisent cette zone pendant la saison estivale. Cette partie a été menée dans le but de quantifier l'effet de l'élévation de la contrainte thermique sur les paramètres physiologiques et métaboliques et leurs conséquences sur la production de la vache laitière élevée au centre de la Tunisie. Dans cette troisième partie, le stress thermique entraîne une diminution de l'ingestion et de la production laitière de 9,6 et de 21% respectivement. Par contre, la digestibilité de la MS se trouve améliorer. En effet, elle est passée de 0,63 au printemps à 0,67 en été, soit une augmentation de 0,04 unités. La diminution de l'ingestion contribue à l'amélioration de la digestibilité. En effet, une élévation de la température entraîne une augmentation du temps de rétention dans le rumen (Warren et al., 1974). Les effets sur l'ingestion et la production laitière résultent des modifications de la température rectale, du rythme respiratoire, de la fréquence cardiaque et des concentrations plasmatiques hormonales. La température rectale est un indicateur de l'équilibre thermique dans l'organisme. Elle est utilisée pour évaluer les effets néfastes du stress thermique sur la croissance, la production et la reproduction des vaches laitières (Johnson, 1980a; Hansen et Arechiga, 1999; West, 1999). Une augmentation de la température rectale de 1°C entraîne une diminution des performances des animaux indépendamment de l'espèce animale en question (Johnson et al., 1963; McDowell et al., 1976 ; Shebaita et El-Banna, 1982). En outre, Johnson et al. (1963) indique que la production diminue quand la température rectale dépasse 38,9 °C et pour toute une augmentation de la température rectale de 0,55 °C, la production laitière et l'ingestion diminuent respectivement de 1,8 et 1,4 kg. Dans notre étude, la température rectale augmente de 0,5 °C et la production laitière et l'ingestion diminuent respectivement de 4 et 1,73 kg lorsque la valeur THI passe de 68 à 78. Ces résultats confirment ceux trouvés par Johnson et al. (1976) qui montrent que la production laitière diminue légèrement lorsque la valeur THI dépasse 72 et rapidement à partir la valeur THI > 76. Les corrélations de l'ingestion avec les valeurs THI minimale et maximale sont respectivement de –0,16 et –0,15. Scott et al. (1983) trouvent une corrélation négative entre la valeur THI et l'ingestion chez les vaches taries. Il se dégage que pour réduire sa température rectale sous l'effet du stress thermique, la vache laitière diminue son ingestion à fin de minimiser la production de chaleur engendrée par la fermentation et la digestion aussi bien que par les autres processus métaboliques. En effet, plusieurs études (McGuire et al., 1989; Lough et al., 1990; Beede et Shearer, 1991) concluent qu'une partie des effets néfastes du stress thermique peut être expliquée par une réduction des nutriments ingérés et de l'absorption des nutriments au niveau de l'intestin devant une réduction du flux sanguin. D'après Beede et Shearer (1991) cette réduction de flux sanguin est de 14%.

    Les résultats de l'essai montrent aussi que les concentrations plasmatiques en thyroxine libre et en cortisol sont différentes pour les deux périodes.

En effet, lorsqu'on passe du printemps à l'été, la concentration en thyroxine diminue et celle en cortisol augmente. Les changements des concentrations plasmatiques en certaines hormones occasionnés par le stress thermique peuvent être d'un grand rôle dans la diminution de la production laitière. Généralement, on observe chez les vaches soumises à un stress thermique, une diminution de la concentration plasmatique en hormones thyroïdiennes (Magdub et al., 1982; Pratt et Wettemann, 1986) et une augmentation dans la concentration des corticoïdes (Roman-Ponce et al., 1981). La diminution de la concentration plasmatique en thyroxine libre est probablement un moyen permettant à la vache de réduire sa production de chaleur qui compromet sa production. Ces changements de l'activité de la thyroïde concourent avec la diminution de l'ingestion et de la production laitière (Beede et Collier, 1986). Cependant la réponse du cortisol au stress thermique est variable. Une concentration plasmatique élevée en cortisol est un indicateur de réponse à un stress thermique. Dans notre étude, la concentration du cortisol est plus élevée pendant la saison estivale. Ceci peut confirmer l'existence des conditions de stress thermique. Ceci est mis en évidence par l'augmentation du rythme respiratoire et de la fréquence cardiaque observée chez la vache laitière pendant la période estivale. La hausse de ces derniers peut contribuer à la diminution de l'ingestion observée pendant la période estivale. Feigelson et al. (1971) montrent que les niveaux élevés du cortisol dans le sang stimule la synthèse du glycogène dans le foie et réduit l'utilisation du glucose qui s'accompagne d'une production de chaleur.

Conclusion générale

La Tunisie est soumise à un stress thermique du mois de juin au mois de septembre où la valeur THI est toujours supérieure au seuil critique de 72 rapporté pour la vache laitière Holstein. Certaines régions telles que Kébili et Tozeur présentent non seulement une chute de performances mais aussi un risque pour la survie des troupeaux laitiers. Dans ces conditions de stress thermique, la relation entre la productivité par vache et les valeurs THI est négative. L'index THI peut être utilisé pour évaluer cet effet du stress thermique sur les troupeaux laitiers.

La saison estivale est caractérisée par le pic de production laitière le plus faible. Cependant, une variation est observée pour chaque site. Une chute du pic de lactation de 4,5% est observée entre les classes THI inférieure à 70 et THI comprise entre 71 à 78. Le passage de la classe THI inférieure à 70 à la classe THI supérieure à 78 entraîne une chute de 7,1%. Le stress thermique altère légèrement le taux butyreux. Les taux obtenus étaient de 3,80 ; 3,73 ; 3,83 et 3,69% pour l'hiver, le printemps, l'automne et l'été respectivement.

Le stress thermique au cours des mois de juin à septembre affecte négativement les performances de reproduction de la vache Holstein. Les valeurs du taux de réussite en première insémination (TRI_1) et du taux de conception (CR) les plus faibles sont observés en été. Cette faiblesse est plus prononcée au niveau du site El Alem où les valeurs de TRI_1 sont de 10% pour le mois de septembre contre 67,1% pour le mois de mars. La même tendance est observée pour le CR avec une valeur de 25% pour le mois de septembre contre 68% pour le mois de mars. Par ailleurs, les valeurs des intervalles vêlage-vêlage et vêlage-insémination fécondante sont les plus longs au cours des mois de mai à juillet. Les taux d'avortement et de rétention placentaire les plus élevés sont également observés au cours de cette même période.

L'essai conduit à El Alem montre que le stress thermique affecte significativement tous les paramètres physiologiques chez la vache laitière avec une augmentation de 0,5 °C , de 6 battements et de 5 inspirations/mn pour la température rectale, le rythme cardiaque et la fréquence respiratoire respectivement lorsqu'on passe d'une valeur THI de 68 à 78. Ce stress est plus prononcé à 13 h, heure la plus chaude de la journée. La concentration plasmatique en cortisol augmente de 8% alors que celle en thyroxine diminue de 6,5%. Les paramètres métaboliques enregistrent une chute de 9,6% pour l'ingestibilité et une augmentation de 0,04 points pour la digestibilité. Une perte de productivité de 21% est observée entre les valeurs THI de 68 et 78. Cette diminution est estimée à 0,41 kg/vache/jour pour toute augmentation d'une unité de THI au-delà de la valeur 69.

La cartographie établie lors de cette étude pourrait être considérée comme l'un des éléments de décision avant l'implantation des unités des vaches laitières dans le pays. Elle peut servir également comme outil pour améliorer la conduite des troupeaux déjà installés tels que le recours au douchage, à la pulvérisation d'eau et la conduite alimentaire adaptée aux conditions de stress thermique. L'index THI développé dans cette étude peut constituer un outil efficace pour estimer l'intensité de la chute de production occasionnée par le stress thermique. Concernant la reproduction, les équations liant les valeurs TRI_1 et CR à l'index THI pourraient constituer un moyen pour estimer l'impact du stress thermique sur la fertilité. Les régressions (R^2 > 80%) liant les températures à l'intérieur de l'étable (Te) et l'extérieur de l'étable (Ta) peuvent servir pour apprécier à partir des données méteo l'ambiance à l 'étable et envisager les mesures à prendre pour améliorer cette dernière.

Même si ce travail a contribué à élucider l'impact négatif du stress thermique sur les paramètres physiologiques, métaboliques, de production et de reproduction, d'autres travaux s'avèrent nécessaires pour approfondir davantage l'effet de cet impact sur le statut hormonal et le métabolisme ruminal en vue d'examiner différentes alternatives pour alléger l'impact du stress thermique sur les performances et maintenir un niveau acceptable de production particulièrement pendant la saison estivale et le début de l'automne. Par ailleurs, l'étude de l'interaction entre valeur alimentaire du régime et stress thermique devrait être encouragée. On peut poser la question si une vache stressée se comporte de la même façon devant différents régimes.

Références bibliographiques

Abbassi H., 1994. Physiologie de la chaleur chez les volailles. Th. Doc. Vét., n° 15 p 140, EMNV, Sidi Thabet Tunisie.

Abidi S., 1996. Prévention du stress thermique chez le poulet de chair par les équipements de refroidissement. Th Doc. Vét., n°2 p 103, EMNV, Sidi Thabet Tunisie.

Abilay T. A., Johnson H. D. et Madan M., 1975. Influence of environmental heat on peripheral plasma progesterone and cortisol during the bovine oestrus cycle. J. Dairy Sci.: 58:1836-1840.

Aboulnaga A. I., Kamal T. H., El-Masry K. A. et Marai I. F., 1989. Short-term responses of spray cooling and drinking cold water for improving milk production of heat stressed friesian cows (Abstr.). Proc. 3rd Egypt. Brit. Conf. Anim. Fish Poult. Prod. Univ. Coll. of Norht Wales, Bangor, UK. P. 607.

Amakiri S. F. et Onwuki S. K., 1980. Quantitative studies on sweating rate in some cattle breeds in a humid tropical environment. Anim. Prod. 30 : 383-388.

Ames D. R. et Brink D. R., 1977. Effect of temperature on lamb performance and protein efficiency ratio. J. Anim. Sci. 44:136-140.

Armstrong D. V., 1994. Heat stress interaction with shade and cooling. J. Dairy Sci. 77:2044 –2050.

Association of Official Analytical Chemists, Official methods of analysis, 1990, 14 th ed. AOAC, Washington, DC.

Attebery J. T. et Johnson H. D., 1969. Effects of environmental temperature, controlled feeding and fasting on rumen motility. J. Anim. Sci. 29:734-737.

Badinga L., 1985. Effects of climatic and management factors on conception rate of dairy cattle in subtropical environment. J. Dairy Sci. 68:78-85.

Bandaranayaka D. D. et Holmes C. W., 1976. Changes in the composition of milk and rumen contents in cows exposed to a high ambient temperature with controlled feeding. Trop. Anim. Hlth Prod. 8: 38.

Beakley W. R. et Findlay J. D., 1955. The effect of environmental temperature and humidity on the respiration rate of Ayrshire calves. J. Agric. Sci. Camb. 45 : 452-460.

Beede D. K. et Shearer J. K., 1991. Nutritional management of dairy cattle during hot weather. Agri-Practice 12 (4): 7.

Beede D. K. et Collier R. J., 1986. Potential nutritional strategies for intensively managed cattle during thermal stress. J Anim. Sci. 62: 543.

Beede D. K., 1992. Water for dairy cattle. In. Large dairy herd management. Ed. H. H. Van Horne and C. J. Wilcox. p. 260.

Bel haj T., 1972. Essais d'amélioration génétique de la race bovine locale par le croisement d'absorption. Mémoire de fin d'études du cycle de spécialisation de l'Institut National Agronomique de Tunisie. Tunisie : 85 p.

Berbigier P., 1987. Bioclimatologie animale: Considérations sur les estimateurs de la thermotolérance. In : Système d'élevage herbacé en milieu équatorial. INRA Publ., Versailles, 257-273.

Berbigier P., 1988. Régulation des ruminants domestiques en climat tropical. Bioclimatologie des ruminants domestiques en zone tropicale. INRA, Paris, 83-123.

Berman, A. et Morag M., 1971. Nychthemeral patterns of thermoregulation in high-yielding cows in a hot-dry climate. Aus. J. Agric. Res. 22: 671.

Berman A., Folman Y., Kaim M., Mamen M., Herz Z., Wolfenson D., Arieli A. et Graber Y., 1985. Upper critical temperatures and forced ventilation effects for high-yielding dairy cows in a subtropical climate. J. Dairy Sci. 68:1488-1495.

Berry I. L., Shanklin M. D. et Johnson H. D., 1964. Dairy shelter design based on milk production decline as affected by temperature and humidity. Trans. ASEA 7:329.

Berthelot X. et Bergonier D., 1995. Température et reproduction chez la vache. Point Vet. 26 (166) : 1149-1155.

Bhattacharya A. N. et Hussain F., 1974. Intake and utilisation of nutrients in sheep fed different levels of roughage under heat stress. J. Anim. Sci. 38: 877-886.

Bianca W., 1962. Relative importance of dry and wet Bulb temperatures in causing heat stress in cattle. Nature (Lond.) 195-251.

Bianca W., 1965. Cattle in hot environment. J. Dairy Res. 32 : 291-345.

Bianca W. et Hales J. R. S., 1970. Sweating, panting and body temperatures of new-born and one year old calves at high environmental temperatures. Br. Vet. J. 126:45-53.

Bianca W. et Kuntz P., 1975. Physiological reactions of three breeds of goats to cold, heat and high altitude. Livest. Prod. Sci. 5:57-69.

Bianca W., 1985. Reviews of the progress of dairy science. Section A. Physiology. Cattle in a hot environment. J. Dairy Res. 32: 291-339.

Biggers B. G., Geisert R. D., Wettemann R. P. et Buchanan D. S., 1987. Effect of heat stress on early embryonic development in the beef cow. J. Anim. Sci. 64: 1512-1518.

Blackshaw J. K. et Blackshaw A. W., 1994. Heat stress in cattle and the effect of shade on production and behaviour: A review. Aust. J Exp. Agric. 34: 285-295.

Bligh J., 1973. Temperature regulation in mammals and other vertebrates. Elsevier Publ., Amsterdam 436 p.

Bligh j., 1985. Temperature regulation. In Yousef M. K. : Stress physiology in livestock. Vol. 1 CRC Press Publ., Boca Raton, Floride USA 75-96.

Bond T. E. et Kelly C. F., 1955. The globe thermometer in agricultural research. Agric. Eng. 36:251-260.

Bond J. et McDowell R. E., 1972. Reproductive performance and physiological responses of beef females as affected by a prolonged high environmental temperature. J. Anim. Sci. 35:820-829.

Bosen J. F., 1959. Discomfort index. Reference data section, air conditioning, heating and ventilation. American Society of Heating and Ventilating Engineers, Atlanta.

Bottje W. G. et Harisson P. C., 1987. Effects of carbonated flow pattern response to feeding and heat exposure. Poultry Science 66:2039-2042.

Branton C., Rios G., Evans D. L., Farthing V. R. et Koonce K. L., 1974. Genotype-climatic and other interaction effects for productive responses in Holsteins. J. Dairy Sci. 57: 833-841.

Bru J. C., Berbigier P. et Sophie S. A., 1987. Estimation of Sweat rate and thermal tolerance of pure creole and Limousin*Creole crossbred growing bulls in Guadeloupe (French west Indies). Int. J. Biometeorol. 31: 77-84.

Bruhn J. C. et Franke A. A., 1977. Monthly variations in gross composition of California herd milks. J. Dairy Sci. 60: 696-700.

Buffington D. E., Collier R. J. et Canton G. H., 1983. Shade management systems to reduce heat stress for dairy cows in hot, humid climates. Trans. Am. Soc. Agric. Eng. 26:1798-1803.

Bunting L. D., Sticker L. S. et Wozniak P. J., 1992. Effect of ruminal escape protein and fat on nitrogen utilisation in lambs exposed to elevated ambient temperatures. J. Anim. Sci. 70:1518-1525.

Cavestany D., El-Wishy A. A. et Foote R. H., 1985. Effects of Season and high environmental temperature on fertility of Holstein cattle. J. Dairy Sci. 68: 1471-1478.

Chatonnet J., 1970. Régulation thermique. Physiologie historique, fonction et nutrition, edition 4, Flammarion, Médecine Science, Vol 4, 1263-1301.

Chilliard Y., Doreau M., Bocquier F. et Lobley G., 1995. Digestive and metabolic adaptations of ruminants to variation in food supply. In: M. Journet, E. Grenet, M. H. Farce,

Christison G. L. et Johnson H. D., 1972. Cortisol turnover in heat-stressed cows. J. Anim. Sci. 35:1005.

Christopherson R. J. et Kennedy P. M., 1983. Effect of the thermal environment on digestion in ruminants. Can. J. Anim. Sci. 63 : 477-496.

Cobble J. W. et Herman H. A., 1951. Influence of environmental temperature on composition of milk of the dairy cow. Mo. Agr. Exp. Sta. Res. Bull. 485.

Colditz P. J. et Kellaway R. C., 1972. The effect of diet and heat stress on feed intake, growth, and nitrogen metabolism in Friesian, F1 Brahman * Friesian, and Brahman heifers. Aust. J. Agric. Res. 23 : 717-725.

Collier R. J., Beede D. K. et Thatcher W. W., 1982. Influences of environment and its modification on dairy animal health and production. J. Dairy Sci. 65: 2213-2227.

Collins, K. H. et Weiner H. S., 1968. Endocrinological aspects of exposure to high environmental temperature. Physiol. Rev. 48, 785-794.

Dantzer R. et Mormede P., 1979. Le stress en élevage intensif. Masson Publ., Paris, 117 p.

Djemali M., Majdoub A., Ben Mrad M., Lahmar M. et Kraïem K., 2000. Bilan des acquis de la recherche en élevage bovin en Tunisie. Revue de l'INAT 15(2) :203-222.

Di Costanzo A., Spain J. N. et Spiers D. E., 1997. Supplementation of nicotinic acid for lactating Holstein cows under heat stress conditions. J. Dairy Sci. 80 (6) :1200-1206.

Dragovtch D., 1981. Thermal comfort and lactation yields of dairy cows grazed on farms in a pasture-based feed system in Eastern New South Wales. Australia. Int. J. Biometeorol. 25: 167-174.

Du Preez J. H., 1988. Treatment of various forms of bovine mastitis with consideration of udder pathology and the pharmacokinetics of appropriate drugs: A review. J of the South African Veterinary Association 59: 161-167.

Du Preez J. H., Giesecke, W. H. et Hattingh P. J., 1990a. Heat stress in dairy cattle and other livestock under southern African conditions. I. Temperature-humidity index mean values during the four main seasons. Onderstepoort of veterinary Research 57: 77-86.

Du Preez J. H., Hatting P. J., Giesecke W. H. et Eisenberg B. E., 1990b. Heat stress in dairy cattle and other livestock under Southern African conditions. III. Monthly temperature-humidity index mean values and their significance in the performance of dairy cattle. Onderstepoort J. Vet. Res. 57: 243-248.

Du Preez J. H., Terblanche S. J., Giesecke W. H., Maree C. et Welding M. C., 1991. Effect of heat stress on conception in a dairy herd model under South African conditions. Theriogenology 35 : 1039-1049.

Dubois P. R. et Williams D. J., 1980. Increased incidence of retained placenta associated with heat stress in dairy cows. Theriogenology 13 (2): 115-121.

Dunlop S. E. et Vincent C. K., 1971. Influence of post-breeding of thermal stress on conception rate in beef cattle. J. Anim. Sci. 32: 1216-1218.

Ealy A. D., Howell J. L., Monterroso V. H., Aréchiga C. F. et Hansen P. J., 1995. Developmental changes in sensitivity of bovine embryos to heat shock and use of antioxidants as thermoreceptants. J. Anim. Sci. 73:1401-1407.

Early R. J. et Lu C. D., 1996. Dairy cattle nutrition and heat stress. Proceeding of the first annual meeting of animal production under arid conditions. Department of Animal Production Faculty of Agricultural Sciences, UAE University.

Edelman I. S. et Ismail-Beigi F., 1974. Thyroid thermogenesis and active sodium transport. Rec. Prog. Horm. Res. 30:235-254.

Edwards J. L. et Hansen P. J., 1997. Differential responses of bovine oocytes and preimplantation embryos to heat shock. Mol. Repod. Dev. 46: 138-145.

Elmasri M. Y., 1982. Effect of high environmental temperature and triiodothyronine on total animal vaporisation and prediction of Libyan climatic effects on milk production. M. S. Thesis. University of Missouri-Columbia.

El-Nouty F. D., El-Banna I. M., Davis T. P. et Johnson H. D., 1980. Aldosterone and ADH response to heat and dehydration in cattle. J. Appl. Physiol. 48: 249-255.

Elvinger F., Natzke R. P. et Hansen P. J., 1992. Interactions of heat stress and bovine somatotropin affecting physiology and immunology of lactating cows. J. Dairy Sci. 75 : 449-462.

Feigelson P., Yu F. L. et Hanoune J., 1971. Effects of glucocorticoids in hepatic enzyme induction and purine nucleotide and RNA metabolism. In: The human adrenal cortex (P. Christy, ed.), Harper and Row, N. Y., P. 257-272.

Finch, V. A., 1984. Heat as a stress factor in herbivores under tropical conditions. In: Gilchrist F. M. C., Mackie R. I. (Eds.), herbivore nutrition in the subtropics and tropics. The Science press, Graighall, South Africa, pp. 89-105.

Folman Y., Berman A., Herz Z., Kaim M., Rosenberg M., Mamen M. et Gardin S., 1979. Milk yield and fertility of high-yielding dairy cows in a subtropical climate during summer and winter. J. Dairy Res. 46:411.

Folman Y., Rosenberg M., Ascarelli F., Kaim M. et Herz Z., 1983. The effect of dietary and climatic factors on fertility, and on plasma progesterone and oestradiol – 17 β levels in dairy cows. J. Steroid. Biochem. 19: 863.

Fuquay J. W., 1981. Heat stress as it affects animal production . J Anim. Sci. 52 : 164-174.

Fuquay J. W., 1986. Effects of environmental stress's on reproduction. Limiting the effects of stress on cattle. Western regional research project W-135 Publication, Research Bulletin 512.

Gebremedhin K. G., 1985. Heat exchange between livestock and the environment. In: Yousef M. K. (Ed.). Stress physiology in livestock, Vol. 1. CRC press, Boca Raton, FL, p. 15-33.

Geraer T., 1991. Métabolisme énergétique du poulet de chair en climat chaud. INRA Prod. Anim., vol 4, n°3.

Giesecke W. H., Van Staden J. J., Barnard M. L. et Ppetzer, I. M., 1988. Major effects of stress on udder health of lactating dairy cows exposed to warm climatic conditions. Technical communication No. 210. Department of Agriculture and water Supply, Republic of South Africa.

Gilad E, Meidan R., Berman A., Graber Y. et Wolfenson D., 1993. Effect of heat stress on tonic GnRH-induced gonadotrophin secretion in relation to concentration of oestradiol in plasma of cyclic cows. J. Reprod. Fert. 99 : 315-321.

Gogny M. et Bidon J. C., 1993. Le coup de chaleur aspects physio-pathologiques et thérapeutiques. Point Vét. 25 :187-192.

Gwazdauskas F. C., 1985. Effects of climate on reproduction in cattle. J. Dairy Sci. 68: 1568-1578.

Gwazdauskas F. C., Lineweaver J. A. et McGillard M. L., 1983. Environmental and management factors affecting estrous activity in dairy cattle. J. Dairy Sci. 66:1510-1514.

Habeeb A. A. M., Marai J. F. M. et Kamal T. H., 1992. Heat stress. In : Phillips, C., Pigginns, D. (Eds.), Farm animals and the environment. CAB International, Wallingford, UK, p. 27-47.

Hahn G. L., 1981. Housing and management to reduce climatic impacts on livestock. J. Anim. Sci. 52:175-186.

Hahn G. L., 1985. Management and housing of farm animal in hot environments. In: Yousef M. K. (ed.). Stress physiology in livestock. Ungulates, Vol. 2, 151-176. Boca Raton, Florida: CRC Press.

Hahn G. L., 1999. Dynamic responses of cattle to thermal heat loads. J. Anim. Sci. 77 (Suppl. 2), 10-10.

Hall J. G., Branton C. et E. J. Stone. 1959. Oestrus cycle, ovulation time of service and fertility of dairy cattle in Louisiana. J Dairy Sci. 42:1086-1094.

Hansen P. J., 1994. Causes and possible solutions to the problem of heat stress in reproductive management of dairy cows. Proc. Nat. reprod. Symp. 161-170.

Hansen P. J. et Aréchiga C. F., 1999. Strategies for managing reproduction in the heat-stressed dairy cow. J. Anim. Sci. Vol. 77, Suppl. 2/J. Dairy Sci. Vol. 82, Suppl. 2/1999.

Head H. H., 1981. interrelationships of physical measures of placenta, cow and calf. J. Dairy Sci. 64 (Suppl. 1): 161.

Hermann H. et Cier J. F., 1976. Physiologie de la régulation thermique. Précis de physiologie, 2ème édition, Masson et Cie, Paris, p 537.

Hillman D. 1982. Discussion: Implications of the stress syndrome to animal performance and health. J. Dairy Sci, 65: 2228-2229.

Holter, J. B., West J. W. et McGillard M. L., 1997. Predicting ad libitum dry matter intake and yield of Holstein cows. J. Dairy Sci. 80:2188-2199.

Holter, J. B., West J. W., McGillard M. L. et Pell A. N., 1996. Predicting ad libitum dry matter intake and yields of Jersey cows. J. Dairy Sci. 79:912-921.

Houdas Y. et Guieu J. D., 1977. La fonction thermique. Physiologie Humaine, Simep éditions n°2, p 232.

Howell J. L., Fuquay A. W. et Smith A. E., 1994. Corpus luteum growth and function in lactating Holstein cows during spring and summer. J. Dairy Sci. 77:735-739.

Huber J. T., Higginbotham G., Gomez-Alarcon R. A., Taylor R. B., Chen K. H., Chan S. C. et Wu Z., 1994. Heat stress interactions with protein, supplemental fat and fungal cultures. J. Dairy Sci. 77: 2080-2090.

Igono M. O., Bjotvet G. et Sanford-Crane H. T., 1992. Environmental profile and critical temperature effects on milk production of Holstein cows in desert climate. Int. J. Biometeorol. 36:77-87.

Ingraham R. H., 1974. Discussion of the influence of environmental factors on reproduction of livestock. In: Livestock environment, Proceedings of the international livestock environment symposuim SP-01-74, American society of agricultural engineers, St Joseph, Michigan, 55.

Ingraham R. H. ; Gillette D. D. et Wagner W. D., 1974. Relationship of temperature and humidity to conception of Holstein cows in subtropical climate. J. Dairy Sci. 57: 476-481.

Ingraham R. H., Stanley R. W. et Wgner W.C., 1976. Relationship of temperature of temperature and humidity to conception rate of Holstein cows in Hawaï. J. Dairy Sci. 59 : 2086.

Ingraham R. H., Stanley R. W. et Wagner W. C., 1979. Seasonal effect of the tropical climate on shaded and nonshaded cows as measured by rectal temperature, adrenal cortex hormones, thyroid hormone, and milk production. Am. J. Vet. Res., 40: 1792-1797.

Ingram D. L. et Mount L. E., 1975. Man and Animals in hot environments. Springer-Verlag Publ., Berlin, 185 p.

Ingram D. L. et M. J. Dauncey. 1985. Thermoregulatory behaviour. IN : Yousef, M. K. (ed.). Stress physiology in livestock. Basic principles. Vol. 1, 97-108. Boca Raton, Florida : CRC Press.

Johnson H. D., Ragsdale A. C., Berry I. L. et Shanklin M. D., 1962. Effect of various temperature-humidity combinations on milk production of holstein cattle. Mo. Agri. Exp. Sta. Res. Bull. 791.

Johnson H. D., Ragsdale A. C., Berry I. L. et Shanklin M. D., 1963. Temperature-humidity effects including influence of acclimation in fed and water consumption of Holstein cattle. Univ. of Missouri Res. Bull. No. 846.

Johnson H. D., 1976. The effects of temperature and thermal balance on milk production limiting the effects of stress on cattle. Western Regional Research publication # 009 and Utah agricultural experiments Station Utah state university Logan, Utah research Bulletin 512.

Johnson H. D., 1980a. Environmental management of cattle to minimise the stress of climate changes. Intern. J. Biometeor. 24 (Suppl. 7, Part 2): 65-78.

Johnson H. D., 1980b. Depressed chemical thermogenesis and hormonal functions in heat. In: Physiology aging, heat and altitude. Elsevier, Amesterdam, pp.3-9.

Johnson H. D., 1984. Heat stress on fertility and plasma progesterone. Reproduction des ruminants en zone tropicale. Inst. Natl. Rech. Agron. Publ.

Johnson H. D., 1985. Physiological responses and productivity of cattle. In: Yousef M. K. (ed.). Stress physiology in livestock. Basic Principles. Vol. 1, 4-19. Boca Raton. Florida : CRC Press.

Johnson H. D., 1986. Meteorological effects on regulation of lactation. In DeShazer, J. A. (ed.). ASAE monograph on environmental criteria and analysis for livestock systems.

Johnson H. D., 1987. Bioclimate effects on growth, reproduction and milk production. Page 35 in Bioclimatology and the adaptation of livestock. Elsevier Sci. Publ., Amesterdam. The Netherlands.

Kabuga J. D. et Sarpong K., 1991. Influence of weather conditions on milk production and rectal temperature of Holsteins fed two levels of concentrate. Int. J. Biometeorol. 34 :226-230.

Kelly J. W. et Hurst, V., 1963. The effect of season on fertility of the dairy bull and the dairy cow. J. Amer. Vet. Med. Assoc. 143:40.

Kelly R. O., Martz F. A. et Johnson H. D., 1968. Effect of environmental temperature on ruminal volatile fatty acid levels with controlled feed intake. J. Dairy Sci. 50 : 531-533.

Kennedy P. M., Young B. A. et Christopherson R. J., 1977. Studies on the relationship between thyroid function , cold acclimation and retention time of digesta in sheep. J. Anim. Sci. 45 : 1084-1090.

Kibler H. H., 1964. Environmental physiology and shelter engineering. LXVII. Thermal effects of various temperature-humidity combinations of Holstein cattle as measured by eight physiological responses. Research Bulletin Missouri Agricultural Experiment station, 862.

Knizkova I., Knuck P., Novy Z. et Knizek J., 1996. Evaluation of evaporative heat stress and changes of body surface temperature in cattle using thermovision. Zovocisna Vyroba 41: 433-439.

Kolb E., 1975. Equilibre thermique. Physiologie des animaux domestiques. Editions Vigot frères, Paris, p 973.

Kume S., Takahashi S. Kurihara M. et Aii T., 1990. The effects of heat stress on milk yield, milk composition, and major mineral content in milk of dairy cows during early lactation. Jpn. J. Zootech. Sci. 61: 627-632.

Le Menec M., 1994. La maîtrise d'ambiance une lutte raisonnée contre les fortes températures. Afrique Agriculture 25 : 23-30.

Lee J. A., Roussel J. D. et Beatty J. F., 1974. Effect of temperature-season on bovine adrenal-cortical function, blood cells profile and milk production. J. Anim. Sci. 59: 104-108.

Lemerle C. et Goddard M. E., 1986. Assessment of heat stress in dairy cattle in Papua New Guinea. Anim. Health Prod. 18 : 232-242.

Li Y., Ito T., Nishibori M. et Yamamoto S., 1992. Effects of environnemental temperature on heat production associated with food intake and on abdominal temperature in laying hens. Br. Poultry Sc. 33:113-122.

Lippke H., 1975. Digestibility and volatile fatty acids in steers and wethers at 21 and 32°C ambient temperature. J. Dairy Sci. 58 : 1860-1864.

Lissitzky S., 1978. Les hormones thyroïdiennes. Hormones : Aspects fondamentaux et physio-pathologiques. Imprimé en France, Nu. Edit. 5843, Nu. Impr. P 8172, dépôt légal deuxième trimestre. P 155-200.

Little W. et Shaw S. R., 1978. A note on the individuality of the intake of drinking water by dairy cows. Anim. Prod. 26 : 225.

Little W., Collis K. A., Gleed P. T., Sansom B. F., Allen W. M. et Quick A. J., 1979. Effect of reduced water intake by lactating dairy cows on behaviour, milk yield and blood composition. Vet. Rec. 106-547.

Lough D. S., Beede D. K. et Wilcox C. J., 1990. Effects of feed intake and thermal stress on mammary blood flow and other physiological measurements in lactating dairy cows. J Dairy Sci. 73:325-332.

Macleod P., Anderson E. O. et Plasteridge W. N., 1954. Cell counts of platform samples of herd milk. J. Dairy Sci. 37: 919.

Madan M. L. et Johnson H. D., 1973. Environmental heat effects on bovine luteinizing hormone. J. Dairy Sci. 56: 1420.

Magdub A., Johnson H. D. et Belyea R. L., 1982. Effect on enviromental heat and dietary fibre on thyroid physiology of lactating cows. Int. J. Biometeorol. 25 : 2323-2329.

Mahmoudi F., 1998. Influence de la saison sur le statut thermique chez la vache laitière dans la région de Sidi Thabet. Th. Doct. Vét., n°42 p 30, EMNV, Sidi Thabet Tunisie.

Mallonee, P. G., Beede D. K., Collier R. J. et Wilcox C. J., 1985. Production and physiological responses of dairy cows to varying dietary potassium during heat stress. J. Dairy Sci. 68: 1479.

Maria F., Duquet et Mc Donald R., 1998. Cold induced thermoregulation and biological aging. Physiol. Rev. 78 : 345.

Martin J. M., 1986. Effects of retained fetal membranes on milk yield and reproductive performance. J. Dairy Sci. 69 : 1166-1168.

Martz F. A., payne C. P., Matches A. G., Belyea R. L. et warren W. P., 1990. Forage intake, ruminal dry matter disappearance and ruminal blood volatile fatty acids for steers in 18 and 32°C temperature. J. Dairy Sci., 73:1280-1287.

McDowell R. E., 1958. Physiological approaches to animal climatology. J. Hered. 49: 52.

McDowell R. E., 1972. The physical environment. In: the improvement of livestock production in warm climates. W. H. Freeman and Co., San Francisco, p 23.

McDowell R. E., Hooven N. W. et Camoens, J. K., 1976. Effects of climate on performance of Holsteins in first lactation. J. Dairy Sci. 59 : 965-73.

McFarlane W. V., 1963. Endocrine functions in hot environments. In environmental physiology and psychology in arid conditions. UNESCO Publ. 153-222.

McGuire M. A., Beede D. K., DeLorenzo M. A., Wilcox C. J., Huntington G. B., Reynolds C. K. et collier R. J., 1989. Effects of thermal stress and level of feed intake on portal plasma flow and net fluxes of metabolites in lactating Holstein cows. J. Anim. Sci. 67: 1050-1060.

Miller H. L. et Alliston C. W., 1974. Plasma corticoids of Angus heifers in programmed circadian temperatures of 17 to 21 and 21 to 34 °C. J. Anim. Sci. 38: 819-822.

Ministère de l'Agriculture. 1997. Rapport d'activité,. Direction de la production agricole.

Ministère de l'Agriculture. 2001. Rapport d'activité,. Direction de la production agricole.

Mitra R., Christison G. I. et John H. D., 1972. Effects of prolonged thermal exposure on growth hormone (GH) secretion in cattle. J. Anim. Sci. 34:776.

Monty D. E. et Wolff K., 1974. Summer heat stress and reduced fertility in Holstein-Friesian cows in Arizona. Am. J. Vet. Res. 35: 1495-1500.

Moran J. B., 1989. The influence of season and management system on intake and productivity of confined dairy cows in a Mediterranean climate. Anim. Prod. 49 : 339.

Morand-Fehr P. et Doreau M., 2001 Ingestion et Digestion chez les ruminants soumis à un stress de chaleur. INRA Prod. Anim. 14 : 15-27.

Mount L. E., 1974. The concept of thermal neutrality. In Monteith J. L., Mount L. E. (Eds) : Heat loss from animal and man. Butterworths Publ., Londres, 426-439.

Muller C. J. C., Botha J. A. et Smith W. A., 1994a. Effect of shade on various parameters of Friesian cows in a Mediterranean climate in South Africa. 1. Feed and water intake, milk production and milk composition. S. Afr. J. Anim Sci. 24 : 49-55.

Muller C. J. C., Botha J. A., Coetzer W. A. et Smith W. A., 1994b. Effect of shade on various parameters of Friesian cows in a Mediterranean climate in South Africa. 2. Physiological responses. S. Afr. J. Anim. Sci. 24 : 56-60.

National Research Council (NRC), 1981. Effect of environmental on nutrient requirements of dairy cattle, 6th ed. Natl. Acad. Press. Washington. DC.

National Research Council (NRC), 1989. Nutrient requirement of dairy cattle (6th rev. edn.). National Academy Press, Washington, DC.

Nickerson S. C., 1987. Mastitis management under hot, humid conditions. Proceeding of the dairy herd management conference. Macon, G. A. 32-38.

Niles M. A., Collier R. J. et Croom W. J., 1980. Effects of heat stress on rumen and plasma metabolites and plasma hormones concentrations of Holstein cows. J. Anim. Sci. 50 (suppl. 1) : 152 (Abstract).

Orskov E. R. et Ryle M., 1990. Energy nutrition in ruminants, 69. Elsevier, Londres, Royaumes-uni.

Ould Ahmed M., 2001. Etude des tendances génétiques et phénotypiques de la production laitière en Tunisie. Projet de fin d'études du cycle ingénieur. Ecole Supérieure d'Agriculture de Mateur. Tunisie : 51 p.

Paape M. J., Shultz W. D., Miller R. H. et Smith J. W., 1973. Thermal stress and circulating erythrocytes, leucocytes and milk somatic cells. J. Dairy Sci. 56: 84.

Pagot J., 1985. L'élevage en pays tropicaux. Maisonneuve et Larose Publ., Paris, 526 p.

Pratt B. R. et Wettemann R. P., 1986. The effect of environmental temperature on concentrations of thyroxin and triiodothyronine after thyrotropin releasing hormone in steers. J. Anim. Sci. 62:1346.

Putney D. J., Malayer J. R., Gross T. S., Thatcher W. W., Hansen P. J. et Drost M., 1988a, Heat stress induced alterations in the synthesis and secretion of proteins and prostaglandins by cultured bovine conceptuses and uterin endometrium. Biology of reproduction 39:717-728.

Putney D. J., Gross T. S. et Thatcher W. W., 1988b. Prostaglandin secretion by endometrium of pregnant and cyclic cattle at day 17 after oestrus in response to in-vitro heat stress. J. Reprod. Fert. 84:475-483.

Putney D. J., Thatcher W. W., Hansen P. J., Drost M., Wright J. M. et Delorenzo M. A., 1988c. Influence of environmental temperature on reproductive performance of bovine embryo donors and recipients in the southwest region of the united states. Theriogenology 30: 905-922.

Putney D. J., Mullins S., Thatcher W. W., Drost M. et Gross T. S., 1989a. Embryonic development in superovulated dairy cattle exposed to elevated ambient temperatures between the onset of oestrus and insemination. Animal Reproduction Science 19 : 37-51.

Putney D. J., Torres C. A. A., Gros S. T. S., Thatcher W. W., Plante C. et Drost M., 1989b. Modulation of uterine prostaglandin biosynthesis by pregnant and nonpregnant cows at day 17 post-oestrus in response to in vivo and in vitro heat stress. Animal Reproduction Science 20: 31-47.

Putney D. J., Drost M. et Thatcher W. W., 1989c. Influence of summer heat stress on pregnancy rates of lactating dairy cattle following embryo transfer on artificial insemination. Theriogenology 31: 765-778.

Remond B. et Vermorel M., 1982. Actions du climat sur l'animal au pâturage. Theix, 31 mars - 1er avril 1982. Ed. INRA Publ.

Rieutort M., 1973. Eléments de thermophysiologie. Physiologie animale, Masson éditeur, Paris, n°2, p 281.

Rieutort M., 1986. Physiologie animale. Vol. 2 : les grandes fonctions. Masson Publ., paris, 281p.

Robertshaw D., 1981. The environmental physiology of animal production. In: Clark, J. A. (Ed.), Environmental aspects of housing for animal production. Butterworth, London, pp. 3-17.

Rodriguez L. W., Mekonnen G., Wilcox C. J., Martin F. G. et Krienk W. A., 1985. Effects of relative humidity, maximum and minimum temperature, pregnancy and stage of lactation on milk composition and yield. J. Dairy Sci. 68: 973-978.

Roman-Ponce H., Thatcher W. W., Buffington, D. E., Wilcox C. J. et Van Horn H. H., 1977. Physiological and production responses of dairy cattle to a shade structure in a subtropical environment. J. Dairy Sci. 60 : 424.

Roman-Ponce H. W., Thatcher W., et Wilcox C. J., 1981. Hormonal interrelationships and physiological responses of lactating dairy cows to a shade management system in a subtropical environment. Theriogenology 16 : 139.

Rondia G., Deker A., Jabari M. et Antoine A., 1985. Produire plus de grain et de lait en Afrique du Nord. Projet ferme modèle de Frétissa. Rapport final.

Ryan D. P., Blakewood E. G., Lynn J. W., Munyakazi L. et Godke R. A., 1992. Effect of heat stress on bovine embryo in vitro. J. Anim. Sci. 70: 3490-3497.

SAS®, User's guides: statistics, Version 5 Edition. 1985. SAS Institute Inc., Cary, NC, USA.

Scott I. M., Johnson H. D. et Hahn G. L, 1983. Effect of programmed diurnal temperature cycles on plasma thyroxin level, body temperature and feed intake of Holstein dairy cows. Int. J. Biometeorol. 27 : 47-62.

Sergent D., 1985. Régulations endocriniennes et adaptation physiologique au climat tropical humide chez le bouc créole: éléments suggérant un rôle de la prolactine dans la thermorégulation. Thèse de docteur de $3^{\text{ème}}$ cycle, Université de Paris VI, 138 p.

Sergent D., Berbigier P. et Ravault J. P., 1988. Effect of prolactin inhibition on thermophysiological parameters, water and feed intake of sun-exposed male creole goates (Capra hircus) in Guadeloupe (French West indies). J. Therm. Biol. 13: 53-59.

Sevcik Dan M., 1996. Nutritional issues relating to high yielding dairy cows under heat stress. Proceeding of the first annual meeting of animal production under arid conditions. Department of Animal Production Faculty of Agricultural Sciences, UAE University.

Shams D., Stephan E. et Hooley R. D., 1980. Effect of prolactin inhibition under heat exposure on water intake and excretion of urine, sodium and potassium in bulls. Acta. Endocrinol. 94: 315-320.

Shearer J. K. et Beede D. K., 1990. Effects of high environmental temperature on production, reproduction, and health of dairy cattle. Agri-Practice 11: 6-17.

Shearer J. K. et Beede D. K., 1992. Heat stress in dairy cows. 1. Physiological effects. Nutrinews 4 : 2.

Shebaita, M. K. et El-Banna I. M., 1982. Heat load and heat dissipation in sheep and goats under environmental heat stress. In: Proc. 6th Int. conf. on animal and poultry production, held at university of Zagazig, Zagazig, Egypt, 21-23 September 1982, Vol. 2. Egyptian Society of animal production, pp. 459-469.

Silanikove N., 2000. Effects of heat stress on the welfare of extensively managed domestic ruminants. Livestock Production Science 67: 1-18.

Stott G. H. et Wiersma F. W., 1973. Climatic Thermal Stress, a cause of hormonal depression and low fertility in bovine. Int. J. Biometeorol., 17:115-122.

Stott G. H. et Williams R. J., 1962. Causes of low breeding efficiency in dairy cattle associated with seasonal high temperatures. J. Dairy Sci. 45 : 1369.

Sugiyama S., 1999. Development of a model to study the direct effects of hyperthermia on bovine ovum and embryo development. Ph. D. thesis, University of Queensland, Brisbane, Australia.

Thatcher W. W., 1974. Effects of season, climate and temperature on reproduction and lactation. J. Dairy Sci. 57 : 360-368.

Thatcher W. W., ; Gwazdauskas; Wilcox G. J.; Tomes J.; Head H. H. ; Buffington D. E. et Frederickson A., 1974. Milk performance and reproductive efficiency of dairy cows in an environmentally controlled structure. J. Dairy Sci. 57:304.

Thatcher W. W., Badinga L., Collier R. J., Head H. H. et Wilcox C. J., 1984. Thermal stress effects on the bovine conceptus. Early and late pregnancy. In: Reproduction des ruminants en zone tropicale. INRA Publ., Versailles 265-282.

Thatcher W. W. et Collier R. J., 1986. Effects of climate on bovine reproduction. In: D. A. Morrow (ed.) current therapy in Theriogenology 2. pp 301-309. W. B. Saunders, Philadelphia.

Thompson G. E., 1973. Review of the progress of dairy science climatic physiology of cattle. J. of dairy res. 40 : 441.

Thompson G. E., 1985. Lactation and the thermal environment. In Yousef M. K. : Stress physiology in livestock, Vol. 1, CRC Press Publ., Boca Raton. Floride. USA, 122-131.

Thornton R. F. et Yates N. G., 1969. Some effects of water restriction on nitrogen metabolism of cattle. Aust. J. Agric. Res. 20 : 185.

Tucker H. A., 1982. Seasonality in cattle. Theriogenology 17: 53-59.

Udomprasert P. et Williamson N. B., 1987. Season influences on conception efficiency in Minnesota dairy herds. Theriogenology 28: 323-335.

Ulberg L. C. et Burfening P. J., 1967. Embryo death resulting from adverse environment on spermatozoa and ova. J. Anim. Sci. 26:571.

Utley P. R., Bradley N. W. et Boling J. A., 1970. Effect of restricted water intake, nutrient digestibility and nitrogen metabolism in steers. J. Anim. Sci. 31 : 130.

Warren, W. P., Martz F. A., Asay K. H., Hiderbrand E. S., Payne C. G. et Vogt J. R., 1974. Digestibility and rate of passage by steers fed tall fescue, alfalfa and orchardgrass hay in 18 and 32°C ambient temperature. J. Anim. Sci. 39: 93-96.

Weller J. I. et Folman Y., 1990, Effects of calf value and reproductive management on optimum days to first breeding. J. Dairy Sci. 73:1318.

West J. W., Mullinix B. G. et Sandifer T. G., 1991. Effects of physiologic responses of lactating Holstein and Jersey cows during hot, humid weather. J. Dairy Sci. 74 : 840-851.

West J. W., 1999. Nutritional Strategies for managing the heat-stressed dairy cow. J. Anim. Sci. Vol. 77, Suppl. 2/J. Dairy Sci. Vol. 82, Suppl. 2/1999.

Wiersma F., 1990. Temperature-humidity index table for dairy producer to estimate heat stress for dairy cows. Departement of Agricultural Engineering. The university of Arizona, Tucson.

Wilson S. J., Kirby C. J., Koenigsfield A. D., Keisler D. H. et Lucy M. C., 1998. Effects of controlled heat stress on ovarian function of dairy cattle. 2. Heifers. J. Dairy Sci. 81: 2132-2138.

Wise M. E., Armstrong D. V., Huber J. T., Hunter R. et Wiersma F., 1988. Hormonal alterations in the lactating dairy cow in response to thermal stress. J Dairy Sci. 71: 2480-2485.

Worstell D. M. et Brody S., 1953. Environmental physiology and shelter engineering with special references to domestic animals. 20. Comparative physiological reactions of European and indian cattle to changing temperature. Mo. Agric. Exp. Stn. Res. Bull., 515:1-42.

Yamamoto S., Mc Lean J. A. et Downie A. J., 1979. Estimation of heat production from heart rate measurement in cattle. Br. J. Nutr. 42:507-513.

Yamamoto S., Young B. A., Pourwanto B. P., Nakamasu F. et Natsumoto T., 1994. Effects of solar radiation on the heat load of dairy heifers. Aust. J. Agric. Res. 45 : 1741-1749.

Young B. A. et Degen A. A., 1981. Thermal influences on ruminants In: J. A. Clark (ed.), environmental aspects of housing for animal production, 167-180. Butterworths, Londres, Royaumes-Uni.

Yousef M. K. et Johnson H. D., 1985. Body fluids and thermal environment. In Yousef M. K. : Stress physiology in livestock. Vol. 1 CRC Press Publ., Boca Raton, Floride USA, 189-201.

Zoa-Mboe A., Head H. H., Bachman K. C., Baccari F. et Wilcox C. J., 1989. Effects of bovine somatotropin on milk yield and composition, dry matter intake, and some physiological functions of Holstein cows during heat stress. J. Dairy Sci. 72 : 907.

yes
Oui, je veux morebooks!
I want morebooks!

Buy your books fast and straightforward online - at one of the world's fastest growing online book stores! Environmentally sound due to Print-on-Demand technologies.

Buy your books online at
www.get-morebooks.com

Achetez vos livres en ligne, vite et bien, sur l'une des librairies en ligne les plus performantes au monde!
En protégeant nos ressources et notre environnement grâce à l'impression à la demande.

La librairie en ligne pour acheter plus vite
www.morebooks.fr

SIA OmniScriptum Publishing
Brivibas gatve 1 97
LV-103 9 Riga, Latvia
Telefax: +371 68620455

info@omniscriptum.com
www.omniscriptum.com

Printed by Books on Demand GmbH, Norderstedt / Germany

Peter Wolfgang Lücker

Angewandte klinische Pharmakologie

Phase-I-Prüfungen

Mit Beiträgen von W. Rindt und M. Eldon

Mit 19 Abbildungen

Springer-Verlag
Berlin Heidelberg New York 1982

Professor Dr. med. PETER WOLFGANG LÜCKER
Institut für klinische Pharmakologie
Rebstöckel 13
6719 Bobenheim am Berg

ISBN-13:978-3-540-11353-9   e-ISBN-13:978-3-642-68496-8
DOI: 10.1007/978-3-642-68496-8

CIP- Kurztitelaufnahme der Deutschen Bibliothek
Lücker, Peter Wolfgang:
Angewandte klinische Pharmakologie : Phase I-Prüfungen /
Peter Wolfgang Lücker. Mit Beitr. von W. Rindt u. M. Eldon. -
Berlin ; Heidelberg ; New York : Springer, 1982.
(Heidelberger Taschenbücher ; Bd. 214)
ISBN-13:978-3-540-11353-9

NE: GT

Das Werk ist urheberrechtlich geschützt. Die dadurch begründeten Rechte, insbesondere die der Übersetzung, des Nachdruckes, der Entnahme von Abbildungen, der Funksendung, der Wiedergabe auf photomechanischem Wege und der Speicherung in Datenverarbeitungsanlagen bleiben, auch bei nur auszugsweiser Verwertung vorbehalten.
Die Vergütungsansprüche des § 54, Abs. 2 UrhG werden durch die „Verwertungsgesellschaft Wort", München, wahrgenommen.
© by Springer-Verlag Berlin·Heidelberg 1982
Softcover reprint of the hardcover 1st edition 1982

Die Wiedergabe von Gebrauchsnamen, Handelsnamen, Warenbezeichnungen usw. in diesem Werk berechtigt auch ohne besondere Kennzeichnung nicht zu der Annahme, daß solche Namen im Sinne der Warenzeichen- und Markenschutz-Gesetzgebung als frei zu betrachten wären und daher von jedermann benutzt werden dürften.

Vorwort

Unsere Arzneimittel werden immer differenzierter und spezifischer in ihrer Wirkung.

Die gründliche, vertiefte Prüfung neuer Substanzen vor der ersten therapeutischen Anwendung ist ein dringendes Erfordernis, um Schäden von späteren Patienten abzuwenden.

Die relativ junge Disziplin „klinische Pharmakologie" hat sich dieser Aufgabe in verstärktem Maße angenommen.

Den Grundstein legte bereits Paul Martini im Jahre 1947 mit seiner „Methodenlehre der therapeutisch-klinischen Forschung".

In der Einführung ist zu lesen „Nur einer Therapieform, die einer zureichenden klinischen Prüfung unterzogen worden ist, und die diese bestanden hat, kann zuerkannt werden, daß sie eine rationale und reale Therapie im engeren Sinne sei, d. h. daß sie in vollem Umfang den Anforderungen entspricht, die die menschliche Vernunft und Ethik in Situationen stellen müssen, in denen es um Gesundheit und Lehre geht".

Dieser Satz ist 35 Jahre alt und hat bis heute an Bedeutung nichts verloren. Seinen Niederschlag fand er in der Deklaration von Helsinki sowie schlußendlich im neuen Arzneimittelgesetz vom 24. August 1976.

Weltweit wird die Arzneimittelprüfung in vier Phasen unterteilt. In der Phase I werden Untersuchungen an gesunden Versuchspersonen durchgeführt. In Phase II wird die Substanz sodann an ein kleines ausgewähltes Kollektiv von Kranken verabfolgt. Die Phase III umfaßt die eigentliche „klinische Prüfung" an größeren Kollektiven. In der Phase IV wird das Arzneimittel, welches aus der durch die Phasen I bis III durchgelaufenen Substanz geworden ist, nach der Freigabe zur breiten therapeutischen Anwendung mehrere Jahre weiter verfolgt, um nunmehr am großen statistischen Material Wirkungen und Nebenwirkungen sauber beurteilen zu können. Die Einteilung in Phasen ist heute weltweit verbreitet und geht auf zwei Publikationen der WHO zurück.

Das vorliegende Büchlein befaßt sich ausschließlich mit der Phase I und soll dem praktizierenden klinischen Pharmakologen Anregungen und Erfahrungen vermitteln.

Mein Dank gehört meinen Freunden W. Rindt und M. Eldon, die jeder mit einem Kapitel zu diesem Buch beigetragen haben, sowie Frau R. Schneider und Frau M. Kohler für die sorgfältige Anlage des Manuskriptes.

Bobenheim am Berg, Januar 1982   P. W. LÜCKER

Geleitwort

Die Proliferation von Arzneimittelinformationen der letzten Jahrzehnte folgt wahrscheinlich einer exponentiellen Kurve. Die zahlreichen Studien über therapeutische Indikationen, Pharmakodynamik, Pharmakokinetik, Arzneimittelinteraktionen, Nebenwirkungen etc. haben zu weiteren Fachgebieten der medizinischen Wissenschaften und Hilfswissenschaften geführt. Diese Flut von Informationen muß ausgewertet werden und soll schließlich die Grundlage für eine „rationale und optimale Arzneitherapie" bilden. Das Fachgebiet der klinischen Pharmakologie hat sich dieser Aufgabe angenommen. In zahlreichen Ländern (namentlich in den USA) wurden und werden nicht nur Wahl- und Spezialvorlesungen darüber abgehalten, sondern Abteilungen und Lehrkanzeln errichtet.

In den letzten 20 Jahren wurden in den meisten Ländern strikte Richtlinien zur Arzneimittelprüfung von den Gesundheitsbehörden der einzelnen Länder erlassen, die vielfach den Richtlinien der amerikanischen FDA angepaßt sind. Damit hat aber die klinische Pharmakologie als Fachgebiet eine neue Aufgabe, nämlich die der Arzneimittelprüfung, erhalten. Es ist dies die erste Verabreichung eines neuen Medikamentes am Menschen und dient der ersten Absicherung, ehe ein neues Arzneimittel in die breitere klinische Prüfung geht.

Mit der Entwicklung der Pharmakokinetik und den kolossalen Fortschritten auf dem Gebiet der Arzneistoffanalytik (HPLC, RIA, EMIT etc.) bot sich die Möglichkeit an, durch „drug monitoring" eine wesentliche Verbesserung in der Rationalisierung und Optimierung der Arzneitherapie zu erzielen. In den USA gibt es heute zumindest an jedem größeren Medical Center ein klinischpharmakokinetisches Service, welches mit der klinischen Pharmakologie engstens zusammenarbeitet. Diese drei Arbeitsgebiete umfassen Forschung, Lehre und Praxis (Service).

Das vorliegende Buch stellt einen wertvollen Beitrag zur Literatur auf dem Gebiet der klinischen Pharmakologie dar, indem es sich vor allem an jenen Kreis wendet, der mit der Arzneimittelprüfung befaßt ist. Das Buch basiert im wesentlichen auf der Vorlesungstätigkeit von Herrn Prof. Dr. Lücker am University of Cincinnati Medical Center. Die dargestellten Beispiele demonstrieren die zunehmende Bedeutung von nichtinvasiven Methoden in der Arzneimittelforschung.

W. A. Ritschel

Professor of Pharmacokinetics and Biopharmaceutics,
College of Pharmacy

Professor of Pharmacology and Cell Biophysics,
College of Medicine

Co-Director of Clinical Pharmacokinetics Service,
University of Cincinnati Medical Center

Inhaltsverzeichnis

Allgemeiner Teil 1

Standortbestimmung 3
Aufgabenstellung der klinischen Pharmakologie 7
Rechtliche Grundlagen 11
Ethische Komitees 13
Ethische Grenzen 17
Versuchsoptimierung 20
Modellcharakter 24
Randbedingungen 26
Voraussetzungen für eine Prüfung in Phase I 28
Berichterstattung 31
Die Prüfung nach GLP-Richtlinien 35

Spezieller Teil 37

Die „dose tolerance"-Studie 38
Modell zur Prüfung einer Substanz mit β-adrenolytischer Wirkung 43
Modell zur Prüfung von Antacida, H_2-Blockern sowie Substanzen mit schleimhautprotektiver Wirkung 48
Modell zur Prüfung von Arzneimitteln mit Wirkung an der glatten Muskulatur (Pupillometrie) 53
Die psychometrische Studie 56
Modell zur Prüfung eines Arzneimittels mit antiphlogistischer Wirkung . 64
Die Prüfung von Substanzen, die auf das Endokrinium wirken (W. Rindt) 67
Pharmakokinetik 73
Die Planung einer pharmakokinetischen Studie 86
1. Versuch zur Aufklärung des pharmakokinetischen Modells einer neuen Substanz sowie deren Bioverfügbarkeit 88
2. Versuch zur Aufklärung des Kumulationsverhaltens einer Substanz . 89
Pharmakokinetik aus Urin 92
Pharmakokinetische Nomenklatur 95

Statistik (M. Eldon) 97

Anhang 115

1 „intensive care unit" einer Probandenstation für Phase-I-Untersuchungen 116
2 Einverständniserklärung für die Teilnahme an klinischen Prüfungen und Protokoll zur Probandenaufklärung (Muster) 117
3 Großer und kleiner Laborstatus 119
4 Checkliste (Muster) 120
5 Gesetz über den Verkehr mit Arzneimitteln sowie 4. Richtlinie über die Prüfung von Arzneimitteln 122
6 Deklaration von Helsinki vom 30. Juli 1976 125
7 Aufbau eines Prüfplans (Muster) 126
8 Probandenvertrag (Muster) 129
9 Kinetikdatenträger (Muster) 130
10 American College of Clinical Pharmacology 131

Weiterführende Literatur 141

Sachverzeichnis 145

Allgemeiner Teil

Standortbestimmung

Die klinische Pharmakologie ist eine interdisziplinäre Wissenschaft, die von Ärzten betrieben wird und betrieben werden muß, welche jedoch im klassischen Sinne des Iatros bei Betrachtung zumindest einiger Tätigkeitsmerkmale keine Ärzte sind.

Im Gesamtkomplex Medizin ist die klinische Pharmakologie nur mittelbar anzusiedeln, da alles Trachten und Wirken in der medizinischen Diagnostik und Therapie auf das Heilen im weitesten Sinne ausgerichtet ist, unmittelbar deshalb, da die klinische Pharmakologie sich die Aufgabe gestellt hat, den Effekt von Substanzen im äußerst komplexen Organsystem des Menschen besser zu verstehen und somit dem therapeutisch tätigen Arzt eine rationale Urteilsbildung bei der Behandlung mit Arzneimitteln zu ermöglichen.

Die klinische Pharmakologie ist im eigentlichen Sinne keine Therapieforschung, auch wenn sie damit häufig verwechselt wird.

Die Zielsetzung ist wesentlich enger gesteckt, denn zur Therapieforschung gehört die Erprobung aller denkbaren physikalischen und physikochemischen Verfahren, wohingegen sich die klinische Pharmakologie streng an die Erforschung der Pharmakodynamik und Pharmakokinetik von Substanzen hält, also das am Menschen nachvollzieht, was der Tierpharmakologe im Tierexperiment erarbeitet hat.

Die klinische Pharmakologie ist im besten Sinne Pharmakologie am Menschen, Humanpharmakologie.

So läßt sich die klinische Pharmakologie unschwer als Bindeglied zwischen das pharmakologische Tierexperiment und die eigentliche Therapie einordnen, denn wissenschaftlich fundierte Arzneimitteltherapie ist erst dann möglich, wenn alle gewünschten und unerwünschten Eigenschaften einer Substanz im klinisch-pharmakologischen Experiment erarbeitet worden sind.

Die Übertragbarkeit tierexperimenteller Daten ist nur in sehr eingeschränktem Maße möglich, da die fast immer von Spezies zu Spezies genetisch fixierten Variationen der Antwort auf die Inkorporation einer Substanz zu völlig anderen pharmakodynamischen Effekten oder anderer pharmakokinetischer Phänomenologie führen, als man sie auf der Basis intelligenter Überlegungen erwartet, so daß schlußendlich das Experiment am Menschen unvermeidlich bleibt.

Dem Experiment am Menschen sind enge ethische Grenzen gesetzt. Auch hier gilt das „nil nocere", und zwar in verstärktem Maße. Dies um so mehr, wenn es sich um Untersuchungen an freiwilligen, gesunden Versuchspersonen handelt.

Der Patient, der sich dem Arzt seines Vertrauens für eine klinisch-pharmakologische Untersuchung zur Verfügung stellt, hat zumindest die Hoffnung, eine verbesserte Therapie im Vergleich zu den bisher vorhandenen zu bekommen. Der Proband hingegen muß die Mentalität eines Testpiloten mitbringen. Außer einem materiellen Ausgleich, der in keinem Falle risikodeckend sein kann, erhält er nichts und geht zudem im allgemeinen das höhere Risiko ein, da beim ersten Versuch am Patienten die Substanz bereits am gesunden Probanden erprobt worden ist.

Die engen, dem Fachgebiet auferlegten Grenzen machen einen hohen Einsatz von physikalischen, physikochemischen, chemischen und mathematischen Mitteln notwendig. Das Tierexperiment läßt sich in den meisten Fällen am Menschen nicht nachvollziehen, so daß Schlußfolgerungen häufig oder fast immer aus indirekt gewonnenen Daten gezogen werden müssen. Eine Tatsache, die, als Herausforderung von der klinischen Pharmakologie angenommen, in den letzten drei Jahrzehnten zu bis dahin unvorstellbaren Möglichkeiten des Messens geführt hat, nicht zuletzt auch durch die Nutzbarmachung von in der Raumfahrt gewonnenen Methoden.

Unter Beachtung des „nil nocere", d.h. ohne Gefährdung, ja sogar, wenn möglich, ohne subjektive Belästigung, kann heute sehr vieles am Menschen gemessen werden. Verwiesen sei in diesem Zusammenhang nur auf die telemetrische Erfassung ganzer Datenpakete zur Messung des physischen sowie emotionellen Stresses bei Testpiloten, welche schnelle Kampfflugzeuge führen.

Die klinische Pharmakologie ist ein interdisziplinäres Arbeitsgebiet, welches seine Aufgaben nur im Team mit Ärzten, Psychologen, Physikern, Chemikern und nicht zuletzt Elektronikern zu lösen vermag, wobei ärztliche Erfahrung und Intuition immer die entscheidende Rolle zu spielen haben.

Die Ausdeutung von Daten aus biologischen Testsystemen ist heute in hervorragender Weise möglich, und dennoch bleibt stets ein Rest des nicht Interpretierbaren, Imponderabilen, dessen Verständnis nur demjenigen klinischen Pharmakologen möglich sein wird, der außer Facherfahrung die Sprache der mit ihm arbeitenden Wissenschaftler anderer Fachgebiete versteht.

Genau dieses ist der Punkt, an welchem sich der Standort der interdisziplinären klinischen Pharmakologie lokalisieren läßt:

Planung, Durchführung und Ausdeutung des humanpharmakologischen Experimentes unter Beachtung des „nil nocere" Grundsatzes bei hoher ärztlicher Verantwortung und tiefem Verständnis für psychologische, physikalische, chemische und elektronische Zusammenhänge.

Die klinische Pharmakologie ist keine Wissenschaft für sich selbst. Sie soll und muß stets Hilfswissenschaft für den Arzt am Krankenbett sein, denn nur aus diesem Selbstverständnis heraus kann sie die Berechtigung beziehen, am Menschen, sei es am gesunden oder am kranken, zu experimentieren.

Ein Humanpharmakologe, welcher nicht bereit ist, sich diesem Selbstverständnis voll zu unterwerfen, handelt unethisch, negiert er zusätzlich physikalische, chemische oder mathematische Logik, engt er darüber hinaus seinen Horizont soweit ein, daß es ihm nicht gelingen wird, das wissenschaftliche Optimum aus seinem Experiment herauszuholen.

Er handelt damit den Probanden oder Patienten gegenüber verantwortungslos.

Die schematische Darstellung einer möglichen Gliederung des Fachgebietes gibt die folgende Abbildung wieder:

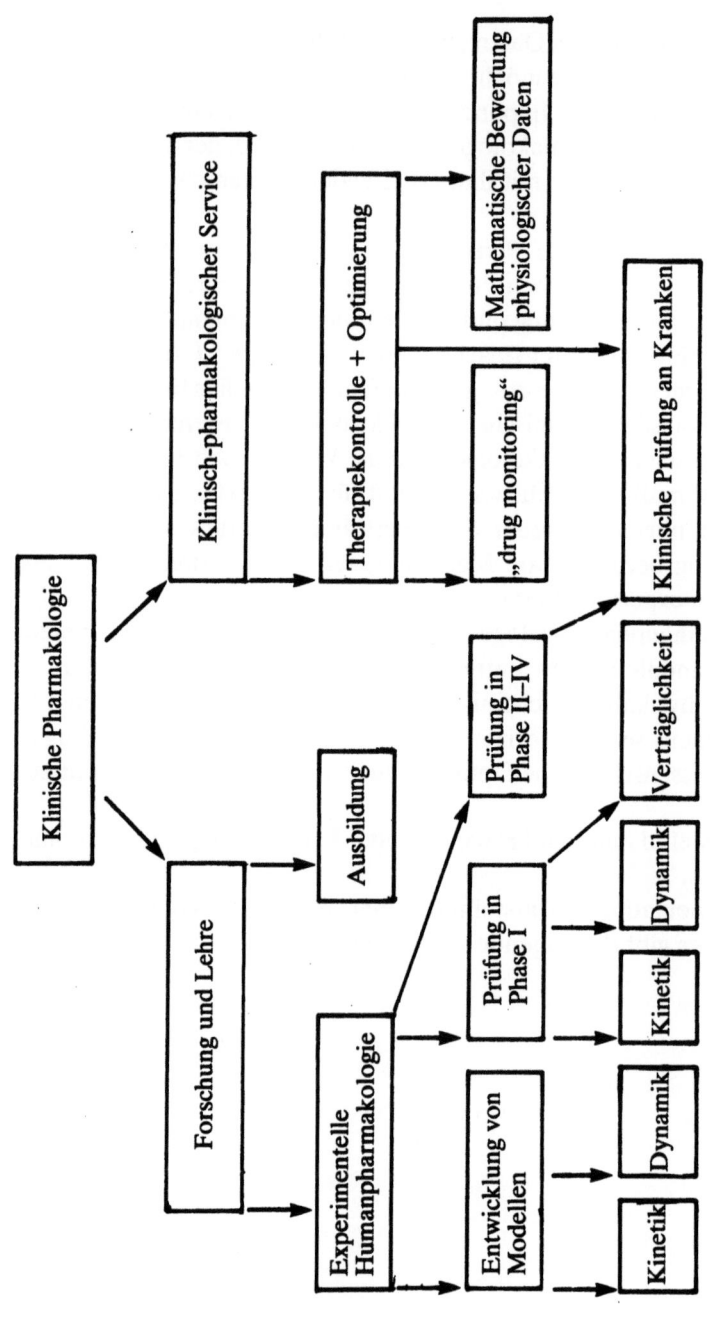

Aufgabenstellung der klinischen Pharmakologie

Die klinische Pharmakologie übernimmt im Bereich der experimentellen Medizin eine Reihe von Aufgaben, die sich in zwei Hauptrichtungen unterteilen lassen:
1. Forschung und Lehre,
2. klinisch-pharmakologischer Service.

Die Prüfung pharmakologischer Effekte von Substanzen am Menschen setzt Prüfansätze, Prüfmodelle voraus, und so gehört es zu den vornehmlichsten und wichtigsten Aufgaben der klinischen Pharmakologie, Prüfmodelle zu entwerfen, die mit nichtinvasiver Technik die Wirkung einer Substanz am gesunden Menschen erkennen lassen. Das Modell ist das Handwerkszeug des klinischen Pharmakologen. Es gibt ihm die Möglichkeit, durch integrale Beschreibung des Versuchsablaufs, den Effekt im Prüfsystem Mensch besser zu verstehen. Im Vergleich zur tierexperimentellen Medizin gibt es bisher wenig aussagekräftige Modelle, welche sich nichtinvasiver Techniken bedienen.

Die Entwicklung neuer Modelle ist deshalb eine Grundforderung an die klinische Pharmakologie. Eine Forderung, die sich sicher nur durch innovatives Zusammenarbeiten verschiedenster Fachdisziplinen erfüllen läßt.

Die Prüfungen von Arzneimitteln in Phase I bis IV sowie der klinisch-pharmakologische Service im Krankenhaus hat sekundärwissenschaftlichen Charakter, denn es werden fest umrissene Modelle verwendet, die, auch wenn sie noch so ausgeklügelt sind, nicht mehr viel Kreativität übrig lassen.

Die Prüfung einer neuen Substanz am Menschen ist in Phasen aufgegliedert, da das Risiko auf diese Weise besser abgeschätzt werden kann.

Phase I

Anzahl der Versuchspersonen: 10–50.

Angestrebtes Versuchsziel
1. Verträglichkeit,
2. Aufklärung des pharmakodynamischen Effekts,
3. Aufklärung des pharmakokinetischen Modells,
4. Berechnung der pharmakokinetischen Parameter,
5. Metabolismus.

Voraussetzung: Vorliegen toxikologischer Kennzahlen, und zwar für

Erstapplikation am Menschen	Minimum Fütterungszeit ohne toxische Erscheinungen
einmalige Anwendung	2 Wochen
vierwöchige Anwendung	26 Wochen
mehr als 4 Wochen	18 Monate

Phase II

Anzahl der Patienten: 10–100.

Zielsetzung
1. Wirksamkeitsnachweis am Kranken,
2. Festlegung von Dosierung und Behandlung,
3. Festlegung der Dauer der Behandlung,
4. Bestimmung von Interaktionen mit anderen Arzneimitteln.

Voraussetzung: Abschlußbericht der Phase-I-Prüfung mit positivem Ergebnis.

Phase III

Anzahl der Patienten: mindestens 500, nach oben keine Grenze gesetzt.

Zielsetzung
1. Bestätigung der Ergebnisse aus Phase II,
2. Koinzidenz von Nebenwirkungen.

Voraussetzung: Abgeschlossene Prüfung in Phase II mit positivem Ergebnis.

Phase IV

Phase IV erfolgt, nachdem die Substanz als Arzneimittel in den Verkehr gebracht ist.

Anzahl der Patienten: unbegrenzt.

Zielsetzung
1. Bestätigung der Ergebnisse aus Phase III,
2. Erfahrungen, die in Phase III nicht gesammelt werden konnten,
2.1 neu entdeckte Wirkungen,
2.2 neu entdeckte, unerwünschte Nebenwirkungen.

Voraussetzung: Zulassung der Substanz als Arzneimittel beim Bundesgesundheitsamt.
Die Phase IV ist in ihrer Dauer praktisch unbegrenzt.

Die retrospektive Auswertung von Ergebnissen aus der Praxis durch die Arzneimittelkommission der Deutschen Ärzteschaft wäre in diesem Zusammenhang ebenfalls als Phase IV zu bezeichnen.

Wer ein Arzneimittel in den Handel bringt, wird es während der ersten zwei Jahre besonders sorgfältig prüfen, was dadurch erreicht wird, daß alle Präparate, die neu auf den Markt kommen, nach § 40 AMG der automatischen Verschreibungspflicht unterliegen. Nach zwei Jahren muß der pharmazeutische Unternehmer einen Erfahrungsbericht über die in Phase IV durchgeführte, retrospektiv bewertete, klinische Prüfung vorlegen.

Klinisch-pharmakologischer Service: Ein weiteres Betätigungsfeld findet die klinische Pharmakologie im Krankenhaus, eine Entwicklung, die in USA deutlich zu erkennen ist, in Deutschland aber noch nicht Fuß gefaßt hat.

Der klinisch-pharmakologische Service im Krankenhaus sollte in erster Linie Therapiekontrolle bei Problemsubstanzen wie Digoxin, Theophyllin, einigen Antibiotika, Sulfonamiden, Antiepileptika, Karzinostatika umfassen und damit zu einer Optimierung der Arzneimitteltherapie beitragen.

Die Ausstattung für eine Einheit an kleineren und größeren Kliniken, um klinisch-pharmakologischen Service durchführen zu können, sollte aus einem Labor für pharmazeutische Mikroanalytik bestehen, welches zumindest über TLC, HPTLC, HPLC, GC mit NPFID und ECD verfügen sollte. Der Einheit sollte ein Isotopenlabor angeschlossen sein, um Radioimmunoassays, Radioenzymassays und Emits durchführen zu können.

Ergänzt muß dieses Abteilung durch ein Tischcomputersystem werden, mit welchem pharmakokinetische Zusammenhänge berechnet und simuliert werden können.

Der Rechner kann dann zusätzlich für Trendanalysen bei Krankheitsverläufen eingesetzt werden, Trendanalysen, die mit hoher Präzision Voraussagen über auf Krankenblättern noch nicht sicher erkennbare Anstiege oder Abfälle von Laborparametern, Blutbildveränderungen etc. zulassen.

Der in einer solchen Einheit tätige klinische Pharmakologe könnte zusätzlich konsularisch bei klinischen Prüfungen in Phase II und III eingesetzt werden, um als Vermittler zwischen auftraggebender Pharmaindustrie und klinisch prüfendem Arzt die Vollziehbarkeit von Prüfplänen zu beurteilen, bei der statistischen Planung zu beraten und letztlich die Qualitätssicherung durchzuführen oder zumindest zu überwachen.

Bei vernünftiger Dimensionierung der Rechenanlage, insbesondere mit geeigneter „soft-ware", könnte die Einheit während klinischer Prüfungen sowie bei der Therapiekontrolle sehr früh Trends erfassen und somit die klinische Prüfung im Krankenhaus sicherer gestalten.

Durchaus denkbar wäre auch, daß sich mehrere regionale kleinere Krankenhäuser an eine klinisch-pharmakologische Einheit anschließen, um auf diese Weise Aufwand und Kosten zu sparen.

Ein weiteres, großes und noch nicht gut entwickeltes Aufgabengebiet für den klinisch-pharmakologischen Service ist die Bewertung von physiologischen Daten mit Rechnern, wie z. B. die automatische Auswertung von EKG's, EEG's, Ergometrien, Impedanzkardiographien, Echokardiographien und Vitalogrammen.

Rechtliche Grundlagen

Die rechtlichen Grundlagen für die Prüfung von neuen Substanzen am Menschen sind in den §§ 40 und 41 des Arzneimittelgesetzes vom 24. August 1976 sowie in der Richtlinie über die Prüfung von Arzneimitteln vom 11. 6. 1971 niedergelegt. Die relevanten Passagen der Texte sind im Anhang 5 zu finden.

Die Richtlinie des Bundesministers für Jugend, Familie und Gesundheit vom Juni 1971 definiert in zwei kurzen Abschnitten Pharmakodynamik und Pharmakokinetik.

Die Richtlinie stellt einen sehr groben Rahmen dar, ohne auf Details der klinischen Prüfung, des Prüfungsleiters oder des Probanden einzugehen. Das AMG vom August 1976 hingegen definiert den Leiter der klinischen Prüfung und legt den notwendigen Ausbildungsstand fest, differenziert jedoch nicht die verschiedenen Anforderungen, welche die Phasen I bis IV einer klinischen Prüfung notwendig machen.

Das Gesetz definiert weiterhin in grobem Umfang, welche Voraussetzungen an eine Substanz gestellt werden, ehe sie für die Erstanwendung am Menschen freizugeben ist.

Prinzipiell geht der Gesetzgeber davon aus, daß die Gesamtverantwortung in jedem Falle und ausnahmslos vom Leiter der klinischen Prüfung zu tragen ist.

Über das AMG hinaus hat der Bundesminister für Jugend, Familie und Gesundheit im August 1980 die „Gute-Labor-Praxis"-(GLP)-Richtlinien erlassen, die zunächst nur für den präklinischen Bereich Gültigkeit haben.

Mit einigen Modifikationen stellen die Richtlinien jedoch ein hervorragendes zusätzliches Werkzeug dar, um Phase-I-Prüfungen in ihrer Gesamtheit zu verbessern, so daß dem Willen des Gesetzgebers seitens der experimentellen klinischen Pharmakologie voll zuzustimmen ist.

Im Januar 1981 wurden in den USA im Federal Register die „Good Clinical Research Practice"-Richtlinien veröffentlicht, die in der heute vorliegenden Auflage jedoch nur Bezug nehmen auf die Aufklärung von Versuchspersonen und Patienten sowie auf sogenannte „Institutional Review Boards", ethische Komitees also, welche in der Planungsphase zu Humanversuchen dem klinischen Pharmakologen zur Seite stehen sollen, um medizinisch-ethische Fragen sowie Fragen zur Verhältnismäßigkeit der eingesetzten Mittel zu besprechen. Die Problematik, welche sich ergibt, wenn ethische Komitees in klinische Prüfungen in Phase I eingeschaltet werden, soll am Ende dieses Kapitels abgehandelt werden.

Fügt man zu AMG, GLP-Richtlinien und „Good Clinical Research Practice"-Richtlinien die Rahmenerklärung von Helsinki in der überarbeiteten Fassung von Tokio aus dem Jahre 1976 hinzu sowie die WHO Technical Reports 403 und 556, so sind alle bisher vorliegenden Gesetze und Richtlinien zitiert.

Unschwer läßt sich erkennen, daß immer nur Rahmen- und Grundsatzverantwortungen abgesteckt worden sind, es dem in Phase I tätigen klinischen Pharmakologen jedoch weitgehend überlassen bleibt, innovativ zu denken, seine Versuchsansätze zu gestalten, wie es ihm die Versuchslogistik zum einen, die technischen Möglichkeiten zum anderen und Kreativität und Intuition zum letzten vernünftig erscheinen lassen. Von einer Einengung der wissenschaftlichen Freiheit, die für die klinische Pharmakologie tödlich sein könnte, kann also bis heute nicht die Rede sein.

Im Anhang 6 ist die Deklaration von Helsinki in der Ausgabe des Bundesministers für Jugend, Familie und Gesundheit abgedruckt.

Ethische Komitees

Der amerikanische Gesetzgeber verlangt seit mehreren Jahren, daß vor klinischen Studien ein ethisches Komitee zusammengerufen wird, welches die ethische Vertretbarkeit von Humanversuchen, egal, in welcher Phase, zu beurteilen hat.

Das Komitee soll nicht nur von Fachleuten besetzt sein, dem Komitee sollten zumindest ein Rechtsanwalt und ein Pfarrer angehören.

Der im Prinzip richtige Gedanke, eine von Fachleuten geplante Studie einem unabhängigen und nur die ethisch-moralische Seite der Studie betrachtenden Gremium vorzulegen, wirft jedoch auch Probleme auf.

1. Wenn auch ausdrücklich und immer wieder betont wird, daß ethische Komitees keine medizinische Verantwortung tragen, so nehmen sie dem klinischen Prüfer ungewollt einen Teil der moralischen Verantwortung ab, und sei es nur, daß er einen besseren Stand vor dem Strafrichter hat, wenn die Studie von einem ethischen Komitee genehmigt worden ist.

Das Grundsätzliche des Kapitänsprinzips, also die Alleinverantwortung in einer Hand, ist für humanpharmakologisches Experimentieren unabdingbar. Die Frage an ein ethisches Komitee „Darf ich diese Studie durchführen?" ist deshalb im Prinzip nicht zulässig, muß jedoch gestellt werden, um zu einem Genehmigungsvermerk zu kommen, womit das Letztinstanzliche des klinischen Prüfers nicht mehr gegeben ist.

2. Die Aufklärung der Komiteemitglieder ist äußerst schwierig bis unmöglich, und Aufklärung ist die Voraussetzung für die Abschätzung des Risikos oder des wissenschaftlichen Sinnes.

3. Die Beurteilung des Risikos und des wissenschaftlichen Sinnes einer Studie ist einem aus Laien zusammengesetzten ethischen Komitee nicht möglich, so daß letztlich die dem Komitee angehörenden Mediziner die Entscheidung treffen und der Rest nach Gefühl zu- oder gegenstimmt.

Was bleibt, ist die Beurteilung der Belästigungen, die ein Proband während einer Studie auf sich nehmen muß, da diese allein von den Mitgliedern des Komitees nachvollziehbar sind.

Auch hier ergeben sich erhebliche Schwierigkeiten: Die Komitees sollen inhomogen besetzt sein. Entsprechend inhomogen werden sie den Schweregrad einer Belästigung bewerten, so daß die Meinung eines Komitees sich nur im Mehrheitsbeschluß auszudrücken vermag.

Um die Beurteilungskriterien in feste Bahnen zu lenken, hat sich uns eine Skala bewährt, welche in vier Rubriken aufgeteilt ist, von der jedoch lediglich die erste Rubrik aus den dargelegten Sachzwängen vom Komitee sachverständig mitentschieden werden kann.

1. Objektive und subjektive Belästigung des Probanden.
2. Gefährdung des Probanden.
3. Allgemeine, erst später überschaubare Gefährdungen.
4. Toxikologische Kennzahlen.
5. Wissenschaftlicher Nutzen der geplanten Studie.

Die von uns verwendete Skala sieht wie folgt aus:

1. Belästigung

1.1 Allgemeine Belästigung

Schlafen in der Probandenstation
Gewichtszunahme
Durst
Coffeinverbot
Fasten
Diätessen
Alkoholverbot
Anzahl der Punktionen
Dauer des Versuchs
Urinsammeln
Nächtliches Wecken zur Blutentnahme, Applikation oder Messung
Sonstiges

1.2 Belästigung durch Nebenwirkungen

Schlafstörungen
Übelkeit

Durchfall
Erbrechen
Konzentrationsstörungen
Kopfschmerzen
Migräne
Gliederschmerzen
Kreislaufstörungen
Akute Oberbauchbeschwerden
Organbeschwerden (Nierenschmerzen u. a.)
Lebensgefährliche Nebenwirkungen

2. Allgemeine, erst später überschaubare Gefährdungen

0
möglich, aber nicht sicher
wahrscheinlich

3. LD_{50}

$$\frac{Dosis}{LD_{50}} \cdot 100 = Kennzahl$$

4. Wissenschaftlicher Nutzen (aus vorklinischen Studien zu extrapolieren)

0
mäßig
Neue Indikation oder Substanz, wichtig für die Medizin, da besser als Vorhandenes.
Neue Indikation oder Substanz für lebensrettende Einsätze bei großen Erkrankungen.

Das Komitee beurteilt innerhalb der einzelnen Rubriken, und zwar jedes Mitglied für sich alleine, die in der Rubrik aufgeführten möglichen, zur Belästigung führenden, studienbedingten Gegebenheiten. Jedes Mitglied kann für jede Zeile in der Rubrik von 0 bis 10 Punkte verteilen (Rubrik 2: 1 bis 20 Punkte).

Im Anschluß daran wird für jede Zeile über alle verteilten Punkte der Mittelwert gebildet, die Standardabweichung berechnet und der Variationskoeffizient beurteilt. Liegt dieser über 25%, wird der Punkt erneut diskutiert und am Ende der Diskussion werden erneut Punkte verteilt.

Bei den Punkten der Rubrik 2 wird die Variation, bedingt durch den Ausbildungsstand der Komiteemitglieder, am größten sein, so daß hier von uns 33% akzeptiert werden.

Die toxikologischen Kennzahlen werden rechnerisch so aufbereitet, daß sie in der Gesamtbeurteilung den richtigen Stellenwert erlangen. Über diese Kennzahlen wird nicht abgestimmt.

Am Ende werden die Mittelwerte aller erteilten Punkte jeder Rubrik addiert und durch den Wert aus der vierten Rubrik geteilt.

Der Quotient gibt, als ein ziemlich robustes Maß, die Meinung des Komitees wieder.

Ethische Grenzen

Für das Experiment am Menschen ergeben sich folgende ethischen Voraussetzungen:

1. Die Aufklärungspflicht. Es ist das unabdingbare Recht der Versuchsperson, sei es Proband oder Patient, über das Risiko voll aufgeklärt zu werden, Grundsätze, die bereits in der Deklaration von Helsinki in der überarbeiteten Fassung von Tokio durch den Weltärztebund festgelegt worden sind.

Die Aufklärung wirft weitere Probleme auf, denn gerade wegen der Nichtübertragbarkeit tierexperimenteller Daten wird immer ein Rest Risiko übrigbleiben. Wäre dieses nicht, wäre das Experiment am Menschen überflüssig.

Wird ein Proband aufgeklärt, so kann er das Risiko mit Sicherheit nicht in dem Ausmaß abschätzen wie der ihn aufklärende Pharmakologe, so daß auch hier im Verhältnis zwischen Experimentator und Versuchssystem Mensch ein großer Rest an Vertrauen übrigbleiben wird.

2. Die Zusicherung auf Abbruch durch den Probanden ohne Angabe von Gründen. Es muß dem Probanden vor Beginn der Studie schriftlich zugesichert sein, daß er die Studie jederzeit und ohne Angabe von Gründen abbrechen kann.

Der Proband hat zwar keine emotionale Bindung zum Untersucher, da er, wie dargelegt, keine immateriellen Vorteile aus dem Experiment erwarten kann wie der Patient, dem eine möglicherweise bessere Therapie durch die Prüfung zuteil wird.

Die Abbruchentscheidung muß dem Probanden aber dadurch leicht gemacht werden, daß der materielle Ausgleich auch bei Abbruch gewährt wird, da andernfalls der Tatbestand der Nötigung nicht auszuschließen ist, insbesondere dann, wenn die Bezahlung der Probanden im

Vergleich zu den wirtschaftlichen Verhältnissen der Versuchsperson zu hoch angesetzt wurde.

3. *Die Verhältnismäßigkeit der eingesetzten Mittel.* Die Zielsetzung einer geplanten Untersuchung muß auf folgende Punkte abheben:

3.1 Verbesserung bereits vorhandener Arzneimittel, z. B. durch galenische Umformulierung.

3.2 Zusätzliche Bestimmung von bisher nicht bekannten Kennzahlen vorhandener Arzneimittel.

3.3 Erarbeiten von pharmakodynamischen und/oder pharmakokinetischen Profilen neuer Substanzen.

4. Die Integrität der Versuchsperson ist unantastbar, und somit besteht auch die Vereinbarung der ärztlichen Schweigepflicht zwischen Probanden und klinischem Prüfer.

5. Es ist darauf zu achten, daß die Versuchsperson nicht in einem Abhängigkeitsverhältnis zum Untersucher steht.

6. Bei der Durchführung des Humanexperimentes muß ein Arzt alleine die Verantwortung tragen. Die Verantwortung bezieht sich auf die exakte Einhaltung des Versuchsplanes. Es muß auch dem Prüfungsleiter freigestellt sein, die Prüfung, aus welchen Gründen auch immer, jederzeit abbrechen zu können, wenn er den Fortgang der Prüfung mit seinem ärztlichen Gewissen nicht mehr vereinbaren kann.

7. Abweichungen vom Versuchsplan, die während einer Studie durchaus sinnvoll werden können, sind nur in Ausnahmefällen möglich und auch nur, wenn das Planungsteam vorher konsultiert wurde. Die Versuchsperson ist in diesem Falle über die Änderungen aufzuklären und muß zustimmen.

Es ist sorgfältig zu prüfen, ob durch die Änderung des Versuchsplans die Risiko-Nutzen-Erwägung erhalten bleibt oder kleiner wird, d. h. ob dem Experiment mehr Daten zu entnehmen sind bei gleichem Risiko.

Trifft dieses nicht zu, darf auf keinen Fall vom Versuchsplan abgewichen werden.

Diese Überlegungen schließen Versuche an Inhaftierten vollkommen aus, da die Chance auf Haftvorteile oder frühzeitige Entlassung aus der Strafanstalt durchaus genug Antrieb für die Versuchspersonen sein können, ein nicht mehr vertretbares persönliches Risiko zu tragen.

Zwischen Untersucher und Probanden besteht kein Arzt-Patienten-Verhältnis. Der Untersucher will etwas vom Probanden und nicht umgekehrt. Der Proband kommt nicht als Heilungssuchender zum klinischen Pharmakologen.

Die Motivation des Probanden kann in hoher ethischer Verantwortung für das Wohl späterer Patienten angesiedelt sein. Leider wird jedoch in den meisten Fällen der materielle Vorteil beim Entschluß zum Experiment im Vordergrund stehen.

Eine völlig andere Situation ergibt sich im pharmakodynamischen Experiment am Kranken, denn hier besteht das Arzt-Patienten-Verhältnis, so daß der Entschluß, am Experiment teilzunehmen, vitales Interesse des Kranken sein kann.

Das Vertrauensverhältnis, welches der Patient zu „seinem" Arzt aufgebaut hat, kann in vielen Fällen dazu führen, daß der Patient bereit ist, das ihm dargestellte Risiko nur deswegen hinzunehmen, weil er „seinen" Arzt nicht kränken will; ein Gedanke, mit dem sich die öffentliche Diskussion um die „Good Clinical Research Practice" in erheblichem Umfang auseinandersetzt.

Versuchsoptimierung

Es versteht sich von selbst, daß ein humanpharmakologisches Experiment mit all seinen unwägbaren Risiken in bezug auf die Anzahl der Versuchspersonen so klein gehalten werden muß wie nur eben möglich, aber so viele Ergebnisse erbringen muß wie technisch machbar. Dieses setzt exakte Versuchsplanung, Durchführung und Ausdeutung voraus sowie eine präzise Dokumentation der Ergebnisse.

Der Dokumentation kommt insofern eine hohe Bedeutung zu, da wir es nachfolgenden Untersuchern schuldig sind, so durchsichtig dokumentiert zu haben, daß diese auf den Ergebnissen unserer Untersuchungen mit neuen Ideen aufbauen können, denn nur dann wird es möglich sein, die Halbwertszeit des Wissenswachstums weiterhin so kurz zu halten, und nur dann kann der klinische Pharmakologe vor dem ethisch-medizinischen Grundsatz bestehen, „Medizinische Forschung zum Wohle der Menschheit" im echtesten Sinne zu betreiben.

Und dazu gehört es auch, unbequeme Datensätze zu publizieren!

Die Medizin ist eine empirische Wissenschaft. Der Erkenntnisgewinn aus einer klinisch-pharmakologischen Studie ist von einer Vielzahl teils bekannter, teils unbekannter Einflußgrößen bestimmt. Einige der Größen sind beeinflußbar, einige nicht. Es ist die Kunst des guten Versuchsdesigns, den Substanzeffekt sauber von den Randfaktoren abzugrenzen, das meßbare Ergebnis aus dem Unwägbaren herauszuschälen.

Nur mit statistischen Mitteln ist es möglich, auch schon aus den Daten weniger Versuchspersonen verallgemeinerungsfähige Ergebnisse zu erzielen.

Die Statistik benötigt Zahlen, was voraussetzt, daß gezielte Beobachtungen, die sich quantifizieren lassen, oder, wenn möglich, Messungen ausgeführt werden.

Eine Messung ist nur dann für das Versuchsergebnis relevant, wenn sie – im Bereich der biologischen Variation – reproduzierbar ist.

Subjektive Eindrücke der Probanden sollten mitverwendet werden, da sie häufig das gemessene Ergebnis stützen können.

Gelingt es, subjektive Angaben von Probanden zu skalieren, sind unter Umständen teststatistische Verfahren anwendbar.

Die gezielte provozierte Beobachtung in einer prospektiven Studie muß geplant sein, denn nur so läßt sich eine der Grundvoraussetzungen, nämlich die Festlegung der statistischen Designs vor Beginn der Studie, erfüllen.

Die retrospektive Anwendung statistischer Verfahren ist in einer Phase-I-Prüfung unzulässig, da sie dem Optimierungsgedanken, soweit wie möglich ein von der Empirie abgegrenztes „Ergebnis" zu erhalten, widerspricht.

Folgende unabdingbare Voraussetzungen zur Optimierung des Humanexperiments sind zu fordern:

1. Die Untersuchungen müssen exakt geplant sein. Bei der Planung müssen alle wissenschaftlich am Experiment beteiligten Forscher mitwirken.

2. Die Planung muß die spätere statistische Auswertung berücksichtigen. Das Design muß vor Beginn der Prüfung festgelegt werden.

3. Über die Planung muß ein Versuchsplan angelegt werden, der alle Phasen des Versuches beschreibt. Der Versuchsplan muß für alle am Experiment Beteiligten für verbindlich erklärt sein.

Es wird häufig verkannt, daß eine prospektive Studie immer nur so gut sein kann, wie der dazugehörige Versuchsplan.

Arbeitsaufwand bei der Prüfplanung spart Arbeitsaufwand bei der Versuchsdurchführung und Auswertung, so daß diesem Punkt nicht genug Aufmerksamkeit geschenkt werden kann.

Ein Versuchsplan sollte folgende Gliederung haben:

3.1 Einleitung. Die Einleitung sollte einen kurzen Abriß der Pharmakologie der zu prüfenden Substanz sowie die wichtigsten toxikologischen Kennzahlen enthalten. Risiko-Nutzen-Erwägungen sollten sauber dargestellt und abgegrenzt werden.

Überlegungen zu Störeinflüssen, meßbaren sowie nichtmeßbaren, bekannten sowie unbekannten, sollten ebenfalls in der Einleitung dargelegt sein.

Außerdem soll sich der Prüfplan in der Einleitung bereits mit der medizinisch-ethischen Vertretbarkeit auseinandersetzen.

3.2 Zielsetzung. Die Zielsetzung sollte das Ziel der Studie umreißen und die bewertbaren Substanzeffekte objektiver Art darstellen (z. B. Messung der blutdrucksenkenden Wirkung der Prüfsubstanz).

3.3 Fragestellung. Zur Abgrenzung der imponderabilen Faktoren sollte die Frage an das Versuchsmodell ausformuliert werden (z. B. senkt die Prüfsubstanz den Blutdruck?).

3.4 Versuchsdesign. Da das statistische Verfahren vor Beginn der Prüfung festgelegt sein muß, sollte hier das Versuchsdesign beschrieben werden (doppeltblind, placebokontrolliert, randomisiert, cross-over).

3.5 Material und Methoden
3.5.1 Meßgeräte. Die Meßgeräte sollten mit Angabe der Herstellerfirmen und, sofern vorhanden, mit Angabe der Fehlergrenzen aufgelistet werden.

3.5.2 Meßverfahren. Die Meßverfahren sollten beschrieben werden (z. B. der Blutdruck wird nach Anlegen einer Manschette, welche mit einem Mikrofon das Korotkoff I-, II- und III-Geräusch abtastet am Probanden nach 5 Minuten Liegen bestimmt).

3.5.3 Probanden. Da nicht für jede Prüfung jeder Proband geeignet ist, sollten hier Einschluß- und Ausschlußkriterien beschrieben werden.

3.6 Versuchsablauf. Diesem Punkt kommt wegen der Versuchslogistik besondere Bedeutung zu. Der Ablauf von der Aufnahme in die Station bis zur endgültigen Entlassung sollte möglichst mit Angabe des Studientages genau beschrieben werden.

Sollten mehrere Messungen verschiedener Art zu verschiedenen Zeiten durchgeführt werden, empfiehlt es sich, ein Ablaufschema zu erstellen, welches alle Meßverfahren und ihre zeitliche Zuordnung enthält.

3.7 Datenverarbeitung. Die zur Anwendung gelangenden Verfahren zur Datenverarbeitung und statistischen Bewertung der Meßergebnisse müssen dargelegt werden.

3.8 Formales. Den GLP- oder „Good Clinical Research Practice"-Richtlinien entsprechend müssen der Auftraggeber sowie die auftragnehmende Prüfeinrichtung definiert werden.

Der Leiter der klinischen Prüfung sowie der Stellvertreter müssen namentlich benannt werden.

Es sollte ein Hinweis auf die zur Qualitätssicherung notwendigen Maßnahmen erfolgen.

Zusätzlich sind Angaben zur Vertraulichkeit von Versuchsdaten und zum Datenschutz (ärztliche Schweigepflicht) zu machen. Probanden dürfen nur mit ihren Initialen und einer Kennziffer definiert werden.

3.9 Chemische Analytik. Bei pharmakokinetischen Studien muß das Analysenverfahren angegeben werden.

Die Angaben müssen durch Darlegung der Linearität, der Detektorcharakteristik, der Reproduzierbarkeit der Analysenmethode sowie der Wiederfindensrate ergänzt werden.

Zusätzlich muß eine Eichkurve aus Plasma oder Serum und Urin erstellt sein, deren Regression dargelegt werden sollte.

3.10 Qualitätssicherung. Die Qualitätssicherungseinheit einer Prüfeinrichtung muß bereits bei der Prüfplanung vertreten sein, um zu wissen, was schließlich während des Versuches passiert.

Ein wichtiger, vor jeder Studie zu überprüfender Punkt ist der Vergleich des Prüfplanes mit dem Ablaufplan, da so bereits vor Beginn Fehler in der Durchführung vermieden werden können.

4. Am Ende eines Versuches stehen Zahlen, die im Sinne einer Verdichtung des Ergebnisses weiterverarbeitet werden müssen. Alle Zahlen sind wichtig und müssen dokumentiert werden, auch wenn im Moment der Zusammenhang zum Versuchsergebnis nicht klar zu erkennen ist.

Die Weiterverarbeitung der Daten muß nach den modernsten Erkenntnissen der Wissenschaft erfolgen, denn nur so ist die Optimierung eines Experimentes möglich.

Modellcharakter

Da das Experiment am Menschen in der Phase I, also bei der Erstanwendung neuer Substanzen an gesunden Versuchspersonen, auf eine möglichst kleine Anzahl von Probanden beschränkt bleiben muß, wird es immer nur Modellcharakter tragen können, da die Übertragbarkeit der Ergebnisse auf Patienten nur bedingt gegeben ist.

In konsequenter Verfolgung dieses Gedankens muß deshalb gefordert werden, daß die Versuchspersonen während eines Experimentes in ihrer Lebensführung soweit als möglich gleichgeschaltet werden. Alle äußeren und inneren Einflüsse müssen für alle Versuchspersonen zutreffen, d. h. alle Probanden sollten zur selben Zeit die gleichen Mahlzeiten und Getränke zu sich nehmen. Alle pharmakodynamisch wirksamen Stoffe wie Coffein und Alkohol müssen während eines Experimentes ausgeschlossen sein.

Die Probanden sollten keine extreme körperliche Betätigung ausüben und in etwa auf denselben Schlaf-Wach-Rhythmus eingestellt werden. Vor Beginn eines Experimentes sollten die Probanden mindestens 36 Stunden in der Versuchsstation leben, um sich an die psychologische Situation einer Versuchsstation zu adaptieren.

Die Vorversuchsperiode bringt den Vorteil, daß sich der ärztliche Leiter der Prüfung eingehend mit den Versuchspersonen beschäftigen kann, insbesondere auch unter psychologischen Gesichtspunkten, und er somit während der Studie besser in der Lage sein wird, Wirkungen oder Nebenwirkungen der verabfolgten Substanz beurteilen zu können.

Pharmakokinetische Experimente können es darüber hinaus notwendig machen, zusätzlich den Urin der Probanden durch geeignete Maßnahmen auf einen annähernd gleichen pH einzustellen.

Entweder sollten an einer Studie nur Raucher oder Nichtraucher teilnehmen, da diese Voraussetzungen jedoch häufig nicht zu erfüllen sind, sollte den Rauchern das Rauchen während der Studie erlaubt sein, da der abrupte Entzug von Nikotin das nikotinadaptierte System der

Versuchsperson ganz erheblich stören kann, was zu falschpositiven oder falschnegativen Ergebnissen führt.

Die Gleichschaltung der Versuchskollektive erfährt ihre Berechtigung aus der Tatsache, daß die Übertragbarkeit von Ergebnissen auf spätere Patienten ohnehin nicht mit letzter Sicherheit möglich ist. Der Phase-I-Versuch ist und bleibt ein Modellversuch. Unter diesen Voraussetzungen muß die Versuchsplanung alle erdenkbaren und voraussehbaren Einflußgrößen kontrollieren.

Randbedingungen

Um alle Bedingungen, welche zur Optimierung einer Studie führen, wirklich einhalten zu können, müssen Experimente in Phase I stationär ausgeführt werden. Die Probanden müssen unter ständiger ärztlicher Aufsicht stehen, denn nur so läßt sich das Risiko minimieren. Der Versuch an ambulanten Probanden schließt sich somit von selbst aus. Die Probanden müssen solange stationär geführt werden, bis alle denkbaren Wirkungen und Nebenwirkungen abgeklungen sind.

Eine Probandenstation sollte, was die Aufenthalts- und Schlafräume der Probanden anbetrifft, mehr einen hotelartigen Charakter als den einer Krankenhausstation haben, da dadurch der Eingriff in die persönliche Sphäre des Probanden vermindert werden kann. Zur Ausstattung einer Probandenstation gehören deshalb je nach Größe mehrere Wohnräume mit der Möglichkeit zum Fernsehen und Radiohören.

Eine kleine Hausbücherei sowie ausreichend Brett- und Kartenspiele sollten nicht fehlen.

Liegeterrassen oder Freiluftsitzplätze sind insbesondere für die Sommermonate nicht empfehlenswert, da es im allgemeinen nicht gelingt, Probanden davon abzubringen sich einer zu intensiven Sonnenbestrahlung auszusetzen.

Der Proband, welcher sich darauf eingestellt hat, mehrere Tage in der, am Berufsleben gemessen, sehr ruhigen Probandenstation zu leben, tritt unwillkürlich in eine Entspannungsphase ein, die sich erfahrungsgemäß am absinkenden Blutdruck am zweiten, spätestens dritten Tag eines Experimentes sowie an der Zunahme des Körpergewichts dokumentieren läßt.

Dieser Tatsache muß Rechnung getragen werden. Es sollten also keine Schlafsäle, sondern Zweibettzimmer vorhanden sein, so daß die Probanden Gelegenheit finden, sich aus der Gruppe zurückzuziehen. Bewährt hat sich die Einrichtung von Arbeitsplätzen in den Schlafzimmern.

Ein besonderes Problem bei länger währenden Verträglichkeitsuntersuchungen in Phase I stellt die Gruppendynamik dar, insbesondere, wenn die Versuche über fünf bis sechs Tage hinausgehen. Bildet sich im Verlauf einer Studie eine Alphafigur heraus, so kann diese unabhängig davon, ob sie Placebo oder Verum erhalten hat, Wirkungen innerhalb der gesamten Gruppe induzieren, die leicht zu Fehlinterpretationen oder sogar zum Abbruch der Studie führen können.

Es ist der Geschicklichkeit und dem psychologischen Einfühlungsvermögen des Prüfungsleiters überlassen, mit geeigneten Maßnahmen, wie z. B. gruppendynamischer Arbeit, Fehlentwicklungen gegenzusteuern, was jedoch nur bei intensiver Beschäftigung mit den Versuchspersonen und dem subjektiv empfundenen Schicksal des Einzelnen gelingt. Ein guter klinischer Pharmakologe wird mit seinen Probanden leben und möglicherweise eine gruppendynamisch relevante Figur der Gruppe übernehmen.

Ein unabdingbares Hilfsmittel ist es, wenigstens 2 Probanden blind mit Placebo zu behandeln, da hierdurch intercurrente Störungen wie z. B. Gerätefehler, Laboranalysenmethoden und nicht zuletzt Fehlempfindungen gruppendynamischen Ursprungs abgrenzbar werden.

Über die für den Meßzweck notwendige Apparatur hinaus muß eine Probandenstation für Phase-I-Prüfungen mit einer intensivmedizinischen Einheit ausgerüstet sein. Die Anforderungen an eine derartige Einheit sind im Anhang I aufgelistet.

Zusätzlich sollte die Logistik für die größere notfallmedizinische Versorgung von Probanden mit den nächst umliegenden Krankenhäusern abgesprochen und für den Ernstfall geprobt sein.

Vor Beginn einer Studie sollten alle medizinischen Mitarbeiter der Station über den für die Substanz zutreffenden Notfallmaßnahmeplan informiert worden sein.

Voraussetzungen für eine Prüfung in Phase I

Vor der Erstanwendung einer neuen Substanz am Menschen müssen folgende Voraussetzungen erfüllt sein:

1.1 Über die zu applizierende Substanz müssen ausreichende tierexperimentelle Daten vorliegen, um die Beurteilung von Wirkung und Nebenwirkung durch den klinischen Pharmakologen, also den alleinverantwortlichen klinischen Prüfer im Sinne des Gesetzes, möglich zu machen.

1.2 Die Toxizität der Substanz muß tierexperimentell ausreichend belegt sein. Bei mehrfacher Applikation der Substanz sollte mindestens die subchronische Toxizitätsprüfung abgeschlossen sein.

1.3 Sämtliche vorhandenen präklinischen Daten müssen beim Bundesgesundheitsamt hinterlegt sein. (Das Amt führt keine substantielle Prüfung der hinterlegten Akten durch. Die Maßnahme dient lediglich der Beweissicherung bei Zwischenfällen.)

1.4 Für die Berechnung der Erstdosis sollte eines der im folgenden dargestellten drei Rechenverfahren verwendet werden:

1.4.1 $1/600$ der mittleren LD_{50} aus verschiedenen Tierspezies.
Berechnung:

$$\frac{LD_{50} \cdot \text{mittleres Körpergewicht des Kollektivs}}{600} \left[\frac{mg \cdot kg}{kg} \right]$$

1.4.2 $1/60$ der letzten mittleren Dosis, die im toxikologischen Experiment noch keine Wirkungen gezeigt hat („last clean dose") (Berechnung wie oben).

1.4.3 $1/6$ der Dosis effektiva am Tier.
Erfahrungen haben gezeigt, daß die Berechnungsart nach 1.4.1

im allgemeinen den kleinsten Wert ergibt und damit am sichersten ist.

1.5 Über die Substanz muß ein Reinheitszertifikat vorliegen.

1.6 Die Probanden müssen ausreichend versichert sein.

1.7 Die Probanden müssen über Sinn und Zweck der Prüfung aufgeklärt sein. Sie müssen ihr Einverständnis schriftlich erklären. Die Aufklärung hat in Gegenwart eines Zeugen zu erfolgen. Es empfiehlt sich, über die Aufklärung zusätzlich ein gesondertes Protokoll anzulegen. (Im Anhang 2 sind eine Einverständniserklärung sowie ein Aufklärungsprotokoll abgedruckt.)

1.8 Es dürfen nur im Sinne des Gesetzes gesunde Probanden in die Untersuchung einbezogen werden. Die Ergebnisse der Voruntersuchung für eine Studie sollen unmittelbar vor der ersten Applikation vorliegen.

Zur Voruntersuchung gehören eine körperliche Untersuchung, ein EKG mit 12 Ableitungen, ein Respirogramm sowie ein Laborstatus. Der Laborstatus sollte alle im Anhang 3 dargestellten Parameter enthalten.

Zusätzlich empfiehlt sich ein „drug screen", der ausschließt, daß die Probanden unter dem Einfluß anderer Medikamente oder Drogen stehen.

1.9 Qualitätssicherung. Vor Beginn der Studie sollte – sofern nach GLP gearbeitet wird – die Qualitätssicherungseinheit über den Prüfplan sowie den Beginn der Studie unterrichtet sein.

1.10 In der Probandenstation sollte vor Beginn einer Studie ein für alle Beteiligten zugänglicher Ablaufplan veröffentlicht werden, der sowohl den Mitarbeitern als auch den Probanden ständig zeigt, an welcher Stelle die Studie steht.

Empfehlenswert ist es, in diesem Zusammenhang den Probanden einen Prüfplan ohne das Randomisierungsschema zugänglich zu machen, sofern nicht erhebliche psychologische Bedenken im Einzelfalle dagegen sprechen.

1.11 Es ist zweckmäßig, mit den Versuchspersonen zusätzlich zur Einverständniserklärung einen gesonderten Probandenvertrag abzuschließen.

Ein entsprechendes Muster ist im Anhang 8 zu finden.

Um die genannten 12 Voraussetzungen für jede Studie zu gewährleisten, empfiehlt es sich, mit allen beteiligten ärztlichen und nichtärztlichen Mitarbeitern vor Beginn der Studie eine Checklistenbesprechung durchzuführen.

Eine typische Checkliste (Muster) ist im Anhang 4 dargestellt. Der Checklistenbesprechung kommt insofern erhebliche Bedeutung zu, da es hier dem klinischen Prüfer gelingt zu kontrollieren, ob

1. alle 12 Bedingungen erfüllt werden können, und
2. die Mitarbeiter gleichzeitig intensiv in die Studie eingeführt wurden.

Die Checkliste sollte vom verantwortlichen Leiter der klinischen Prüfung verbindlich unterschrieben werden, wodurch die Studie freigegeben ist. Hierdurch wird erreicht, daß sich der Leiter der klinischen Prüfung vor jeder Studie erneut seiner Verantwortung bewußt wird. Außerdem wird das mitwirkende Personal von der rechtlichen Verantwortung innerhalb der Studie entbunden.

Berichterstattung

Alle während eines Versuchs entstehenden Daten sind Rohdaten und können nur nach entsprechender Kondensierung sauber interpretiert werden. Die zur Verfügung stehenden Möglichkeiten, eine Studie überschaubar zu machen, sind
1. Tabellierung der Rohdaten,
2. Kondensierung durch Mittelwertsbildung (sofern Normalverteilung vorliegt) und deren statistische Prüfung auf Unterschiede,
3. graphische Darstellungen der Ergebnisse,
   1. als Säulen,
   2. als Spaltenmittelwerte,
   3. als Linien von Meßwert zu Meßwert,
4. Verbalisierung der Ergebnisse in Form eines Berichts.

Um eine Studie für Dritte überschaubar zu machen, wird man sich, je nach Menge der erstandenen Rohdaten, zu einem der unter 1 bis 4 genannten Wege entschließen, in den meisten Fällen jedoch die verschiedenen Möglichkeiten kombinieren.

Die Berichterstattung kann in zwei Formen erfolgen:
1. Versuchsbericht,
2. Fachgutachten.

Für Versuchsbericht und Fachgutachten haben sich feste Formen der Darstellung eingebürgert, die sich weitgehend entsprechen. Der Versuchsbericht stellt eine exakte Wiedergabe der Gesamtproblematik des Ablaufs und der Ergebnisse einer Studie dar.

Das Fachgutachten interpretiert darüber hinaus Versuchsergebnisse aus der Sicht eines Gutachters und ist einer nichteidlichen Aussage vor Gericht gleichzusetzen.

Zur Erlangung von Zulassungen oder Registrierungen empfiehlt es sich, sofern die Fachqualifikation des Schreibers vorliegt, alle Versuche in Gutachtenform zu berichten, da der Schreiber hierdurch ausdrückt, daß er hinter den gemachten Aussagen steht. Ein Versuchsbericht oder Gutachten muß so aufgebaut sein, daß der Leser aus der voranzustellenden Zusammenfassung bereits den gesamten Inhalt der Studie sowie das Ergebnis erkennen kann. Wird der Bericht als Gutachten angelegt, ist die Zusammenfassung vom verantwortlichen Versuchsleiter und für den Fall, daß chemische Analytik durchgeführt wurde, vom verantwortlichen Chemiker rechtsverbindlich zu unterschreiben.

Versuchsbericht oder Gutachten sollten folgenden Aufbau haben:
1. Zusammenfassung
1.1 Aufriß der Versuchsproblematik,
1.2 ethische Vertretbarkeit,
1.3 Versuchsmodell,
1.4 komprimiertes Ergebnis,
2. Einleitung
2.1 Darlegungen zur Chemie der Substanz,
2.2 Darlegung der vorhandenen Erkenntnisse über die Substanz,
2.3 Auseinandersetzung mit der Verhältnismäßigkeit der eingesetzten Mittel,
2.4 ärztlich-ethische Vertretbarkeit der Studie,
2.5 geplante Sicherungsmaßnahmen zum Schutze der Probanden,
3. Material und Methoden
3.1 Beschreibung des Modells,
3.2 Auflistung der Meßgeräte mit Hersteller,
3.3 chemisches Analysenverfahren,
3.4 Definition des Probandenkollektivs,
3.4.1 Einschlußkriterien,
3.4.2 Ausschlußkriterien,
3.5 Definition des statistischen Designs,
3.6 Methode der Datenverarbeitung,
4. Ergebnisse

Pharmakodynamik	Pharmakokinetik
4.1 Vorbemerkungen zum Verlauf der Studie,	4.1 allgemeine Aussage zu Datenqualität, Anpassungsqualität und zum pharmakokinetischen Modell,

4.2 deskriptive Beschreibung der Versuchsabläufe mit Angabe der ermittelten Werte,
4.3 analytische Statistik der erhaltenen Werte,
4.4 Nebenwirkungen,
4.5 subjektive Angaben der Probanden,
5. Diskussion

4.2 deskriptive Kinetik zur Beschreibung der Serumfluktuationsverläufe,
4.3 analytische Kinetik zur Beschreibung von Bioverfügbarkeit, Retardeffekt, Kumulation, Sättigungsprozeß, Leberinduktion, Leberinhibition,
5. Diskussion

Zusätzlich sollten dem Gutachten Tabellen der Einzelwerte sowie graphische Darstellungen von Einzel- oder Mittelwerten beigefügt werden.

Zum pharmakokinetischen Gutachten gehören die Serumfluktuationsverläufe jedes einzelnen Probanden, die gegen die Zeit gezeichneten Urinkonzentrationen, die kumulativ dargestellte renale Elimination, die Regression der Konzentration im Urin zur Berechnung der Halbwertszeit aus Urindaten, die Darstellung der renalen Clearance.

Der Bericht oder das Gutachten sollte eingebunden werden und mit Paginiermaschine durchnumeriert sein, so daß später keine Seiten herausgenommen oder hinzugefügt werden können.

Zusätzlich empfiehlt es sich, den Text im Blocksatz zu schreiben, da hierdurch Änderungen im Text, die sich der Kontrolle des Autors entziehen, nicht mehr möglich sind.

Der Versuchsleiter sollte jede einzelne Seite in der rechten unteren Ecke mit seinen Initialen versehen.

Versuchsbericht oder Gutachten bestehen aus drei Teilen:

1. Versuchsbericht/Gutachten,
2. Anhang,
3. Rohdatenakte.

Zu 2.: Im Anhang sind alle das Gutachten im Text belastenden Akten unterzubringen:

1. der Prüfplan,
2. die Einverständniserklärungen der Probanden mit unkenntlich gemachter Unterschrift,

3. das Aufklärungsprotokoll,
4. der Beleg, daß die vorklinischen Daten beim BGA hinterlegt wurden,
5. der Beleg, daß eine Probandenversicherung abgeschlossen wurde,
6. die Analysenzertifikate der verwendeten Substanz.

Zu 3.: Die Rohdatenakte sollte alle während des Versuchs, also im Labor, entstandenen Rohdaten enthalten, und zwar chronologisch geordnet, so daß der Versuch vom Leser am Tisch komplett nachvollzogen werden kann.

Die Paginierung beginnt bei Seite 1 des Gutachtens und endet bei der letzten Seite der Rohdatenakte.

Die Prüfung nach GLP-Richtlinien

Der Bundesminister für Jugend, Familie und Gesundheit erließ im August 1981 die GLP-Richtlinien (Gute – Labor – Praxis), und zwar für den präklinischen Bereich. Die Richtlinien sind heute noch nicht gesetzlich implantiert und sind in der vorliegenden Form auch nicht in allen Punkten auf klinische Prüfungen übertragbar. Der Grundgedanke der Richtlinien ist, eine Studie transparent und nachvollziehbar zu machen.
Um dieses Ziel zu erreichen, sollte man sich folgender Werkzeuge bedienen:

1. Eintragung aller entstehenden Daten auf Rohdatenträger, und zwar im Moment des Entstehens,
2. Einheften aller entstehenden Dokumente wie EKG's, Blutdruckmeßstreifen, Vitalogramme, Datenstreifen aus Druckern etc.,
3. Einrichtung einer Qualitätssicherungseinheit (QSE).

Beim Eintragen von Daten am Entstehungsort ist es nicht zu vermeiden, daß falsche Ziffern entstehen, die zur Korrektur dünn durchgestrichen werden sollten. Das neue richtige Datum sollte daneben geschrieben werden und vom Eintragenden mit Datum und Namenszeichen kenntlich gemacht sein. Sofern die Daten nicht „on-line" in eine Rechenanlage eingespeist werden können, was bei humanpharmakologischen Studien wegen des diskontinuierlichen Datenanfalls in den meisten Fällen nicht möglich ist, entsteht auf diese Weise nur ein Rohdatenblatt für ein Untersuchungsergebnis, was die Fehlerfortschleppung erheblich verringert.

Werden die entstehenden, unter 2. aufgeführten Belege direkt an das Blatt angeheftet, ist es dem Leser einer Studie möglich, jeden Wert zusätzlich auf Übertragungsfehler zu überprüfen. Die Qualitätssicherungseinheit sollte während einer Prüfung mehrfach stichprobenartige

Überprüfungen durchführen. Zeitpunkt und Art der Überprüfung dürfen dem klinischen Prüfer nicht bekannt sein.

Da bei großen Studien nicht alle Punkte überprüft werden können, hat es sich bewährt, daß sich der Beauftragte für die Qualitätssicherung alle möglichen überprüfbaren Punkte auflistet und bei jeder Kontrolle einige, nach Zufall zugeordnete Punkte herausgreift.

Dem Leiter der Prüfeinrichtung sollte direkt im Anschluß an die Prüfung Bericht erstattet werden, so daß mögliche Abweichungen vom Versuchsdesign oder vom Prüfplan noch während der Prüfung korrigiert werden können.

Eine obligatorische Überprüfung von Ablaufplan und Prüfplan sollte vor jeder Prüfung durchgeführt werden.

Um den Qualitätssicherungsbeauftragten über die Prüfung voll zu informieren, sollte er an der Checklistenbesprechung teilnehmen.

Der Qualitätssicherungsbeauftragte muß im Anschluß an die Prüfung weiterhin überprüfen:

1. die Vollständigkeit der Rohdatenakte,
2. die Übereinstimmung der im Versuchsbericht/Gutachten wiedergebenen Zahlen mit den Rohdaten.

Die GLP-Richtlinien sind, um sie für die klinische Prüfung brauchbar zu machen, um folgende Punkte zu ergänzen:

1. Maßnahmen zur Sicherung der Integrität der Versuchsperson.
2. Maßnahmen zum gesundheitlichen Schutz der Versuchsperson.
3. Aufklärung der Versuchsperson durch den Prüfungsleiter.

Unter Beachtung dieser zusätzlichen Punkte sind die GLP-Richtlinien in der vorliegenden Form durchaus geeignet, die Qualität von klinischen Prüfungen erheblich zu verbessern, und stellen darüber hinaus ein hervorragendes zusätzliches Werkzeug dar, die Versuche zu optimieren.

Spezieller Teil

Im folgenden sollen verschiedene klinisch-pharmakologische Modelle vorgestellt werden, mit welchen in nichtinvasiver Technik Substanzeffekte gemessen und quantifiziert werden können. Die jeweils gewählte Fallzahl stellt einen Erfahrungswert dar, der im allgemeinen ausreicht, um die möglichen Meßwertunterschiede teststatistisch zu überprüfen. Für die Versuchslogistik ist es in Phase I in jedem Falle einfacher und führt schneller zu einem Ergebnis, wenn die Fallzahl vorher festgelegt wird („fixed sample trial").

Sollte eine Substanz einen pharmakodynamischen Effekt aufzuweisen haben oder sollten relevante Nebenwirkungen auftreten, so werden bei richtiger Abschätzung der Dosierungen die Meßwertunterschiede stets so groß sein, daß die Ergebnisse auf dem 5-%-Niveau signifikant werden.

Grundsätzlich ist auch in Phase-I-Prüfungen das sequentielle Vorgehen möglich („sequential trial"). Der Reiz eines Sequentialdesigns liegt darin, daß möglicherweise weniger Probanden in die Untersuchungen einbezogen werden müssen.

Das Verfahren hat jedoch den Nachteil, daß durch das sukzessive Aufnehmen von Probanden in eine laufende Studie die Zeit häufig nicht unerheblich verlängert wird. Dadurch werden Randbedingungen wie diätetische Gleichschaltung, meteorologische Einflüsse etc. zu einer weiteren nicht kontrollierbaren Einflußgröße.

Die im folgenden beschriebenen Modelle stellen gewiß nur einen kleinen Teil dessen dar, was an gesunden Versuchspersonen meßbar ist, und erheben deshalb keinen Anspruch auf Vollständigkeit. Für den interessierten Leser wird deshalb in diesem Zusammenhang auf die einschlägige Literatur verwiesen (1.1, 1.2).

Die beschriebenen Methoden stellen jedoch in ihrer Ausführung äußerst einfache Verfahren dar, die ausreichen, um bereits in Phase I Hinweise auf Effekte der Substanz zu liefern, und sich uns in vielen Jahren praktischer Tätigkeit immer wieder erneut bewährt haben.

Die „dose tolerance"-Studie

Modell: Ermittlung der Schwelldosis einer Substanz.

Prinzip: Sukzessive Dosissteigerung bis zum Erreichen des Abbruchkriteriums.

Design: Blockbildung mit zufällig zugeordneten Probanden.
Block I Verum; n = 10–12
Block II Placebo; n = 3
doppeltblind, randomisiert.

Versuchsdauer: 5–14 Tage.

Variante 1

Die Probanden erhalten die Testsubstanz in steigender Dosierung. Der Steigerungsfaktor muß von der Halbwertszeit der Testsubstanz abhängig gemacht werden. Ist die Halbwertszeit kurz, hat sich der Faktor 1.5 bewährt. Bei Halbwertszeiten über 8 h muß evtl. ein wash-out-Tag zwischengeschaltet werden oder der Faktor verkleinert werden.

Zwischen den einzelnen Dosierungen muß aus Gründen der Versuchslogistik eine wash-out-Periode von 24 h eingehalten werden, da die Interpretation aller zu erhebenden Befunde, insbesondere der Befunde aus der klinischen Chemie sowie die Untersuchung der Befunde auf Trends, im allgemeinen 24 h benötigt.

Ein Placebokollektiv ist nötig, da andernfalls interkurrente Infektionen, gruppendynamische Effekte, trendähnliches Ausweichen von Laborbefunden aufgrund von Gerätefehlern zu falschnegativen Ergebnissen führen können.

Das Einbeziehen eines Placebokollektivs hat zusätzlich den Vorteil, daß teststatistische Verfahren zweiseitig angeordnet werden können.

1. Meßwertunterschiede zwischen den Dosierungen.
2. Meßwertunterschiede zwischen der Verum- und der Placebogruppe.

Die Studie wird fortgesetzt bis ein Abbruchkriterium erreicht ist. Das Abbruchkriterium ist als trendähnliches Ausweichen eines physischen, psychologischen oder laborchemischen Parameters im Block I definiert, sofern dieser Trend sich im Block II nicht ebenfalls aufzeigen läßt (siehe Abb. 1).

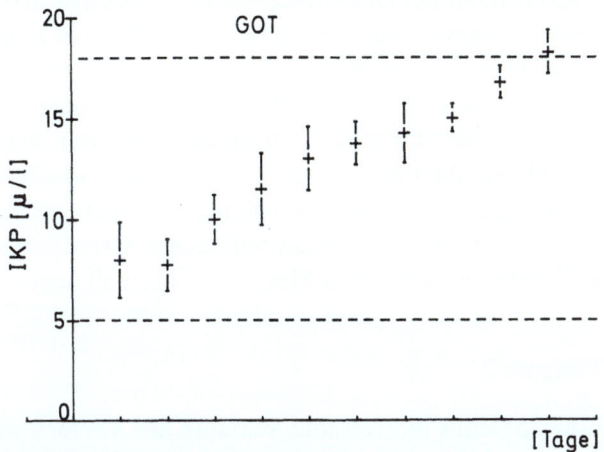

Abb. 1. Mittelwerte und Varianz der SGOT im Verlauf einer „dose tolerance"-Studie. Der Wert am ersten Tag ist der letzte Wert vor der Applikation. Ab dritten Versuchstag steigen die Werte im Trend deutlich an, um am zehnten Versuchstag die obere Norm mit 18 U/l zu übersteigen. Stellen sich die Ergebnisse wie in Abb. 1 dar, ist das Abbruchkriterium spätestens am zehnten Tag erreicht, insbesondere, wenn ein weiterer Laborparameter ähnlich ausweicht

Die Trendanalytik erfolgt am besten mit einem Tischcomputer. Als statistisches Verfahren bietet sich die Varianzanalyse im „complete block design" an.

Am Abend eines Versuchstages werden die Einzelwerte der Probanden eingelesen und die Mittelwerte sodann varianzanalytisch in der „simple contrast"-Technik gegen den Mittelwert des Vortages untersucht.

Bei gleichzeitiger Darstellung des oberen Normbereichs läßt sich so von Tag zu Tag ermitteln,

1. ob sich ein statistisch absicherbarer Trend abzeichnet,
2. wann der Mittelwert den oberen Normbereich überschreitet.

Legt man die aktuell nur am Bildschirm dargestellten Werte nach der täglichen Analyse auf Bändern ab, so kann die spätere Dateneingabe bei der Auswertung gespart werden.

Ein wichtiges Hilfskriterium für den klinischen Prüfer kann es sein, am Abend eines jeden Versuchstages, wenn alle Befunde vorliegen, ein Gespräch mit der Gesamtheit beider Kollektive zu führen (Untersucher und Probanden sind blind), um festzustellen, ob sich die Placebogruppe möglicherweise bereits markiert.

Sollte es sich bei einer Schwelldosisstudie um eine Substanz handeln, welche bereits kurzfristig pharmakodynamisch aktiv ist, verlangt der Grundgedanke der Versuchsoptimierung, daß alle meßbaren pharmakodynamischen Effekte mitbestimmt werden, sofern der Meßvorgang den Ablauf der Studie nicht auf andere Weise störend beeinflußt, was z. B. bei ergometrischen Messungen der Fall wäre.

Variante 2

Eine ebenfalls interessante Variante des Versuchsdesigns bei Schwelldosenermittlungen ist es, die Probanden jeweils nur mit einer Dosis zu belasten. Hierzu reicht es, z. B. 5 Probanden das Verum und einem Probanden das Placebo zu applizieren.

Nach vollständig abgeschlossener Untersuchung wird ein weiteres Kollektiv mit der nächst höheren Dosisstufe untersucht.

Der Nachteil dieses Designs ist, daß die Versuchsdauer verlängert wird, außerdem ist diese Versuchsanordnung wesentlich praxisfremder. Bei Substanzen, deren Effekt und insbesondere deren Wirkdauer nicht abzuschätzen ist, bietet dieses Design jedoch mehr Sicherheit für den Probanden.

Variante 3

Eine weitere praxisnahe und gut zu handhabende Variante des Modells ist es, nach Erreichen des Abbruchkriteriums um 2 oder 3 Dosisstufen zurückzugehen und die Probanden weitere 3–5 Tage mit der niedrigeren Dosis zu behandeln.

Variante 4

Es hat sich bewährt, bei Schwelldosisermittlungsstudien nach Gabe der ersten Dosis ein pharmakokinetisches Profil aufzunehmen. Die zusätzliche Belästigung für die Probanden steht mit Sicherheit in vernünftigem Verhältnis zu der zusätzlichen präliminären Information über die Pharmakokinetik der Substanz und erspart möglicherweise eine gesonderte pharmakokinetische Studie vollkommen. Sollte die Substanz oral und i. v. verabfolgbar sein, bietet es sich an, die erste Dosis i. v. zu verabfolgen, das pharmakokinetische Profil aufzunehmen und diesen Vorgang nach der zweiten, also ersten oralen Dosis zu wiederholen. So kann die absolute Bioverfügbarkeit bereits sehr früh ermittelt werden.

Wird vom morgendlichen für die klinische Chemie gewonnenen Serum jeweils eine Probe für die Pharmakokinetik abgezweigt, so läßt sich zusätzlich die Serum- oder Plasmakonzentration mit dem aus dem pharmakokinetischen Profil der zweiten Dosis simulierten Kumulationsschema vergleichen.

Hierdurch wird es möglich festzustellen, ob die Testsubstanz leberinduzierend wirkt oder möglicherweise einer Sättigungskinetik folgt.

Variante 5

Eine weitere interessante Variante stellt das Pfadfindermodell dar. Das Prinzip dieses Modells liegt darin, daß jeweils ein Proband dem Kollektiv mit einer höheren Dosis vorausläuft, was eine erhöhte Sicherheit für das Gesamtkollektiv darstellen kann.

Der vorauslaufende Pfadfinderproband wird so randomisiert, daß jeder Proband im Verlauf der Untersuchungen einmal als erster die höhere Dosis erhält.

Der Untersuchungszeitraum wird mit diesem Modell etwas verlängert, aber nicht in dem Ausmaß, wie es bei Variante 2 der Fall ist.

Typischer Versuchsablauf für „dose tolerance"-Studien

Die Probanden erscheinen zweckmäßigerweise an einem Sonntagabend in der Prüfungseinrichtung des Instituts. Sie werden von da ab diätetisch gleichgeschaltet. Alkoholische sowie xanthinhaltige Getränke werden verboten.

Am darauffolgenden Montag werden sämtliche medizinischen Voruntersuchungen durchgeführt sowie die Baselinewerte für die späteren Messungen ermittelt.

Die Probanden werden über Sinn und Zweck der Prüfung aufgeklärt. Während des Tages werden die Probanden mit dem Ablaufplan der nachfolgenden Studie vertraut gemacht und können sich an die Stationsbedingungen gewöhnen.

Am darauffolgenden Dienstag erfolgt in randomisierter Zuordnung die erste Applikation.

Es muß sichergestellt sein, daß die Laborbefunde aus der klinischen Chemie am Nachmittag eines jeden Tages vorliegen, so daß die Trendanalyse sofort durchgeführt werden kann, damit nach deren Abschluß durch die ärztlich verantwortlichen Versuchsleiter der Beschluß für die nächst höhere Dosisstufe gefaßt werden kann.

Die Dosissteigerungen werden solange fortgesetzt, bis das Abbruchkriterium erreicht ist oder eine Dosis nebenwirkungsfrei vertragen wurde, die dem fünffachen der in Phase II geplanten Dosis entspricht.

Modell zur Prüfung einer Substanz mit β-adrenolytischer Wirkung

Modell: Messung der leistungsinduzierten Tachykardie.

Prinzip
1. Inhibitionsmessung der leistungsinduzierten Tachykardie
2. Vitalographische Messung des bronchokonstriktorischen Effektes
3. Messung der Herzfrequenz und des Blutdrucks in Ruhe
4. Messung der leistungsinduzierten Hypertension
5. Messung des psychotropen Effekts.

Design: Vollständig randomisierte Blöcke im cross-over mit zufällig zugeordneten Probanden, doppeltblind, Block I–IV im lateinischen Quadrat.

Ein typisches Randomisierungsschema für eine derartige Studie ist in der folgenden Tabelle dargestellt.

Die vier zu prüfenden Dosisstufen 1, 2, 3 und 4 sind im lateinischen Quadrat angeordnet.

	So	Mo	Di	Mi	Do	Fr	Sa	So
Block I		0	0	1	2	3	4	
Block II		0	0	4	1	2	3	
Block III	Aufnahme	0	0	3	4	1	2	Entlassung
Block IV		0	0	2	3	4	1	
Block V		0	0	0	0	0	0	
Block VI		0	0	1	2	3	4	

Dauer: 8 Tage.

Meßprinzip

Zeitstabile, frequenzstabile Ergometrie mit individueller Leistungsanpassung („tailoring").

Gerät: Fahrradergometer Dynavit Meditronic mit Wirbelstrombremse und Pulsfeedback sowie nachgeschaltetem Kreislaufmeßplatz Hellige.

Die Probanden werden vor der eigentlichen Untersuchung jeweils 5mal pro Tag ergometriert, wobei sie ihrem muskulären Status entsprechend mit 150 bis 240 Watt belastet werden.

Die Belastung wird so gewählt, daß nach Beendigung der 10 Trainingsvorläufe eine Pulsfrequenz von 135 Schlägen/min in etwa 1.5 min (Nennzeit) erreicht wird.

Diese Frequenz bezeichnen wir als Sollfrequenz.

Im allgemeinen reichen 6 bis 7 Vorlaufergometrien, die Probanden verbessern ihre Leistung dann nicht mehr. Wir führen jedoch immer 10 Vorlaufergometrien durch, um gleiche Bedingungen für das Gesamtkollektiv zu schaffen und dadurch die Basiswerte Sollfrequenz und Nennzeit soweit als möglich zu stabilisieren.

Nach Gabe eines negativ-chronotrop wirksamen Präparates wird die Sollfrequenz zur Nennzeit nicht mehr erreicht. Nach Gabe eines Vasodilatators ist die Sollfrequenz zur Nennzeit bereits überschritten, so daß von zwei Seiten Fragen an das Modell gestellt werden können.

Die tatsächlich zur Nennzeit gemessene Frequenz bezeichnen wir als Nennfrequenz.

Die Differenz zwischen Sollfrequenz und Nennfrequenz ist sodann der Parameter für die negativ-chronotrope Wirkung.

Mit steigendem Effekt der Testsubstanz wird die Differenz größer, so daß man später beim Auftragen von Differenzen auf der Ordinate mit steigender Ordinate steigende Wirkung erhält.

Während des Meßvorganges selbst werden Belastungszeit und Pulsfrequenz ständig elektronisch registriert. Ein eigens dafür hergerichteter Monitor mit nachgeschaltetem EKG gibt bei Erreichen der vorgegebenen Frequenz zusätzlich ein akustisches Signal.

Um die gesunde Versuchsperson soweit als möglich zu schützen, haben wir uns als Abbruchkriterium die Senkung der ST-Strecke im EKG vorgegeben. Hierzu wird eine stabile EKG-Schwingung (getriggertes EKG) auf einem Bildschirmmonitor vergrößert dargestellt, die vom Untersucher während des Ergometrievorganges ständig beobachtet wird.

Durch die vergrößerte Darstellung gelingt es, auch geringfügige Absenkungen der ST-Strecke frühzeitig zu erkennen, um gegebenenfalls die Ergometrie abbrechen zu können.

Mit steigender negativ-chronotroper Wirkung geht zusätzlich der relative Variationskoeffizient zurück, d.h. die Prüfsysteme (Probanden) werden miteinander vergleichbar.

In der beschriebenen Versuchsanordnung werden vier Dosisstufen überprüft, so daß bei geschickter Wahl der Dosierung, gemessen an Propranololäquivalenten, die Dosiswirkungskurve im allgemeinen erstellt werden kann.

Handelt es sich um ein β-Adrenolytikum mit „Intrinsic Sympathicomimetic Activity" (ISA) und ist die höchste Dosisstufe hoch genug angesetzt, so wird die Dosiswirkungskurve abknicken, sobald sich ISA und β-Adrenolyse aufheben.

Die Ergometrie wird am günstigsten zum Zeitpunkt der höchsten erwarteten Arzneimittelkonzentration im Serum (t_{max}) ausgeführt. Um die Wirkdauer des β-Blockers zu ermitteln, werden zusätzlich Ergometrien nach 4, 8 und 12 h ausgeführt.

Ein Vergleich der Mittelwerte der Differenzen reicht im allgemeinen aus, um die Wirkdauer des β-Blockers zu verfolgen, zumal in diesem Design jeder Mittelwert durch zwölf Messungen eines weitgehend gleichgeschalteten Kollektivs belegt werden kann und somit vertretbare Variationen entstehen.

Mißt man den Probanden mit einem automatischen Gerät zusätzlich vor und nach der Ergometerbelastung den Blutdruck, so können zusätzliche Angaben über die Wirkung am leistungsinduzierten systolischen und diastolischen Blutdruck gemacht werden.

Die bronchokonstriktorische Wirkung des Prüfpräparates wird durch Vitalographie am selben Kollektiv erarbeitet.

Der Proband wird unmittelbar vor der Ergometrie, also wenige Minuten vor t_{max}, vitalographisch untersucht. Der feinste Meßparameter ist der FMF (forcierter Atemstrom im Mittelteil, forced mean flow), der am frühesten auf bronchokonstriktorische Effekte reagiert und bei Propranolol in der Dosierung von 120 mg bereits deutliche Effekte zeigt. Der FMF ist als dasjenige Volumen definiert, welches der Proband

zwischen 25 und 75% des gesamten Ausatmungsvorgangs produziert, und ist am wenigsten durch psychische Faktoren überlagert.
Wichtig ist es, daß der Proband in entspannter Haltung vor dem Gerät steht und in immer gleicher Weise vom Untersucher motivierend angesprochen wird.
Da β-Blocker einen psychotrop dämpfenden Effekt aufweisen, ist es sinnvoll, im Rahmen eines solchen Designs psychometrische Messungen durchzuführen.
Einzelheiten hierzu sind in einem anderen Kapitel abgehandelt.

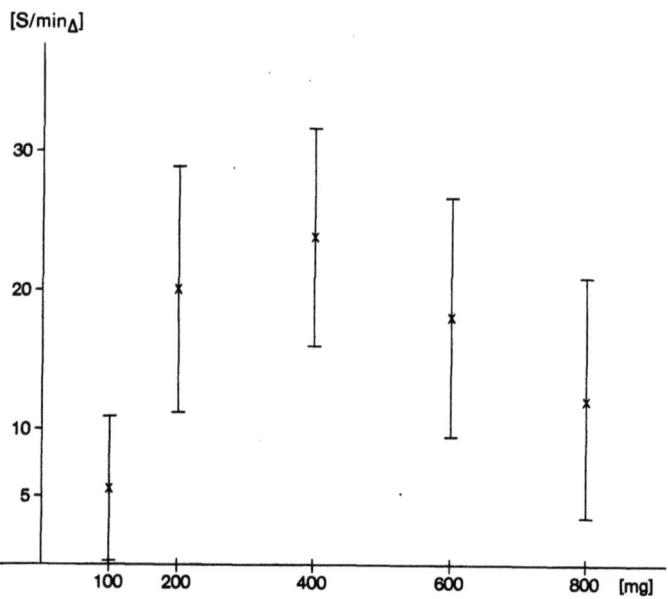

Abb. 2. Mittelwerte und Varianz der β-adrenolytischen Wirkung in der Dimension S/min Δ. Der Effekt läßt sich bis zu einer Dosis von 400 mg steigern. Bei höherer Dosis wird die „Intrinsic Sympathicomimetic Activity" so stark, daß sie dem β-adrenolytischen Effekt entgegenwirkt. Als Folge davon fällt die Kurve ab. Bei β-Blockern ohne ISA steigt die Kurve an und flacht sodann ab, ohne abzufallen

Die Abb. 2 zeigt das typische Profil eines β-Adrenolytikums mit ISA (Acebutolol). Der Knick der Kurve mit steigender Dosierung ist deutlich zu erkennen.
In Abb. 3 ist die Wirkdauer des β-Blockers dargestellt.

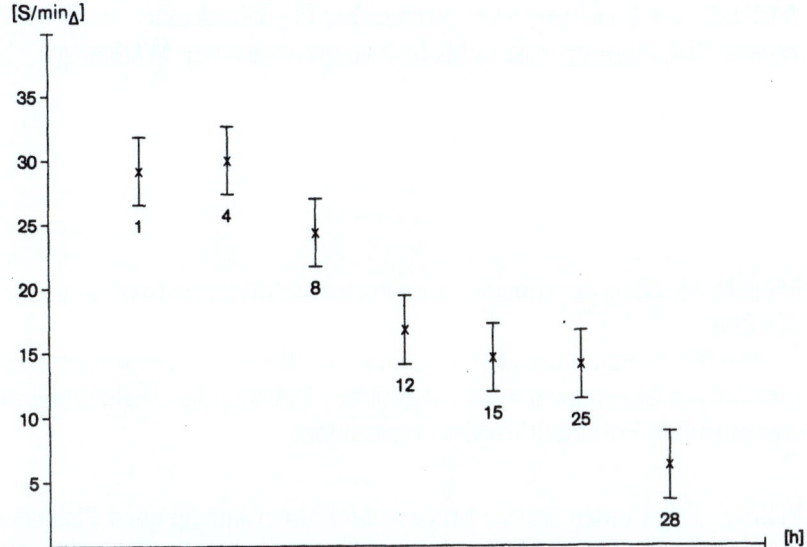

Abb. 3. Abbildung 3 stellt den Effekt und die Varianz gegen die Zeit dar. Die Ziffern unter den Spalten geben die Zeit nach der Applikation wieder. Durch Berechnung der Regressionsgeraden zwischen 4 und 28 h läßt sich die Wirkdauer des β-Adrenolytikums errechnen

Modell zur Prüfung von Antacida, H_2-Blockern sowie Substanzen mit schleimhautprotektiver Wirkung

Modell: Messung der transmuralen Potentialdifferenzauslenkung gegen die Zeit. Bei Vorbehandlung mit Antacida, H_2-Blockern oder schleimhautprotektiven Substanzen wird bei gleicher Reizung die Auslenkung der transmuralen Potentialdifferenz vermindert.

Prinzip: Über einen an der Magenschleimhaut anliegenden Plastikkatheter mit einer Kaliumchlorid-Agar-Füllung wird die Potentialdifferenz gegen eine periphere Elektrode gemessen.
Es wird ein Reiz mit Acetylsalicylsäure gesetzt. Die Potentialdifferenzauslenkung wird gegen die Zeit analog und digital registriert.

Design: Am ersten Untersuchungstag erhalten sämtliche Probanden Acetylsalicylsäure (ASA), um „non responder" auszuschließen.
Von da ab vollständig randomisiertes cross-over-Blockdesign, doppeltblind.

Ein typischer Versuchsaufbau ist im folgenden dargestellt:

	So	Mo	Di	Mi		Do		Fr		Sa
1	Aufnahme	0	ASA	D_1		D_2		D_3		Entlassung
2	„	0	„	D_3		D_1		D_2		„
3	„	0	„	D_2		D_3		D_1		„
4	„	0	„	D_1		D_2		D_3		„
5	„	0	„	D_3	+ASA	D_1	+ASA	D_2	+ASA	„
6	„	0	„	D_2		D_3		D_1		„
7	„	0	„	D_1		D_2		D_3		„
8	„	0	„	D_3		D_1		D_2		„
9	„	0	„	D_2		D_3		D_1		„

Meßprinzip

Verwendete Geräte
Millivoltmeßgerät: WTW ph-DIGI 520 D
Recorder: Perkin Elmer 56/Metrohm 230
Zeitgesteuerter Digitaldrucker: Wetzer WD 3500
Ag-AgCl-Bezugselektrode: Ingold Typ 373
Venenanschluß: Venofixperfusionsbesteck 0.8-G 21
  Braun-Melsungen
Gastraler Anschluß: Perfusorinfusionsleitung
  Braun Melsungen
  1.5 mm Innendurchmesser,
  2.1 mm Außendurchmesser
Agar: Typ 4 Sigma Chemie
KCl-Lösung: 3 M

Herstellung der Agar-KCl-Meßkatheter: Die Agar-KCl-Meßelektroden müssen vor jedem Versuch neu hergestellt werden, da es sich gezeigt hat, daß es durch Schrumpfung des Agar-KCl-Zylinders in dem Schlauch bei Lagerung zu Abrissen des Leitmediums kommt und das KCl an beiden Elektrodenenden auskristallisiert.

2 g Agar werden mit 100 ml 3 M KCl-Lösung auf einer Magnetrührplatte aufgekocht. Der heiße, flüssige Agar wird blasenfrei in die Schläuche eingefüllt. Nach Erkalten des Agars wird die Leitfähigkeit der Meßelektroden geprüft, wozu zwei Ag-AgCl-Bezugselektroden mit dem zu testenden Agar-KCl-Schlauch kurzgeschlossen werden. Es darf keine Spannung am Meßgerät angezeigt werden. Ebenso wird die Leitfähigkeit der Elektroden nach Versuchsende erneut überprüft, um Auswaschphänomene der Elektrolyte an den Elektrodenspitzen auszuschließen.

Versuchsdurchführung

Die Probanden werden angehalten, 48 h vor dem Versuch keine xanthinhaltigen Getränke und keinen Alkohol zu sich zu nehmen. Sie erscheinen am Abend vor dem Nulltag in der Prüfeinrichtung und bleiben dort bis zum Ende des Versuches.

Am Abend vor dem Versuch nehmen sie gemeinsam ein leichtes Abendessen zu sich und trinken etwa 1.5 l Leitungswasser bis zum Schlafengehen.

Am Morgen schlucken die Probanden zunächst zwei Katheter. Der eine Katheter ist zur Ableitung des Magenpotentials mit 3 M Agar/KCl gefüllt, der zweite Katheter wird zur Entnahme von Magensaft zur pH-Bestimmung verwendet.

Nach Schlucken der Katheter wird der Proband in einem ruhigen Raum in Rückenlage auf einer Untersuchungsliege gelagert. Sodann wird eine mit Agar/KCl gefüllte Butterflykanüle in eine Vene des Unterarms gelegt, die mit einem Agar-KCl-Schlauch verbunden ist.

Beide Agar-KCl-Schläuche werden in je einen mit 3 M KCl-Lösung gefüllten Erlenmeyerkolben eingebracht. In beiden Erlenmeyerkolben befindet sich jeweils eine Ag-AgCl-Bezugselektrode, über die die Magenpotentialdifferenz abgegriffen wird.

Die Registrierung des Potentialverlaufs erfolgt sowohl digital auf der Anzeige eines Millivoltmeßgerätes als auch analog auf einem Recorder.

Gleichzeitig wird im Rhythmus von 1 min der aktuelle Wert des Millivoltmeßgerätes durch einen zeitgesteuerten Drucker abgerufen.

Datenverarbeitung

Die im Abstand von 1 min vom Digitalmeßgerät abgeforderten Spannungen werden mit dem Rechner Tektronix 4052 weiterverarbeitet.

Mathematische Herleitung der Meßgrößen

Primäre Parameter: Die Baseline (Bl) wird durch Berechnung der linearen Regression aus den Werten vor der Applikation ermittelt.

Die Fläche zwischen der Regressionsgeraden und der Potentialdifferenzänderung gegen die Zeit wird mittels der Trapezregel berechnet (AUB).

Die größte Potentialdifferenzänderung, bezogen auf die Baseline, wird bestimmt (Pd_{max}).

Die Zeit von Beginn der Instillation bis zum Wiedererreichen der Baseline wird bestimmt (t_{tot}).

Sekundäre Parameter: Aus den Größen AUB und Pd_{max} wird der Reizindex (RI) nach folgender Formel berechnet:

$$RI = \frac{Pd_{max} \cdot AUB}{1000} \quad [mV^2 \cdot min]$$

Der Reizindex gibt das Ausmaß des Reizes an.

Aus den Größen AUB und Pd_{max} wird die mittlere Instabilitätszeit berechnet.

$$MIT = \frac{AUB}{Pd_{max}} \quad [min]$$

Die MIT gibt Aufschluß über die mittlere Zeitdauer der Membraninstabilität.

Definition der Meßparameter

Pd_{max} [mV]. Die Größe Pd_{max} stellt die höchste Potentialdifferenzänderung, bezogen auf die Baseline, dar, die während des Versuchs gemessen werden konnte.
Die Pd_{max} korreliert direkt mit dem Schweregrad des Reizes.

AUB [mV · min]. Die AUB („area under baseline") ist ein integrales Maß für den Gesamtprozeß. Die Größe beschreibt am exaktesten das Ausmaß des Reizes und seiner Dauer.

t_{tot} [min]. Die Größe t_{tot} gibt die Zeit von Instillation bis Wiedererreichen der Baseline an.

Reizindex [mV^2 · min]. Die Größen AUB sowie Pd_{max} korrelieren direkt mit dem Ausmaß des Gesamtprozesses.
Das Produkt aus Fläche und Pd_{max} läßt noch besser als die Fläche allein das Ausmaß erkennen, da bei flach verlaufenden Potentialdifferenzkurven, die ihre Baseline spät erreichen, eine sehr große Fläche entstehen kann, die einen großen Reiz vortäuscht. Diese wird durch Multiplikation mit Pd_{max} relativiert und umgekehrt.
Wird die Pd_{max} schnell erreicht und bildet sich schnell zurück, so ist der Gesamtprozeß sicher pathogenetisch weniger gravierend zu beurteilen, als wenn bei gleich starker Auslenkung (gleiche Pd_{max}) die Reversibilität langsam erfolgt und somit eine größere Fläche entsteht.

Mittlere Instabilitätsdauer [min]. Die mittlere Instabilitätsdauer (MIT) beschreibt die mittlere Dauer der Membraninstabilität aller denkbaren Schleimhautzellen des Magens.

Sie ist zur Beschreibung des Prozesses besser geeignet als die t_{tot}, da die Fläche sowie die Pd_{max} als Rechengrößen in die Berechnung eingehen.

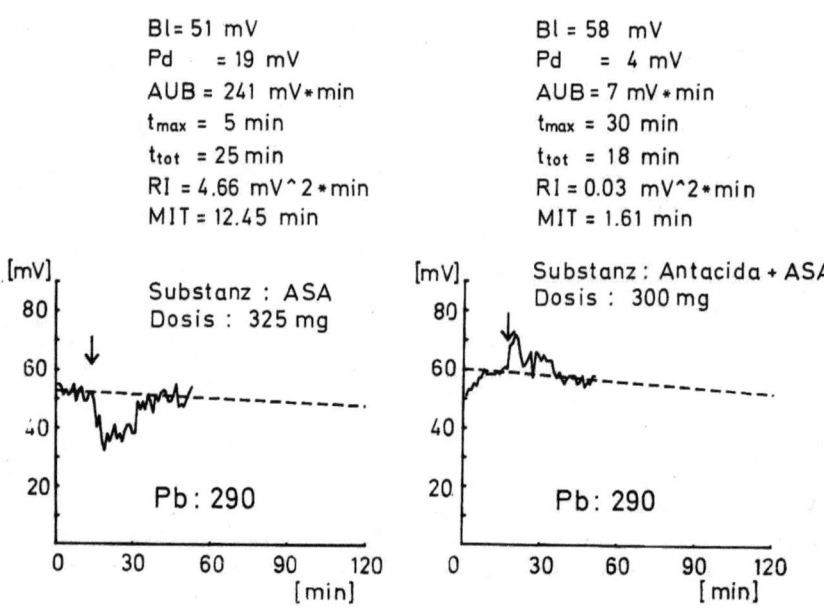

Abb. 4. Zwei typische Plots des Magenpotentialverlaufs. Im linken Plot ist der Verlauf der Potentialdifferenz nach Applikation von 325 mg ASA dargestellt. Im rechten Plot ist zusätzlich 300 mg eines Antacidums instilliert worden. Man erkennt deutlich, daß es nicht zu einem Abfall der Potentialdifferenz kommt.

Im Kopf sind Baseline (Bl), maximale Auslenkung (Pd_{max}), Fläche unter der Baseline (AUB), Zeit bei Erreichen der größten Auslenkung (t_{max}), Dauer des Gesamtprozesses (t_{tot}), Reizindex (RI) und mittlere Instabilitätszeit (MIT) ausgeworfen

Modell zur Prüfung von Arzneimitteln mit Wirkung an der glatten Muskulatur (Pupillometrie)

Prinzip: Telephotographische Registrierung des Pupillendurchmessers.

Design: Vollständig randomisiertes cross-over-Blockdesign mit zufällig zugeordneten Probanden, placebokontrolliert.

Verum n = 8
Placebo n = 2

Meßprinzip

Der Kopf der Versuchsperson wird an einem Spaltlampengestell fixiert. Der Blick des Probanden wird durch ein Lämpchen oder eine Markierung an der Wand in konstanter Richtung gehalten. Das zu messende Auge wird von unten mit definierter Lichtquelle angestrahlt. Über eine Winkeloptik mit nachgeschalteter Schwarz-Weiß-Fernsehkamera wird das gesamte Auge auf einem Schwarz-Weiß-Monitor dargestellt.

Die Blende der Fernsehkamera wird ganz geöffnet, so daß keine Tiefenschärfe entsteht.

Die Entfernung wird so eingestellt, daß nur die Ebene der Pupille scharf auf dem Monitor erscheint.

Sobald die Scharfeinstellung erfolgt ist, wird die bis dahin schwache Beleuchtung auf 20 Lux erhöht. Ein Wert, der den Probanden noch nicht belästigt, aber bewirkt, daß sich auf dem Monitor nur noch die Pupille, bedingt durch den Sabatier-Effekt (totale Überbelichtung), darstellt.

Der Untersucher sieht nun eine schwarze Pupille auf weißem Grund, unabhängig von der Farbe der Augen oder der Krümmung des Augapfels.

Ein zweiter elektrisch parallel geschalteter Monitor ist mit einer Polaroidkamera fest verbunden.

Nachdem mehrere Aufnahmen von der Pupillengröße gemacht worden sind, wird die Substanz mit Infusionspumpe infundiert. Nach Einschalten der Pumpe werden in kurzen Abständen Photos mit der Polaroidkamera aufgenommen. Aus dem vertikalen und horizontalen Durchmesser der Pupille wird nach der Kreisformel die Fläche der Pupille berechnet. Von der Fläche wird der Baselinewert abgezogen. Die erhaltenen Meßwerte werden in einem Flächenzeitraster dargestellt.

Es werden folgende primäre Parameter definiert:

1. F_{max} = größte erreichte Fläche [cm^2]
2. t_{max} = Zeitpunkt, zu dem die größte Fläche erreicht wurde [min]
3. AUC = Fläche unter der Kurve [$cm^2 \cdot min$]

Sekundäre Parameter:

1. PI = Pupillenindex nach folgender Formel:

$$AUC \cdot F_{max} = PI \, [cm^4 \cdot min]$$

2. Meantime = MT nach folgender Formel:

$$\frac{AUC}{F_{max}} = MT \, [min]$$

Die Größe F_{max} alleine reicht nicht aus, um die Arzneimittelwirkung vollständig zu quantifizieren, da die größte erreichte Pupillenfläche F_{max} noch nichts über die Dauer des Prozesses aussagt.

Auch die Fläche unter der berechenbaren Kurve reicht nicht aus, da steil und hoch ansteigende und steil abfallende Kurven durchaus anders zu bewerten sind als langsam ansteigende, flache Verläufe.

Im Pupillenindex hingegen sind maximal erreichbare Pupillenfläche sowie Fläche unter der Kurve berücksichtigt, so daß hiermit ein stabiler Parameter vorhanden ist, der die Differenzierung bei Aufnahme, z. B. von Dosiswirkungskurven, ermöglicht. Der zeitliche Verlauf ist durch den Gesamtprozeß, insbesondere wenn die abklingende Wirkung am Ende nicht linear verläuft, nicht exakt zu beschreiben, besser ist das erste statistische Moment in Form der Meantime.

Durch beide Sekundärparameter lassen sich Aussagen über Substanzen in ausreichender Genauigkeit machen.

Zur Bestimmung der Wirkdauer wird die Regression durch die Punkte nach F_{max} berechnet. Für die meisten Substanzen läßt sich eine lineare Beziehung zwischen Pupillenfläche und Zeit herstellen, so daß sich in diesem Modell

1. der Effekt des Prüfpräparates,
2. der Zeitpunkt des maximalen Effekts des Prüfpräparates,
3. die Wirkdauer

erarbeiten läßt.
Abbildung 5 zeigt ein typisches pupillometrisches Profil eines stark wirksamen Spasmolytikums.

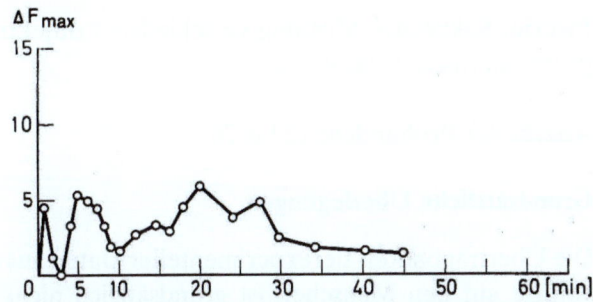

Abb. 5. Typischer Verlauf der gegen die Zeit dargestellten Pupillenflächen nach Gabe eines Anticholinergikums. Die Fläche unter der Kurve repräsentiert den Effekt. Die Ordinate enthält die Pupillenfläche. Dimension $[cm^2]$

Der erste Gipfel der Kurve ist auf die Direktwirkung des Präparates am Pupillarmuskel zurückzuführen. Der zweite Gipfel repräsentiert den zentralen Effekt der Substanz.

Die psychometrische Studie

Modell: Messung verschiedener die Reaktionszeit, die psychomotorische Konzentration, die geistige Konzentrationsleistung sowie die psychische Befindlichkeit quantifizierender Parameter.

Prinzip: Sukzessive Messung verschiedener objektiver und subjektiver psychometrischer Parameter.

Anzahl der Probanden: 12 bis 20.

Grundsätzliche Überlegungen

Die Übertragbarkeit tierexperimenteller Daten aus der Psychopharmakologie auf den Menschen ist grundsätzlich nicht möglich, denn die Übertragbarkeit setzt die Meßbarkeit des psychischen Befindens bei Tieren voraus, wozu die Psyche des Tieres erst einmal definiert werden müßte.

Außerdem ist die Übertragbarkeit der in Phase I erarbeiteten Ergebnisse auf spätere psychiatrisch Erkrankte ebensowenig gegeben wie die Übertragbarkeit vom Tier auf den gesunden Probanden. Die Kausalkette Tierexperiment Phase I/Phase II ist in der Psychopharmakologie mit Sicherheit nicht herzustellen.

Dennoch ist es möglich, mit geeigneten, ausgeklügelten Versuchsanordnungen auch schon an kleinen Stichprobengrößen festzustellen, ob eine Substanz stimulierende oder sedierende Effekte hat. Mehr sollte in Phase I nicht geprüft werden.

Ein erhebliches Problem bei der Prüfung an gesunden Versuchspersonen ist, daß die Testdurchgänge in ihrer Gesamtheit nicht zuviel Zeit in Anspruch nehmen dürfen, da

1. der Abstand zur Applikation zu unterschiedlich wird und
2. der Proband von Test zu Test weiter ermüdet.

Eine zusätzliche Schwierigkeit stellt der Trainingseffekt dar. Der Proband lernt von Tag zu Tag, mit oder ohne Einfluß von Medikamenten seine Tests besser, richtiger und schneller auszuführen.

Die Randomisierung der Prüfpräparate auf die verschiedenen Tage einer Prüfung oder die Randomisierung der Testzuordnung auf der Zeitachse hilft nicht aus dieser Problematik heraus.

Randomisiert man die Behandlungsarten, wird jede Behandlungsart mit einem anderen Trainingseffekt belastet sein. Randomisiert man die Testdurchgänge, wird jeder Test verschieden weit von der maximalen Wirkung des Präparats entfernt sein.

Psychometrische Messungen unterliegen zusätzlich zirkadianen Einflüssen, so daß auch die Staffelung der Applikation nur in begrenztem Maße möglich ist, wodurch sich psychometrische Messungen in Phase I immer auf kleine Kollektive beschränken müssen.

Die Psychopharmakologie hat eine große Anzahl von Test- und Meßverfahren angegeben.

Für die Prüfung in Phase I reicht es jedoch vollständig aus, wenn nach folgendem Test vorgegangen wird:

1. Determinationsgerät (DTG)

Gerät: Determinationsgerät, Firma Ing. Bruno Zak GmbH, Simbach/Inn

Der Proband muß auf visuelle und akustische Signale, die in zufälliger Reihenfolge und in von der Versuchsperson abhängigen Zeitintervallen auf einem Bildschirm bzw. durch einen Kopfhörer gesendet werden, durch korrespondierende Tastendrucke antworten. Nur richtige Antworten innerhalb von 20 Sekunden werden aufgezeichnet. Insgesamt werden 15 Durchgänge gefahren. Das Gerät ist geeignet, die Reaktionszeit zu erfassen.

2. Pursuit Rotor Test (PRT)

Gerät: Pursuit Rotor, Firma Ing. Bruno Zak GmbH, Simbach/Inn

Die Versuchsperson muß mit einem lichtempfindlichen Stift einen sich bewegenden Lichtpunkt auf einem Bildschirm verfolgen. Die Rotationsgeschwindigkeit wird am ersten Tag vom Versuchsleiter gesteuert.

Es wird der Bereich gesucht, in dem die Versuchsperson gerade während der Hälfte des jeweiligen Zeitintervalls (10 Sekunden) Kontakt mit dem Lichtpunkt hält. An allen folgenden Versuchstagen bleibt die so ermittelte Frequenz konstant.

Dieses Verfahren dient der Messung der psychomotorischen Konzentration.

Das Licht bewegt sich abwechselnd – im Uhrzeigersinn und in entgegengesetzter Richtung – in 20-Sekunden-Intervallen insgesamt 10mal. Die erhaltenen Werte werden, markiert als + oder –, im gleichen Sinne statistisch ausgewertet, d. h. der Mittelwert beinhaltet nur positive Werte. Die Meßanordnung ist geeignet, psychomotorische Konzentration zentral und auf synaptischer Ebene messend zu erfassen.

3. Zahlen-Symbol-Test (ZST)

Der ZST ist eine modifizierte Version des HAWIE-Untertests und mißt visomotorische Kombinationsfähigkeit, psychomotorische Schnelligkeit, assoziative Beweglichkeit, intellektuelle Klarheit, Lernkapazität und praktische Konzentrationsfähigkeit.

Der Proband muß nach einem vorgegebenen Muster Symbole und Zahlen kombinieren.

4. Konzentrations-Leistungs-Test (KLT)

Der Proband muß etwa eine viertel Stunde lang einfache Additions- und Subtraktionsaufgaben lösen und sich dabei jeweils ein Zwischenergebnis merken.

Der KLT hängt nicht so sehr von intellektuellen Voraussetzungen ab als vielmehr von Antriebs- und Ausdauerfaktoren. Die geforderte Fähigkeit zur Anspannung zum Zwecke der Koordination wird als „Konzentrationsfähigkeit" definiert.

Legt man zusätzlich den Probanden Befindlichkeitsskalen wie z. B. die Zerssenskala (Bf-S) vor, so läßt sich unter Beschränkung auf die Fragestellung sedierend oder stimulierend durchaus eine Information für spätere Prüfungen in der Klinik erarbeiten.

Um die Trainingseffekte zu minimieren, müssen die Probanden vor Applikation der eigentlichen Testsubstanz mehrfach psychometriert werden, so daß diese Studien nie ohne einen Nulltag auszuführen sind.

Um die Relevanz des Modells in jeder Studie zu beweisen, empfehlen wir eine stimulierende und eine sedierende Substanz mit in die Behandlungsarten aufzunehmen, um die eigentliche Testsubstanz später besser zuordnen zu können.

Ein weiterer Vorteil entsteht dadurch, daß es gelingt festzustellen, ob die Probanden gewillt sind mitzuarbeiten und die beste Leistung aus jedem Test herauszuholen, da sich der Substanzeffekt nur dann markiert, wenn der Proband an der oberen Leistungsgrenze arbeitet.

Die obere Leistungsgrenze erreicht man in den vier dargestellten Tests dadurch, daß die zu leistende Aufgabe so schwierig gemacht wird, daß der Proband sie nie erfüllen kann („tailored testing").

Das „tailoring" kann auch dadurch verbessert werden, daß dem Tagesbesten eine zusätzliche Honorierung versprochen wird. Es emp-

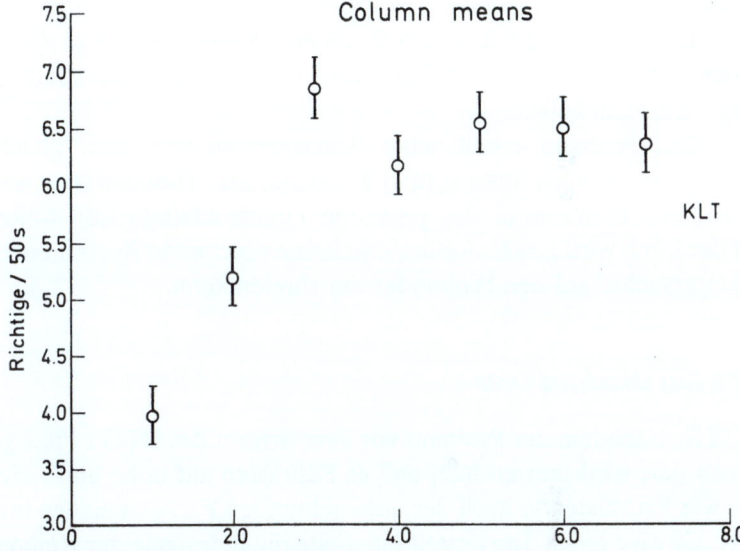

Abb. 6. Abbildung 6 zeigt die Ergebnisse des Konzentrations-Leistungs-Tests (KLT) an 7 aufeinanderfolgenden Tagen. Die 1. und 2. Psychometrie wurde ohne Präparatgabe gemacht. Im Anschluß daran erhielten die Probanden in folgender Sequenz die Präparate: Pemolin 40 mg, Diazepam 10 mg, Placebo, Testsubstanz I, Testsubstanz II.
Die 3. und 4. Säule beweisen die Relevanz des Modells. Nach Pemolin wurden die Probanden im Konzentrations-Leistungs-Test besser. Nach Diazepam fielen sie ab. Der Trainingseffekt ergibt sich aus einer Verbindung der 1., 2. und 5. Psychometrie. Die beiden Testsubstanzen zeigen keinen Einfluß auf den Konzentrations-Leistungs-Test

fiehlt sich jedoch, die Besten erst am Ende der Studie zu benennen, da andernfalls ein sehr „guter" Proband durch tägliches Erreichen der Prämie die restliche Gruppe demotiviert.

Wichtig ist es ebenfalls, den Probanden über das Tonband mehrfach zu sagen, daß sie die gestellten Aufgaben nie ganz lösen können, da andernfalls ebenso mit einer Demotivierung zu rechnen ist.

Zum Versuchsablauf

Der Proband sitzt in einem gut beleuchteten ruhigen Raum auf einem bequemen, in seiner Höhe verstellbaren Drehstuhl. Der Raum ist verschlossen, im Vorraum sitzt hinter einer Spiegelglasscheibe der Untersucher, so daß der Proband die ganze Zeit beobachtet werden kann.

Die Räume sind akustisch durch eine Verstärkeranlage verbunden, der Untersucher hört den Probanden und kann gegebenenfalls Zusatzanweisungen geben.

Der Proband erhält seine Anweisungen von einer gleichmäßig geführten ruhigen Stimme über Tonband. Das Tonband ist so geschnitten, daß es während des gesamten Untersuchungsgangs weiterläuft. Hierdurch wird gewährleistet, daß keine psychische Beeinflussung vom Untersucher auf den Probanden stattfinden kann.

Zu den einzelnen Tests

DTG. Nachdem der Proband vor dem Schirm des DTG's Platz genommen hat, wird ihm erklärt, daß er Fußtasten auf hohe und tiefe Töne sowie Farbtasten je nach der aufleuchtenden Farbe bedienen muß.

Es wird jeden Tag erneut ein Testgang in festgelegter Reihenfolge, von außen manuell gesteuert, durchgespielt.

Sodann erhält der Proband, von einem Zufallsgenerator angesteuert, die verschiedenen Befehle.

Sobald der Proband quittiert, wird der nächste Befehl eingegeben. Dadurch wird es möglich, daß langsame Reaktionstypen und schnelle Reaktionstypen miteinander vergleichbar werden.

Als eigentliches Meßergebnis werden die richtigen Antworten pro 20 Sekunden gezählt.

PRT. Der Proband wird wiederum über Tonband aufgefordert, vor dem Bildschirm des PRT-Gerätes Platz zu nehmen. Es wird ihm sodann erklärt, daß er ständig den Griffel im Lichtpunkt halten muß und daß er einen Ton hört, sobald sich der Griffel nicht mehr im Lichtpunkt befindet. Nun wird der Lichtpunkt einmal links herum und einmal rechts herum gedreht. Die Frequenz hierbei ist 15 UpM.

Danach erfolgt erneute Anweisung, nunmehr den Punkt mit dem Griffel zu verfolgen, wobei das Gerät im Wechsel immer 5mal links herum und 5mal rechts herum läuft. Sollte der Proband nicht in der Lage sein, den Griffel länger als 7 Sekunden innerhalb einer 20sekündlichen Meßzeit zu halten, wird die Frequenz verringert oder umgekehrt.

Was letztlich gezählt wird, ist die Zeit auf dem Lichtpunkt innerhalb einer Meßperiode von 20 Sekunden.

Es werden insgesamt 10 Meßdurchgänge unmittelbar nacheinander ausgeführt.

ZST. Der Proband wird aufgefordert, an einem Schreibtisch Platz zu nehmen. Er findet dort vorbereitet ein Blatt, welches Symbole mit darunter befindlichen Zahlen enthält. Er wird nunmehr durch die Tonbandstimme angewiesen, sich die Zahlen und Symbole einzuprägen.

Sodann wird er aufgefordert, die erste Reihe des vorgelegten Bogens, auf welchem die Symbole randomisiert in einer von links nach rechts zu lesenden Reihe angeordnet sind, den Zahlen zuzuordnen.

Er muß nun die zugehörige Zahl in die darunter befindlichen Kästchen schreiben. Nach 10 Sekunden weist ihn die Stimme an, in die nächste Zeile überzuspringen.

Was letztlich gezählt wird, sind die richtigen Symbolerkennungen am Ende von 15 Zeilen.

KLT. Der Proband rechnet im KLT einfache Rechenaufgaben aus, die zeilenweise geschrieben sind. Er muß das Endergebnis am Ende der Zeile notieren.

Auch hier wird letztlich die Anzahl der richtigen Ergebnisse gewertet.

Befindlichkeitsskalen

Den Probanden werden gezielt und zu bestimmter Tageszeit Befindlichkeitsskalen vorgelegt, die sie schnell und ohne Beobachtung des Untersuchers ausfüllen müssen.

Die Auswertung dieser Skalen erfolgt mit den jeweils von den Autoren angegebenen Rangordnungstests.

Ein typischer Versuchsplan für eine Psychometriestudie kann folgenden Aufbau haben:

So	Mo	Di	Mi	Do	Fr	Sa	So
Aufnahme	Voruntersuchung 1. Psycho- metrie (0) 2. Psycho- metrie (0)	3. Psycho- metrie (Pemolin)	4. Psycho- metrie (Diazepam)	Präparat I	Präparat II	Präparat III	Entlassung

Behandlungsart I: Pemolin 40 mg
Behandlungsart II: Diazepam 10 mg
Behandlungsart III: Dosierung I der Testsubstanz
Behandlungsart IV: Dosierung II der Testsubstanz
Behandlungsart V: Dosierung III der Testsubstanz

Modell zur Prüfung eines Arzneimittels mit antiphlogistischer Wirkung

Modell: Ermittlung der Wirkung auf die unspezifische, mechanisch erzeugte Entzündung.

Prinzip: Erzeugung einer unspezifischen Entzündung mit der tesa-film-Stripptechnik.

Design: Doppeltblind, placebokontrolliert, randomisiert.

Block I: Verum, Dosis 1 (n = 8)
Block II: Placebo (n = 4)
evtl. Block III: Verum, Vergleichspräparat, Dosis 2 (n = 4).

Dauer der Studie: 4 Tage.

Meßprinzip

Ausgemessen wird der Rötungsgrad, der durch tesa-film gesetzten Läsion, in Abhängigkeit von der Zeit.

Zwei Meßwege:

1. Schwarz-Weiß-Polaroidfilm.
   Der Rötungsgrad wird als Grauton fixiert.
2. Farbfilm Polaroid.
   Der Rötungsgrad wird als Rotton fixiert.

Meßvorgang

Der Proband sitzt verkehrt herum auf einem Stuhl und verschränkt die Arme um die Stuhllehne.

Nach gründlichem Entfetten der Haut durch Reiben mit einem Wattebausch, der mit Ethylalkohol getränkt ist, wird eine Maske, in welche eine 2 × 2 cm große Öffnung gestanzt ist, auf dem rechten oberen Quadranten des Rückens fixiert.

Mit tesa-film werden zwischen 20 und 30 Stripps ausgeführt, und zwar solange, bis eine deutliche Läsion in Form einer Hautrötung entsteht.

Nach Abnahme der Maske wird die Probandennummer mit Kugelschreiber über der Hautrötung angebracht und sodann die mit einer Haube abgeschirmte Polaroidkamera mit fixiertem Fokus fest an den Rücken des Probanden angelegt und ein Foto genommen.

Die Fotos werden im Abstand von 2 h, möglicherweise bis zu 48 h nach Setzen der Läsion, wiederholt.

Auswertung: Die erhaltenen Fotos werden randomisiert und sodann von einer versuchsblinden Person mit einem Graukeil verglichen. Der Graukeil ist in fünf gleiche Teile eingeteilt mit der Bezifferung 0 bis 4, so daß fünf Scores entstehen.

Bei Verwendung von Farbfotos werden die Fotos von einem versuchsblinden Auswerter ebenfalls mit einem Score von 0 bis 4 die jeweiligen Rötungsgrad betreffend belegt.

Es wird sodann ein Matrix aufgebaut, welche in den Reihen die Probanden enthält und in den Spalten entweder die verschiedenen Meßzeitpunkte oder, wenn mehrere Dosen appliziert worden sind, die verschiedenen Dosen jeweils zu einem Meßzeitpunkt.

Gerät: Polaroidkamera mit Fixfokus für Schwarzweißaufnahmen oder handelsübliche Kamera mit 24 × 36 Farbfilm.

Es ist kaum möglich, im Handel Filme mit gleicher Emulsion zu besorgen, so daß man sich am besten Meterware vom Kinofilm beschafft und selbst zuschneidet.

Abbildung 7 zeigt einen typischen Plot für die Darstellung der antiphlogistischen Wirkung.

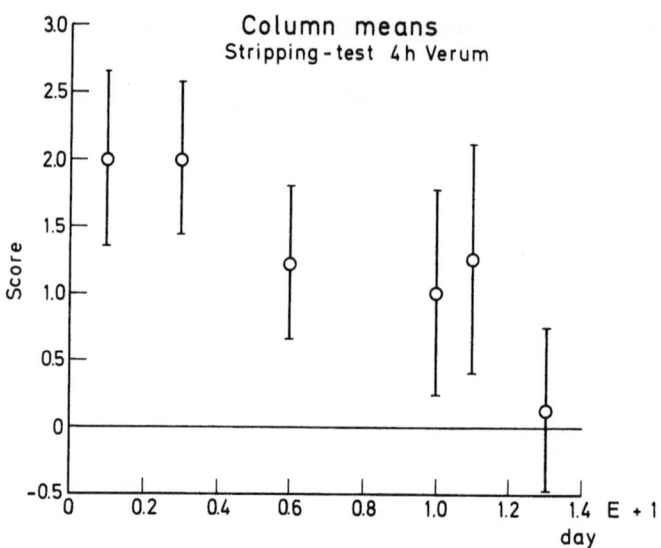

Abb. 7. Mittelwerte und Varianz des antiphlogistischen Effektes. Die Mittelwerte beschreiben den Effekt für jeweils steigende Dosierung an verschiedenen Versuchstagen

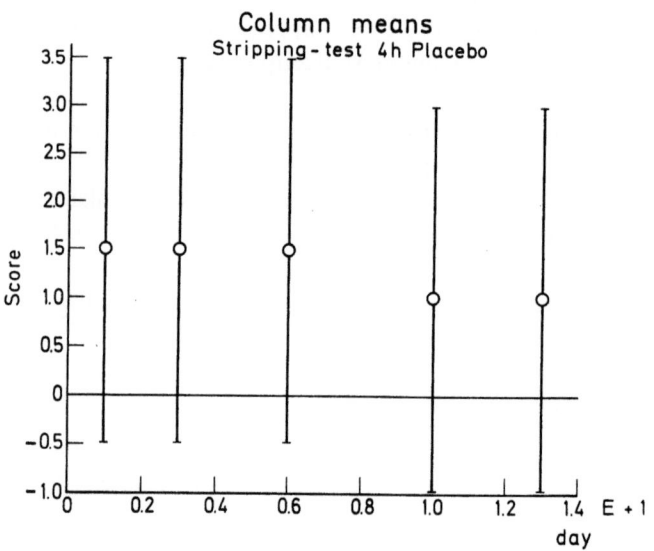

Abb. 8. Gleiche Versuchsanordnung wie in voriger Abb. (Placebo)

Die Prüfung von Substanzen, die auf das Endokrinium wirken

W. Rindt

Allgemeiner Teil

Bei Substanzen, die auf das Endokrinium wirken, ist grundsätzlich zu unterscheiden

1. zwischen Analogen, also Endprodukten einer komplizierten Regulationskette wie Östrogene, Gestagene, Androgene, Antiandrogene und Corticosteroide,
2. Substanzen, die an übergeordneten Strukturen angreifen, wie Prolaktinhemmer und direkt oder indirekt gonadotrop bzw. antigonadotrop wirkende Pharmaka.

Bei den peripher wirkenden Endprodukten ist bezüglich des pharmakodynamischen Effektes zu berücksichtigen, daß diese Hormone in proliferative Prozesse eingreifen. Das bedeutet, daß das zeitliche Versuchskonzept sich an den physiologischen Gegebenheiten zu orientieren hat.

Aufgrund der langen Versuchsdauer wird die Beurteilung des pharmakodynamischen Effektes in vielen Fällen unzureichend sein, zumindest in Phase I.

Bei Substanzen, die zentral in den Regulationsmechanismus von Hormonen eingreifen, ist ein schnellerer Wirkungseintritt zu erwarten, woraus sich ergibt, daß bereits in einer Phase-I-Prüfung pharmakodynamische Effekte sehr gut definiert werden können.

Ferner ist zu berücksichtigen, daß bei Analogsubstanzen diese in den endogenen Hormonmetabolismus eingeschleust werden können, somit die Beurteilung des Metabolismus erheblich erschwert wird und daß sich bei Applikation fast immer Überschneidungen mit dem endogenen Endokrinium ergeben, wobei Gegenregulationsmechanismen in Gang gesetzt werden können. Es ist von Fall zu Fall zu prüfen, inwieweit für eine derartige Versuchsplanung gesunde Versuchspersonen herangezogen werden können oder es günstiger ist, endokrine Sonderfälle zu bevorzugen, wie etwa Kastratinnen oder Frauen in der Postmenopause.

Nach oraler Applikation von endogenen Hormonen und von Analogen, die ersteren nahe verwandt sind, muß mit einem erheblichen „firstpass"-Effekt gerechnet werden, da es dem absorbierenden Epithel zu eigen ist, diese Substanzen rasch zu metabolisieren bzw. zu konjugieren. Dies ist biologisch sinnvoll, um eine alimentäre Beeinflussung der endogenen Regulationssysteme zu verhindern. Je weniger Analogsubstanzen strukturell den endogenen Hormonen verwandt sind, desto weniger werden sie von einem primären Metabolismus betroffen.

Sofern eine ausreichende Rezeptoraffinität vorhanden ist, wird die Dosis effektiva mit abnehmender biochemischer Ähnlichkeit geringer werden. Dies bedeutet methodische Schwierigkeiten.

Da sich die Serumkonzentrationen häufig im Picogrammbereich bewegen, werden entsprechende Anforderungen an die Methodik gestellt, die im allgemeinen nur durch radioimmunologische Methoden bewältigt werden können.

Besonderheiten bei Versuchsplanung und Auswertung

Östrogene: Zur Prüfung von östrogenen Substanzen sind in Phase I immer weibliche Versuchspersonen heranzuziehen, da die Applikation von Östrogen beim Mann wenigen Fällen von Prostatakarzinom vorbehalten ist.

Verträglichkeitsstudien können an Frauen aller Altersstufen ausgeführt werden.

Das Spektrum der zu registrierenden Nebenwirkungen erstreckt sich von Übelkeit und Erbrechen über Kopfschmerzen, Magenschmerzen bis zu Gewichtszunahme und Ödemen. Da die Erwartungshaltung der Bevölkerung und insbesondere der aufgeklärten Probandin gegenüber subjektiven Nebenerscheinungen von Östrogenen sehr hoch ist, sollte der Placeboanteil des Probandinnenkollektivs ebenfalls hoch gehalten werden (etwa 30–50%).

Weniger als 8 Probandinnen für einen derartigen Versuch einzusetzen, ist nicht sinnvoll.

Zur Beurteilung der Wasserretention unter Östrogenapplikation eignet sich die Gewichtskontrolle unter gleichzeitiger Dokumentation von Einfuhr und Ausfuhr; eine exzessive Wassereinlagerung mit Ödembildung kann durch Messung des Wadenumfangs nach definierter statischer Belastung erfolgen.

Es ist zu fordern, daß über den gesamten Versuchsablauf und auch nach Beendigung der Applikation täglich Serum-Prolaktin-Spiegel bestimmt werden. Bei länger dauernder Applikation (10 und mehr Tage) sollen vor Beginn und nach Beendigung Thrombozytenaggregation und die Serumkonzentrationen von SHBG und Transkortin bestimmt werden.

Zur Beurteilung von pharmakodynamischen Effekten eignen sich Frauen in der Geschlechtsreife infolge des endogenen Endokriniums nicht. Hier müssen Kastratinnen oder Frauen in der Postmenopause herangezogen werden, die wie folgt definiert sein müssen: Atrophie von Vaginalepithel und Endometrium sowie erhöhte Serumspiegel von FSH und LH.

Bewertungsmaßstab pharmakodynamischer Effekte von Östrogenen sind:

1. Proliferation am Vaginalepithel,
2. Proliferation am Endometrium,
3. Ausbildung eines östrogenstimulierten Zervikalschleims,
4. Absenkung erhöhter FSH-Spiegel und
5. Erhöhung von Prolaktin.

Um ein ausreichendes pharmakodynamisches Profil definieren zu können, müssen alle genannten Effekte untersucht werden, da die Dosis effektiva an den einzelnen Zielorganen unterschiedlich ist und das Spektrum derselben bei verschiedenen Östrogenen erheblich variieren kann. Wird auf eine Untersuchung des Endometriums verzichtet, kann das Probandinnenkollektiv für derartige Prüfungen relativ klein gehalten werden, da die vorzunehmenden Untersuchungen ohne Beeinträchtigung der Integrität des Organismus täglich wiederholt werden können.

Im Falle der Einbeziehung der Endometriumsbiopsie – einer invasiven Methode – müssen sowohl Versuchsdauer als auch Probandinnenzahl großzügig dimensioniert werden.

Bei allen Probandinnen muß vor Versuchsbeginn ein atrophisches Endometrium durch Strichkürette nachgewiesen sein. Nachfolgende Blutungen und reparative Vorgänge erfordern ein Intervall von etwa zwei Wochen bis Versuchsbeginn.

Die für den Versuch zu wählende Dosis ist aus Tierversuchen zu berechnen. Die Dauer der Applikation, sofern sie oral erfolgt, soll sich im Rahmen der physiologischen Proliferationsphase eines fertilen Zyklus bewegen. Bei je 2 bis 3 Probandinnen soll vom 8. Applikationstag bis zum 18. Applikationstag an jedem 2. Tag eine Strichkürette entnommen werden. Die Untersuchung des Endometriums mittels Spülung (jet-wash) ist nicht geeignet, da hierbei keine histologischen Kriterien erhoben werden können. Eine derartig ausgearbeitete Proliferationsdosis bedarf daher einer Probandinnenzahl von 12–18.

Studien zum Metabolismus, zum pharmakokinetischen Modell und den pharmakokinetischen Parametern von Östrogenen bereiten erhebliche Schwierigkeiten.

1. Aufwendige Analytik (z. B. Radioimmunoassays).
2. Die applizierten Substanzen werden in den endogenen Metabolismus eingeschleust.

Die Verwendung von ^{14}C-markierten Substanzen würde diese Fragestellungen erheblich erleichtern. Abwägungen über Strahlenschutz und Relevanz der dadurch erzielten Aussagen läßt jedoch eine Applikation von radioaktiven Substanzen an gesunden Versuchspersonen nicht gerechtfertigt erscheinen.

Neben der oralen und parenteralen Anwendung von Östrogenen stellt die lokale Applikation ein besonderes Problem dar: verhornende und nichtverhornende Plattenepithelien sind in der Lage, Östrogene zu absorbieren. Der Ablauf der Absorption dürfte kontinuierlich sein, jedoch quantitativ pro Zeiteinheit nicht mit einer oralen Applikation vergleichbar.

Der gleichzeitig einsetzende Metabolismus läßt markante Serumfluktuationen nicht wahrscheinlich werden. Die Aufklärung eines dazugehörigen pharmakokinetischen Modells wäre nur unter Verwendung von radioaktiv markierten Substanzen zu realisieren.

Gestagene: Die Hauptwirkung von Gestagenen ist in einer sekretorischen Umwandlung eines hoch proliferierten Endometriums zu sehen. Als Bewertungsmaßstab ist demnach die Transformationsdosis anzugeben, die als jene Dosis definiert ist, die ein proliferiertes Endometrium vollkommen sekretorisch umwandeln kann. Zur Prüfung dieses Effektes bedarf es einer Versuchsdauer, die den physiologischen Gegebenheiten eines fertilen Zyklus anzugleichen ist. Neben der Transformationsdosis kann die Dosis effektiva im Menses-delay-Test zusätzlich herangezogen werden. Neben der Fähigkeit zur sekretorischen Umwandlung beinhalten verschiedene Gestagene weitere Partialwirkungen: antiöstrogen, östrogen, androgen und antiandrogen. Diese Partialwirkungen manifestieren sich häufig an Strukturen außerhalb des Genitaltraktes und bedürfen einer längeren Beobachtungszeit und entfallen somit für eine Erfassung in einer Phase-I-Prüfung.

Da die Anwendung von Gestagen bei Frauen in der Geschlechtsreife mit dem endogenen Endokrinium interferieren würde, sind auch hier Sonderfälle zur Prüfung heranzuziehen. Zur Erfassung der pharmakodynamischen Wirkung sind vorzugsweise Probandinnen zu verwenden, bei denen eine experimentelle Proliferation des Endometriums hervorgerufen wurde (siehe Östrogene). Da in einer derartigen Versuchsanordnung ein zusätzlicher Parameter eingeführt wird, nämlich die experimentelle Proliferation, müssen die Probandinnenzahlen entsprechend hoch angesetzt werden; sie dürfen nicht kleiner sein als bei einer Prüfung des proliferativen Effektes von Östrogenen. Zusätzlich zur Endometriumsbiopsie sind Vaginalzytologie, Bewertung des Zervikalschleims sowie Bestimmung von LH und FSH und Prolaktin im Serum zur Charakterisierung des pharmakodynamischen Effektes von Gestagenen zu berücksichtigen.

Da synthetische Gestagene im Gegensatz zum endogenen Progesteron sehr lange Eliminationshalbwertszeiten haben, ist zur Erfassung des pharmakokinetischen Modells und dessen Parameter eine Sammelperiode von Serum von mindestens bis zu 48 h zu fordern.

Bezüglich des Metabolismus sind bei Gestagenen ebenfalls Besonderheiten zu berücksichtigen. Manche oral verabreichten synthetischen Gestagene, wie z.B. Lynestrenol, aber auch Desogestrel, unterliegen, was die Wirkung betrifft, einem obligaten Metabolismus, d.h. daß die eigentliche gestagene Wirkung nicht nur von der oral verabreichten Substanz, sondern vom Metaboliten ausgeht. Insofern sind dabei nicht nur die originären Substanzen, sondern auch Metaboliten nachzuweisen und getrennt für diese pharmakokinetische Modelle aufzustellen.

Aufgrund der zu erwartenden Serumkonzentration sind auch hier methodische Schwierigkeiten zu erwarten. Sofern radioimmunologische Methoden für einzelne synthetische Gestagene vorhanden sind, sind diese den konventionellen vorzuziehen. Die Anwendung von radioaktiv markierten Derivaten ist auch hier in bezug auf die zu erwartende Aussage nicht gerechtfertigt.

Androgene und Antiandrogene: Zur Phase-I-Prüfung von Androgenen sind vorzugsweise männliche Versuchspersonen heranzuziehen, für Antiandrogene sowohl männliche als auch weibliche. In jedem Fall sind bei der Prüfung derartiger Substanzen die Gonadotropine LH und FSH sowie das Protein SHBG zu bestimmen.

Zentral angreifende Hormonomimetika: Bei Substanzen, die zentral in die Regulation von Hormonsystemen eingreifen, ist grundsätzlich zu fordern, daß ein möglichst breites Spektrum an Folgehormonen bestimmt wird. Sofern weibliche Versuchspersonen dazu herangezogen werden, muß gewährleistet sein, daß der aktuelle endokrinologische Status gut charakterisiert ist, bzw. daß das Kollektiv in dieser Hinsicht einheitlich gestaltet ist.

Pharmakokinetik

Der folgende Abschnitt enthält keine weitere pharmakokinetische Methodenlehre, vielmehr wird hierbei auf die einschlägige Literatur verwiesen.

Es soll der praktisch tätige klinische Pharmakologe im folgenden einige Vorschläge und Anregungen finden, wie pharmakokinetische Versuche zu planen, zu optimieren, durchzuführen und zu interpretieren sind.

Die Pharmakokinetik befaßt sich mit der Absorption, Verteilung, Metabolisierung und Ausscheidung von inkorporierten Pharmaka. Da Konzentrationsbestimmungen in den Erfolgsorganen im allgemeinen nicht möglich sind, müssen Schlüsse aus Konzentrationsverläufen im menschlichen Serum, Plasma oder Urin gezogen werden. Die Konzentrationsverläufe werden zu diesem Zweck in einen Konzentrationszeitraster eingetragen. Jedem Punkt im Raster kommen somit zwei Koordinaten zu:

1. die durch den Analytiker bestimmte Konzentration im Serum, Plasma oder Urin,
2. der Zeitpunkt der Blutabnahme oder die Urinsammelperiode.

Da die mikroanalytischen Bestimmungen von Arzneistoffen in biologischem Material je nach der verwendeten Methode erhebliche Schwankungen aufweisen können, muß grundsätzlich davon ausgegangen werden, daß nur eine Koordinate exakt zu bestimmen ist, nämlich der Zeitpunkt der jeweiligen Blutabnahme.

Insbesondere bei sehr steilen Konzentrationsverläufen wird es extrem wichtig, den Zeitpunkt der Blut- bzw. Urinabnahme so genau wie möglich zu protokollieren, um so wenigstens eine der beiden Koordinaten exakt erfaßt zu haben.

Naturgemäß ist es nicht möglich, bei mehreren Probanden auf die Sekunde gleichzeitig Blut abzunehmen, was auch kein Erfordernis ist, wenn die Blutabnahmezeiten für jeden Probanden einzeln und nicht pauschal protokolliert werden.

In der Versuchsplanung sind Zeiten vorgegeben, die nach Gesichtspunkten der Problemrelevanz festgelegt wurden, aber im Verlauf einer Studie nie eingehalten werden können. Es empfiehlt sich deshalb, den Datenträger, welcher die Blutabnahmezeiten enthält, von vornherein vierspaltig anzulegen.

Die erste Spalte sollte die geplante Blutabnahmezeit enthalten, die zweite Spalte den exakten auf 15 Sekunden auf- oder abgerundeten Wert der Abnahme, die dritte Spalte sollte der Umsetzung in hundertstel Einheiten vorbehalten bleiben, da diese Spalte später die Koordinate für die Dateneingabe darstellt.

Eine weitere Spalte ist für die Konzentration der untersuchten Substanzen im jeweiligen Medium vorzusehen.

Applikationszeitpunkt und Probandengewicht müssen zusätzlich auf dem Datenträger vermerkt werden. Ein Muster findet sich im Anhang 9.

Die pharmakokinetische Analyse besteht aus zwei Gruppen von Parametern.

1. Primäre Parameter zur Beschreibung des Modells,
1.1 Modellkonstanten,
1.2 Ordinateninterzepte.
2. Sekundäre Parameter,
2.1 Verteilungsvolumina,
2.2 Bioverfügbarkeit,
2.3 Clearance,
2.4 Retardeffekt,
2.5 Kumulationsmaxima und -minima.

Die sekundären Parameter hängen in ihrer Qualität direkt von den primären Parametern ab, so daß bei der Versuchsplanung darauf geachtet werden muß, die Meßpunkte so zu legen, daß die primären Parameter möglichst genau bestimmt werden können.

Die primären Parameter beschreiben das pharmakokinetische Modell, also die Serumfluktuationszeitkurve. Kritische Punkte in der Kurve sind:

1. die Anstiegskurve, also der Absorptionsprozeß,
2. die Konzentrationen zum Maximum,

3. die abfallende Flanke des Verteilungsprozesses,
4. der Übergang von Verteilung in Elimination,
5. der Eliminationsprozeß.

Hieraus ergeben sich die in der folgenden Abbildung 9 dargestellten, für die Analyse wichtigsten Zeiten nach Applikation, die selbstverständlich für jede Substanz neu geplant werden müssen.

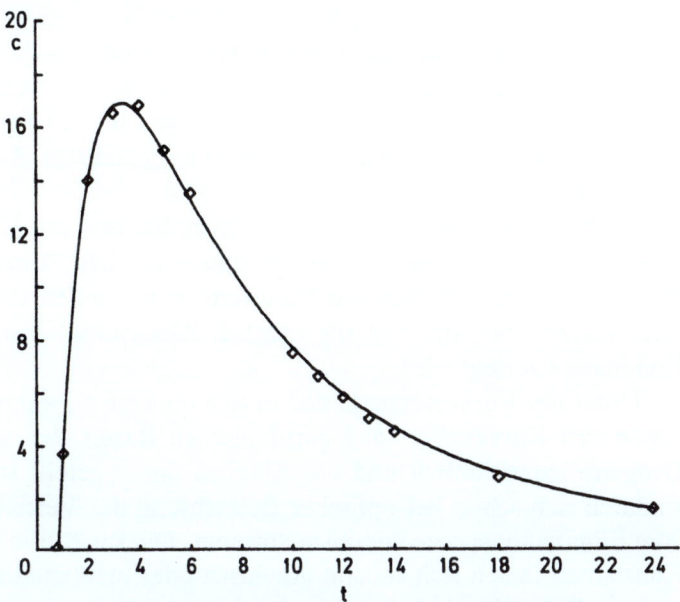

Abb. 9. Darstellung der Substanzkonzentration im Serum/Plasma gegen die Zeit. Die wichtigsten Punkte zur Definition des pharmakokinetischen Modells sind eingezeichnet. Die Absorptionsflanke sollte wenigstens durch drei bis vier Punkte gestützt sein. Das Konzentrationsmaximum ebenso mit mindestens vier bis fünf Punkten. Kritisch ist ebenfalls der Wendepunkt, der gut belegt sein muß, um die Kompartimente voneinander abzuschälen. Um den exponentiellen Verlauf der Endausscheidung beurteilen zu können, sollten auch hier mindestens vier, möglichst sechs Messungen ausgeführt werden

Sind die Punkte im Raster eingetragen, muß diejenige Kurve gefunden werden, welche möglichst allen Punkten gerecht wird, also alle Punkte durchläuft oder möglichst nahe an den Punkten vorbeizieht.

Hierzu können verschiedene mathematische Verfahren angewendet werden, die im Prinzip alle auf die von Gauß und Newton angegebenen Iterationsverfahren zurückgreifen.

Das Grundprinzip der Iteration besteht darin, die Quadrate der Entfernungen (Abweichungsquadrate) der Punkte von der Kurve zu minimalisieren.

Die Anpassung geschieht in mehreren Schritten:
1. Primäranpassung,
2. Iteration bis zum Erreichen der kleinsten Abweichungsquadrate (Residuen).

Die graphische Lösung sieht wie folgt aus: Das Lot des Punktes auf die primär durch die Punkteschar gezogene Kurve wird vermessen und quadriert. Die Kurve wird sodann so lange hin und her geschoben (iteriert), bis die Summe aller Abweichungsquadrate das Minimum erreicht hat.

Ist die optimale Kurve mit der kleinsten Summe der Abweichungsquadrate am Ende des Iterationsprozesses erreicht, kann die Kurve mathematisch beschrieben und diskutiert werden, indem sie zunächst in ihre wesentlichen Bestandteile nämlich Absorption, Verteilung und Elimination zerlegt wird.

Unter der Voraussetzung, daß es sich um eine e-Funktion handelt, lassen sich Kurvenzüge im logarithmischen Raster, bei welchem die Ordinate logarithmisch und die Abszisse linear geteilt ist, strecken, wodurch sich schon bei optischer Betrachtung der Verteilungsprozeß vom Eliminationsprozeß deutlich abtrennt. Die zur Kurve gehörenden Konstanten lassen sich sodann graphisch oder mathematisch als Steigungsmaß der einzelnen Prozesse bestimmen.

Sind Absorptions-, Verteilungs- und Eliminationskonstante festgelegt, so ist die Kurve in ihrem Typ, d.h. die mathematische Funktion bestimmbar, wenn zusätzlich ein Parameter, der das Ausmaß der Funktion beschreibt, ermittelt worden ist. Dieses geschieht durch Extrapolation des Verteilungsterms auf die logarithmisch geteilte Ordinate.

Wird zusätzlich die Verlängerung des Eliminationsterms und ihr Schnittpunkt mit der Ordinate bestimmt, so ergibt die Ordinatensumme beider Schnittpunkte die Anfangsbedingung, die fiktive Anfangskonzentration.

Durch anschließende Kurvendiskussion erhält man den Zeitpunkt t_{max} sowie die höchste Serumkonzentration c_{max} und den Wendepunkt der Funktion. Zum Zeitpunkt t_{max} sind Absorption und Elimination im

Gleichgewicht, was als „steady state" bezeichnet wird. Das „steady state" hat keine zeitliche Ausdehnung auf der Abszisse, d.h. es besteht nur einen kurzen nicht meßbaren Moment.

Der Wendepunkt definiert den Übergang vom Verteilungs- in den reinen Eliminationsprozeß. Nachdem der Wendepunkt der Funktion durchlaufen ist, sind die Verteilungsprozesse abgeschlossen. Es besteht reine Elimination.

Ist die inkorporierte Dosis bekannt, wie z.B. nach einer intravenösen Applikation, so läßt sich durch die einfache mathematische Beziehung

$$C_0 = \frac{\text{Dosis (D)}}{\text{Verteilungsvolumen (V)}}; \qquad V = \frac{D}{C_0}$$

das Verteilungsvolumen errechnen.

Die Dosis D ist im Volumen V verteilt.

Lassen sich Verteilungs- und Eliminationsprozeß nicht voneinander abgrenzen, so drückt V das Verteilungsvolumen am „steady-state" aus.

Wird die Substanz hingegen verteilt und sodann ausgeschieden, so ist zwischen V_{cc} für das zentrale Verteilungsvolumen und V_{ss} für das periphere Verteilungsvolumen zu unterscheiden (V_{ss} = „steady state"-Verteilungsvolumen).

Für die erste Situation hat die zugehörige Funktion für den i.v.-Fall einen exponentiellen Ausdruck und für den zweiten Fall zwei. Die Anzahl der exponentiellen Glieder mit negativem Vorzeichen, die den Verteilungs- und Eliminationsprozeß beschreiben, entspricht der Anzahl der sogenannten Kompartimente.

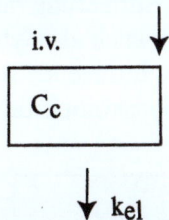

Die Abbildung zeigt das Einkompartimentmodell.

K_{el} stellt die globale Eliminationskonstante dar. Die Gleichung für dieses Modell lautet:

$$y = y_0 e^{-k_2 t}$$

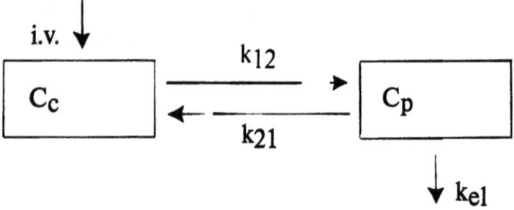

Die Abbildung stellt das Zweikompartimentmodell dar, bestehend aus zwei Verteilungsvolumina. Die Größen k_{12} und k_{21} sind die Geschwindigkeitskonstanten, mit welchen die Substanz vom zentralen ins periphere Kompartiment wandert und zurückfließt. Die zugehörige Gleichung ist schwieriger zu formulieren, da sich Einstrom und Ausstrom in beiden Kompartimenten überlagern.

Auch diese Darstellung ist stark vereinfacht, da häufig mehrere Kompartimente, auch solche, die nur ganz geringe Konzentrationen des verabfolgten Arzneimittels enthalten, als vorhanden gefordert werden müssen.

Die Gleichung in ihrer allgemeinen Form, welche beliebig viele Kompartimente und somit e-Funktionen enthält, läßt sich in n dennoch wie folgt beschreiben:

$$y = \sum_{j=1}^{n} C_j \cdot e^{-\gamma_j \cdot t}; \qquad y = C_1 \cdot e^{-\gamma_1 t} + C_2 \cdot e^{-\gamma_2 t} \ldots + C_n \cdot e^{-\gamma_n t}.$$

n bedeutet die theoretisch angenommene Anzahl der Kompartimente und C_j und γ_j sind Koeffizient und Exponent des jeweiligen Kompartiments unter Berücksichtigung aller Einflußgrößen (Ausstrom, Einstrom), die zur Füllung und Entleerung des Kompartiments gehören. Man bezeichnet diese deshalb auch als Hybridkonstanten.

Wird die Substanz nicht intravenös appliziert, so ist ein drittes Kompartiment, das Absorptionskompartiment, zu addieren.

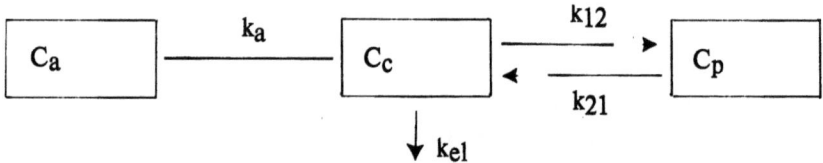

Die Abbildung zeigt ein Zweikompartimentmodell mit Absorptionskompartiment. Die Größe k_a stellt die Absorptionskonstante dar.

Sie beschreibt die Geschwindigkeit, mit welcher das Arzneimittel aus dem Absorptionskompartiment in das zentrale Kompartiment übergeht. Die zugehörige Gleichung lautet in ihrer allgemeinen Form und für den Fall, daß lediglich eine Stromrichtung des Pharmakons vom Absorptionskompartiment in das Verteilungs- und Eliminationskompartiment erfolgt

$$y = C_1 \cdot e^{-\gamma_1 t} + C_2 \cdot e^{-\gamma_2 t},$$

wodurch $\gamma_1 = k_a$ und $\gamma_2 = k_{el}$ wird.

Die Anzahl der Kompartimente entspricht der Anzahl der Verteilungsvolumina, sie dürfen aber nicht mit diesen verwechselt werden. Kompartimente sind Teile eines mathematischen Modells und haben kein zugehöriges anatomisches Substrat.

Für das Zweikompartimentmodell ergeben sich zwei Ordinatinterzepte,

1. für den Verteilungsprozeß,
2. für den Eliminationsprozeß,

und somit zwei Halbwertszeiten.

Im logarithmischen Raster finden sich zwei Geraden, die beide zur Ordinate hin extrapoliert werden können. Das logarithmische Steigungsmaß der Geraden stellt die Konstanten dar.

Aus den Konstanten läßt sich durch die einfache mathematische Beziehung

$$HWZ = \frac{0.693}{\gamma_j} = \frac{\ln 2}{\gamma_j}$$

die zugehörige Halbwertszeit errechnen.

Die Halbwertszeit ist diejenige Zeit, die der Organismus braucht, um im Bereich des Verteilungs- oder Eliminationsprozesses die Serumkonzentrationen des inkorporierten Arzneimittels auf die Hälfte zu reduzieren. Im allgemeinen wird die HWZ des langsamsten Prozesses, der das limitierende Glied in bezug auf die genannte Ausscheidung darstellt, als „biologische Halbwertszeit" berechnet.

Mit diesen Größen sind die primären pharmakokinetischen Parameter definiert und die Bestimmungsgleichung für die Serum/Plasmafluktuationskurve bekannt und damit auch das pharmakokinetische

Modell. Wenn das Modell aufgeklärt ist, wird die Fläche unter der Kurve berechnet. Es bieten sich grundsätzlich zwei Verfahren an.
1. Trapezregel,
2. Integral der Serumfluktuationskurve von 0–∞.

Die Trapezregel löst die Kurve in unendlich viele Trapezoide und Rechtecke auf, wobei lediglich die tatsächlich gemessenen Konzentrationen herangezogen werden, so daß sich die errechnete Fläche auf beobachtete Konzentrationen bezieht.

Wird das Integral unter der Kurve bestimmt, entsteht eine idealisierte Fläche, da hier die Funktion der Gleichung also die idealisierte Kurve mit der Summe der kleinsten Abweichungsquadrate als Grundlage der Berechnung herangezogen wird. In den folgenden beiden Abbildungen 10 und 11 ist die Berechnung der Kurve nach der Trapezregel sowie die Berechnung der Kurve als Flächenintegral dargestellt.

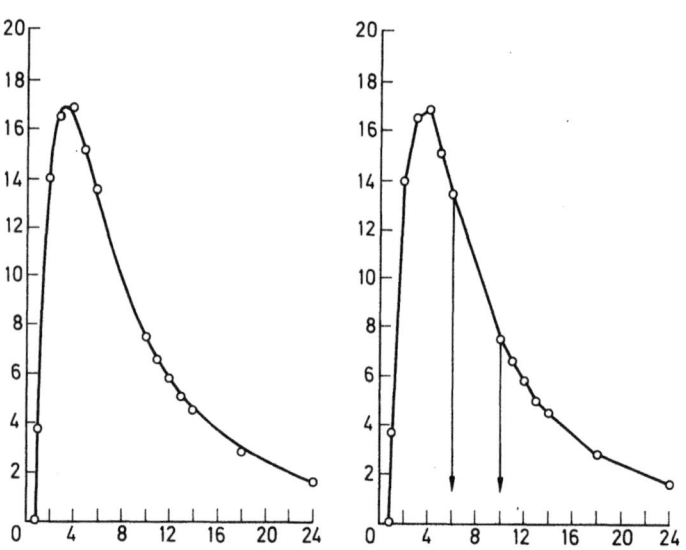

Abb. 10. Im linken Teil der Abb. ist eine Kurve dargestellt, welche durch Anpassung der Kurve an das entsprechende Modell erzeugt wurde. Die Fläche unter der Kurve errechnet sich zu 182.0 μg · h/ml. Sie wurde berechnet als Integral der Funktion von 0–∞. Im rechten Teil der Abb. ist die Fläche mit der Trapezregel berechnet worden. Die beiden senkrechten Linien deuten eines der Trapeze an. Die Berechnung bezieht sich also nur auf gemessene Konzentrationen („observed events"). Die hieraus errechnete Fläche beträgt 164.2 μg · h/ml

Die numerischen Werte zeigen, daß die Abweichungen beider Rechenverfahren kaum praktische Bedeutung haben, sofern die Kurve durch eine ausreichende Anzahl von Meßpunkten, die sich gut anpassen lassen und möglichst kleine Abweichungsquadrate aufweisen, belegt ist. Sind nicht genug Meßpunkte vorhanden, bietet sich die Trapezregel im allgemeinen als das bessere Maß an.

Zur Bestimmung der Bioverfügbarkeit einer Substanz nach oraler Applikation wird die Fläche, welche sich nach der intravenösen Applikation einer Substanz errechnen läßt, mit der Fläche, welche sich nach oraler Applikation errechnen läßt, verglichen. Die mathematische Basis hierzu ist der Dostsche Flächensatz

$$\frac{D\,i.v.}{D\,oral} = \frac{AUC\,i.v.}{AUC\,oral} = \frac{100}{x}; \qquad x = AUC\,oral \cdot \frac{100}{AUC\,i.v.} \quad (\%)$$

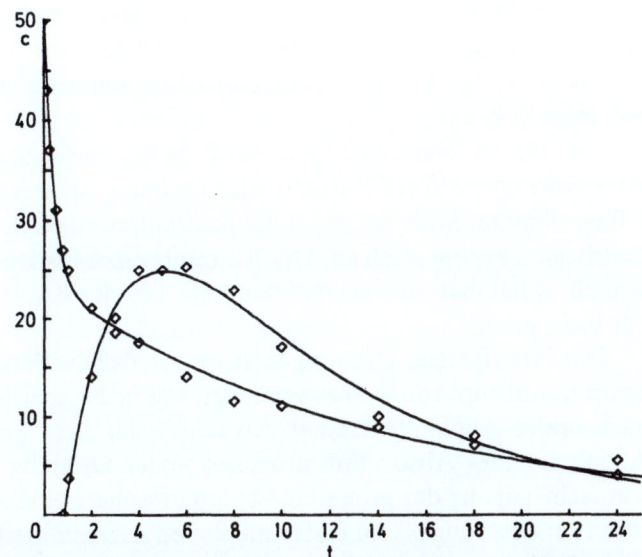

Abb. 11. Synoptische Darstellung des Konzentrationsverlaufs eines Pharmakons nach intravenöser und oraler Applikation zur Bestimmung der Bioverfügbarkeit nach dem Dostschen Flächensatz

Der Flächensatz gilt jedoch nur, wenn sich die Pharmakokinetik dosislinear verhält, d. h. daß die Fläche proportional mit der Dosis ansteigt. Sollte ein enzymatischer Prozeß bei Verteilung und besonders Elimination der Substanz eine Rolle spielen, so ist diese Proportionalität häufig nicht gegeben, da enzymatische Prozesse sättigbar sind, d. h. bei höheren Dosierungen wird die Fläche überproportional hoch.

Ähnliche Probleme ergeben sich, wenn die Substanz einen leberinduzierenden Effekt aufzuweisen hat, so daß bei der zweiten Applikationsart die Eliminationsprozesse unter Umständen verstärkt sein können, wodurch die Fläche unterproportional klein wird.

Die totale Clearance beschreibt dasjenige virtuelle Plasma- oder Serumvolumen, was von der Substanz pro Zeiteinheit geklärt wird. Sie läßt sich durch die mathematische Beziehung beschreiben.

$$Cl_{tot} = V_{cc} \cdot k_{el} = \frac{D}{AUC}$$

Die Gleichung zeigt, daß die Clearance bereits aus der Dosis und aus der Serum/Plasmafluktuationskurve, welche sich nach intravenöser Applikation eines Arzneimittels ergibt, errechnen läßt.

Bestimmt man die Eliminationskonstante durch Eintragen der Kurve in ein logarithmisches Raster, so sind auch das Verteilungsvolumen oder für den Fall des Zweikompartimentmodells die Verteilungsvolumina bekannt.

Bei diesen Betrachtungen wird davon ausgegangen, daß der Absorptionsprozeß ein Prozeß erster Ordnung ist, was nur in seltenen Fällen stimmte. Meistens steigt die Konzentration direkt nach Absorptionsbeginn exponentiell an. Der Konzentrationsanstieg wird jedoch so schnell „scheinbar"-linear, daß der erste Teil der Kurve vernachlässigbar klein wird.

Der Prozeß erster Ordnung setzt voraus, daß die Serum/Plasmakonzentration abrupt von Null aus ansteigt, was in den meisten Fällen, z. B. nach oraler Applikation eines Arzneimittels, nicht gegeben ist. Bei Annahme eines Absorptionsprozesses erster Ordnung entsteht unter Vernachlässigung der primären Absorptionsphase eine Abszissendifferenz vom Ursprung bis zur ersten meßbaren Arzneimittelkonzentration. Diese Differenz wird als Transportzeit oder „lag time" bezeichnet.

Ein wichtiges pharmakokinetisches Konzept stellt die „mean transit time" dar. Die „mean transit time" ist das erste statistische Moment und beschreibt die mittlere Verweildauer eines Moleküls zwischen Absorption und Elimination, sie ist mit der Halbwertsbreite von Meßpeaks vergleichbar.

Mit der „mean transit time" läßt sich der Retardeffekt eines Präparates exakt beurteilen.

Eine bewährte Größe in der Pharmakokinetik ist die theoretische Konzentration 24 h nach der Applikation (c_{24}). Mit dieser Größe lassen sich sowohl die chemische Analytik wie die Qualität der Kurvenanpassung überprüfen. Im Idealfall sollen die gemessenen Konzentrationen mit den durch Extrapolation gewonnenen Werten übereinstimmen.

Für die Kurvenanpassung durch Iteration bestehen zahlreiche Programme für Großrechner und Tischcomputer.

Die Erfahrung hat gezeigt, daß es keine entscheidende Rolle spielt, mit welchem Programm angepaßt und gerechnet wird, sofern der Operator sein Programm richtig bedient. Es spielt hierbei auch keine Rolle, ob der Operator die Primäranpassung vornimmt oder der Rechner. Ist die Primäranpassung schlecht, wird die Iterationsdauer verlängert und umgekehrt. Ein gut geschriebenes Programm wird selbständig in die verschiedenen Kompartimente unterteilen und z. B. ein offenes Zweikompartimentmodell nicht als Einkompartimentmodell anpassen, sondern eine Fehlermeldung herausgeben.

Die einzige vom Operator zu entscheidende Frage, unabhängig davon, auf welchem Programm gearbeitet wird, ist, ob es sich um ein „flip-flop"-Modell handelt, bei welchem Absorption und Elimination vertauscht wurden, da der Absorptionsprozeß in diesem Falle langsamer als der Eliminationsprozeß ist.

Prüft man z. B. eine retardierte Arzneimittelformulierung, bei welcher durch galenische Manipulation die Absorptionskonstante sehr klein, die Absorptionshalbwertszeit sehr groß ist, und hat der Stoff zugleich eine kurze Eliminationshalbwertszeit, so entsteht, bedingt durch die langsame Arzneimittelfreisetzung, eine verlängerte und nicht der Realität entsprechende scheinbare Halbwertszeit, wodurch das Retardprinzip erfüllt wird.

Uns hat sich das RIP-Verfahren sowie das REPRIP-Verfahren bewährt. Den großen Vorteil sehen wir darin, daß der Operator in ständiger Interaktion mit dem Programm steht und ständig weiß, was passiert. Die Primäranpassung erfolgt quasigraphisch auf einem Bildschirm. Der Operator hat nach Darstellung der Meßwerte im logarithmischen Raster die Kompartimente und ihre Terminanten zu bestimmen und kann sich sein Ergebnis sofort danach sowie die Qualität seiner Primäranpassung auf den Bildschirm abrufen und so z. B. auch die „flip-flop"-Entscheidung treffen.

Ist die Primäranpassung erfolgt, wird jeweils ein Term einmal korrigiert, während die anderen unverändert bleiben. Nach erfolgter Korrektur wird der nächste Term verbessert usw. Sind alle Terme je einmal korrigiert worden, so erfolgt die Prüfung auf eine signifikante Änderung der Summe der Abweichungsquadrate.

Die Signifikanz kann extern festgelegt werden, wobei p = 6 im später abgebildeten Rechnerausdruck bedeutet, daß sich die Summe der Abweichungsquadrate sechs Stellen nach dem Komma nicht mehr signifikant geändert hat.

Besteht nun für alle drei Terme solitär betrachtet eine optimale Anpassung, so ist die Anpassung über den Gesamtprozeß meist noch nicht ausreichend. Das Verfahren beginnt nun wieder in der Sequenz letzter, vorletzter, erster Term zu iterieren, bis für den gesamten Kurvenzug die kleinsten Residuen erreicht sind.

Das REPRIP-Verfahren ist für die repetierende Arzneimittelgabe gedacht (siehe Abb. 14) und kann aus Serumkonzentrationen des Versuchs Kurven simulieren. Es kann dabei jede beliebige Applikation zur Anpassung und Simulierung herangezogen werden.

Der folgende Ausdruck (Abb. 12) aus einer Rechenanlage gibt ein typisches pharmakokinetisches Profil für eine Versuchsperson wieder.

Im obersten Satzspiegel ist der Datensatz ausgedruckt. Danach folgen die Anzahl der durchgeführten Iterationen mit der Präzision der Iteration. In diesem Falle ist die Präzision mit sechs vorgegeben, d. h. der Rechner beendet den Iterationsprozeß, wenn sich die Summe der Abweichungsquadrate in den ersten sechs signifikanten Nachkommastellen nicht mehr geändert hat. Die nächsten Zeilen enthalten statistische Kennzahlen. In der dritten Zeile ist der Korrelationskoeffizient ausgedruckt. Ein Korrelationskoeffizient < 0.96 ist im allgemeinen nicht ausreichend, um eine Kurve sauber zu beschreiben. Die nächsten Zeilen enthalten numerische Werte für die Bestimmungsgleichungen, wobei C die Hybridkonstante, bestehend aus mehreren Geschwindigkeitskonstanten und der Anfangskonzentration, darstellt und Gamma den Exponenten. Die rechten Ziffern stellen die zum Exponenten zugehörigen Halbwertzeiten dar. In der nächsten Zeile ist die Transportzeit ausgedruckt. In den nächsten Zeilen ist der Beitrag der einzelnen Exponentialfunktionen zur Gesamtfläche dargestellt und der Flächenanteil rechts in % ausgeworfen. Die nächste Zeile enthält die Summe der Hybridkonstanten, die Zeile darunter die Fläche unter der Kurve.

Im unteren Teil des Bogens sind Dosis, Verteilungsvolumen, globale Eliminationskonstante (k_e), Absorptionskonstante, mean time und Clearance ausgedruckt.

Die Nullstelle der ersten Ableitung, d. h. das Maximum (t_{max}) der Modellfunktion wird nach dem Newtonschen Verfahren ermittelt und der dazugehörige c_{max}-Wert durch Einsetzen berechnet.

```
        Aspisol                           REPRIP  16.06.81 ,  we
                                          IKP Bobenheim/Bers

        subj. No: 302

        I      t           y       *   I      t           y
              [h]        [us/ml]              [h]        [us/ml]

302
        1     0.08        37.61    *   2     0.17         65.57
        3     0.25        70.36    *   4     0.34         66.17
        5     0.42        66.31    *   6     0.50         67.18
        7     0.67        62.37    *   8     0.90         65.25
        9     1.15        61.77    *  10     1.67         52.84
       11     2.19        50.35    *  12     2.67         45.31
       13     3.17        41.64    *  14     4.17         34.75
       15     6.19        23.04    *  16    10.19          7.57
       17    12.14         3.94    *  18    16.15          0.71

                27 iterations prec. P = 6
                data  18 from   1 to 18
                SSY =   9.23640971111E+003
                SSQ =   7.06388175386E+001
                  r =   9.96168728016E-001

    J          c                     gamma                t50%
    1     7.40203286021E+001    -1.91654588960E-001        3.62
    2    -1.69759159154E+002    -1.96395910159E+001        0.04

    lastime =       0.04 [h]

                   C[las]                  area             percent area
                   [us/ml]                [us*h/ml]

    1     7.34173231956E+001    3.83071042515E+002          100.99%
    2    -7.34173231956E+001   -3.73823075725E+000           -0.99%

    &C = 0.00000 [us/ml]
    &S = 379.33281 [us*h/ml]

    dose :  1016.80 [mg]

                Vcc                     Ke                   Vss
                [l]                    [1/h]                 [l]
             13.98608                0.19165              13.98608

    Ka = -19.63959 [1/h]
    Tc =   5.21772 [h]
    Cl =   2.68050 [l/h]        =   44.67493 [ml/min]
```

Abb. 12. Ausdruck aus einer Rechenanlage

Die Planung einer pharmakokinetischen Studie

Unter Berücksichtigung der dargelegten Grundtatsachen ergeben sich für die Planung einer humanpharmakokinetischen Studie folgende Überlegungen.

Da es nicht überschaubar ist, wie das Modell aussieht, muß ein Vorversuch an einer Versuchsperson durchgeführt werden, der folgende Fragen beantworten soll:

1. Wie steil ist die Absorptionsflanke?
2. Wann ist das Blut/Plasmaspiegelmaximum zu erwarten?
3. Wie lang ist die terminale Eliminationshalbwertszeit?
4. Wieviel Kompartimente enthält das Modell?

Die Erfahrung hat gezeigt, daß der Vorversuch an einer Versuchsperson zur Bestimmung eines präliminären pharmakokinetischen Profils von äußerster Bedeutung für eine saubere Planung der Blutabnahmezeiten für den Hauptversuch ist.

Ein zweiter Vorversuch, in welchem derselbe Proband verschieden hohe Dosen erhält, kann Aufschlüsse über folgende Fragen geben:

1. Ist der Verteilungs- und/oder Eliminationsprozeß absättigbar?
2. Hat die Substanz eine leberinduzierende Wirkung?

Die zu applizierende Dosis soll – sofern aus toxikologischen Überlegungen möglich – so gewählt werden, daß der therapeutische Bereich sowie der 5fache therapeutische Bereich nacheinander appliziert werden.

Eine weitere wichtige Vorentscheidung für die Planung pharmakokinetischer Studien ist die Überprüfung der Stabilität des Arzneimittels im Serum unter Tiefkühlbedingungen. Hierzu soll aus mindestens 3 Proben der Vorversuche die Substanz direkt nach der Blutabnahme aufgearbeitet werden und ein zweites Mal aus derselben Probe nach der vorgeplanten Lagerzeit. Sollten sich Differenzen aus beiden Messungen ergeben, müssen tiefgefrorene Proben in Abhängigkeit von der Zeit aufgetaut und aufgearbeitet werden, um festzustellen, ob diese Differenz eine lineare Charakteristik aufweist.

Sind diese Vorentscheidungen getroffen, kann sodann die pharmakokinetische Studie geplant werden. Durch die Vorversuche können in der Hauptstudie die Probandenkollektive erheblich kleiner gehalten werden, da nunmehr die Blutabnahmen zu problemrelevanter Zeit erfolgen können.

Wichtig ist es, daß die Applikationen immer zur gleichen Tageszeit ausgeführt werden. Viele Substanzen unterliegen in ihrer Absorption, Verteilung und Elimination zirkadianen Einflüssen, so daß sich sowohl das Modell ändern als auch die Bioverfügbarkeit morgens und abends verschiedene Größen annehmen kann. Die folgende Abb. 13 verdeutlicht den zirkadianen Einfluß, dem Hexobarbital unterliegt.

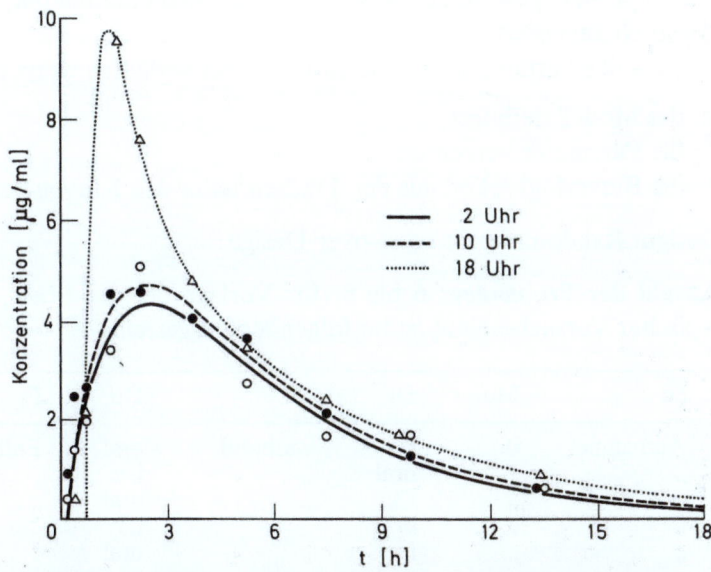

Abb. 13. Konzentrationszeitverlauf von Hexobarbital, welches morgens um 2.00 Uhr, morgens um 10.00 Uhr und abends um 18.00 Uhr appliziert wurde. Die Abb. veranschaulicht, daß sich abends wesentlich höhere Konzentrationen aufbauen. Der Grund dafür ist der tageszeitliche Verlauf der Hexobarbitaloxidasekonzentration. Nach von Mayersbach ist die Hexobarbitaloxidase am Morgen wesentlich aktiver als am Abend. Es fällt zusätzlich auf, daß die Applikation am Abend zu einem Zweikompartimentmodell führt, die Applikation nachts um 2.00 Uhr und morgens um 10.00 Uhr zu einem Einkompartimentmodell

1. Versuch zur Aufklärung des pharmakokinetischen Modells einer neuen Substanz sowie deren Bioverfügbarkeit

Modell: Messung der Serum/Plasmakonzentration eines inkorporierten Arzneimittels in Abhängigkeit von der Zeit.
Anpassung der erhaltenen Konzentrationsverläufe an den dazugehörenden Kurventyp.
Bestimmung der pharmakokinetischen Parameter.

Prinzip: Probanden erhalten zwei Applikationen der gleichen Substanz, und zwar einmal als intravenöse Injektion, ein zweites Mal als orale Applikation.
Im Anschluß daran werden zu problemrelevanten Zeiten Serum/Plasmaproben gewonnen, aus denen die Arzneimittelkonzentration chemisch analysiert wird.
Aus den Serum/Plasmakonzentrationszeitverläufen werden

1. das Modell definiert,
2. die Parameter berechnet,
3. die Bioverfügbarkeit aus den Flächen unter den Kurven berechnet.

Design: Randomisiertes cross-over-Design.

Anzahl der Probanden: 6 bis 8 (für Vorlage bei der FDA 12). Ein typischer Versuchsablauf ist im folgenden dargestellt:

	So	Mo	Di	Mi	Do	Fr
1	Aufnahme	0	i.v.	wash-out	oral	Entlassung
2	„	„	oral	„	i.v.	„
3	„	„	i.v.	„	oral	„
4	„	„	oral	„	i.v.	„
5	„	„	i.v.	„	oral	„
6	„	„	oral	„	i.v.	„
7	„	„	i.v.	„	oral	„
8	„	„	oral	„	i.v.	„

Aussagen des Modells

1. Aufklärung des pharmakokinetischen Modells.
2. Bestimmung der Halbwertszeiten.

3. Bestimmung der absoluten Bioverfügbarkeit.
4. Bestimmung der sekundären pharmakokinetischen Parameter (Clearance, „lag time", „mean transit time").

Versuchsdurchführung

Die Probanden werden 36 h vor der ersten Applikation der zu testenden Substanz in die Station einbestellt und von da ab diätetisch gleichgeschaltet.

Am ersten Abend trinken die Probanden ca. 1.5 l Leitungswasser. Im Verlauf des Nulltages erhalten die Probanden erneut 2.0 l Leitungswasser.

Fruchtsäfte, alkoholische sowie xanthinhaltige Getränke und Speisen werden verboten.

Durch diese Maßnahmen werden die Versuchsbedingungen einheitlicher. Restalkohol wird ausgeschwemmt, die Versuchspersonen akklimatisieren sich an die relative Ruhe einer Station, und durch die Diät wird zusätzlich eine gewisse Gleichschaltung des Stoffwechsels erreicht.

Den Rauchern ist das Rauchen zu erlauben, da der abrupte Entzug von Nikotin zu einer erheblichen Streßsituation führt.

Am zweiten Tag des stationären Aufenthaltes wird die erste Applikation verabfolgt.

Der dritte Tag dient als wash-out-Phase. Bei langen Halbwertszeiten ist ein vierter oder fünfter Tag zusätzlich einzuschieben, an dem ebenfalls nicht appliziert wird.

Die zweite Applikation erfolgt sodann im cross-over, so daß jeder Proband beide Applikationsformen je einmal erhält.

Während des gesamten Versuchs ist sportliche Betätigung verboten. Die Nachtruhe wird gleichmäßig auf 23.00 Uhr festgelegt.

2. Versuch zur Aufklärung des Kumulationsverhaltens einer Substanz

Modell: Zweifache Messung der Serum/Plasmakonzentrationen eines inkorporierten Arzneimittels in Abhängigkeit von der Zeit.

Anpassung der beiden Konzentrationsverläufe an den zugehörigen Kurventyp.

Vergleich der Flächen unter den Serum/Plasmakonzentrationskurven, der Eliminationshalbwertszeit und der „mean transit time".

Prinzip: Die Probanden erhalten zwei Applikationen der gleichen Substanz, und zwar beide Male als orale Applikation. Zwischen beiden Applikationen sollten 5–10 Tage liegen, an welchen, dem späteren therapeutischen Konzept entsprechend, appliziert wird. Es wird am ersten Tag des Versuchs ein gesamtes pharmakokinetisches Profil aufgenommen, an den Tagen dazwischen jeweils nur ein Wert vor der ersten Applikation.
Aus den Serum/Plasmakonzentrationsverläufen werden

1. die Flächen berechnet,
2. die Eliminationshalbwertszeit berechnet,
3. die „mean transit time" bestimmt.

Sodann wird das Kumulationsschema simuliert und die gemessenen Konzentrationen zwischen den beiden pharmakokinetischen Profilen mit den simulierten Kurven verglichen.

Design: Randomisiertes Blockdesign.

Anzahl der Probanden: 6–8 (für Vorlage bei der FDA 12). Ein typischer Versuchsablauf ist im folgenden dargestellt:

	So	Mo	Di	Mi	Do	Fr	Sa	So	Mo	Di	Mi
Aufnahme	×										
Nulltag		×									
1. Kinetik			×								
predose level				×	×	×	×	×	×		
Applikation, z. B. (3 × 1)				×	×	×	×	×	×		
2. Kinetik										×	
Entlassung											×

Aussagen des Modells: Aufklärung von Enzyminhibition oder Enzyminduktion.

Kommentar

Durch Bestimmung der „mean transit time" des ersten pharmakokinetischen Profils im Vergleich zum zweiten sowie der Eliminationshalbwertszeit läßt sich ermitteln, ob die Substanz bei repetitiver Applikation schneller oder langsamer ausgeschieden wird. Durch Vergleich der Flächen unter den Serum/Plasmakonzentrationsverläufen des ersten und zweiten Profils läßt sich eine möglicherweise vorhandene Änderung der Bioverfügbarkeit bestimmen.

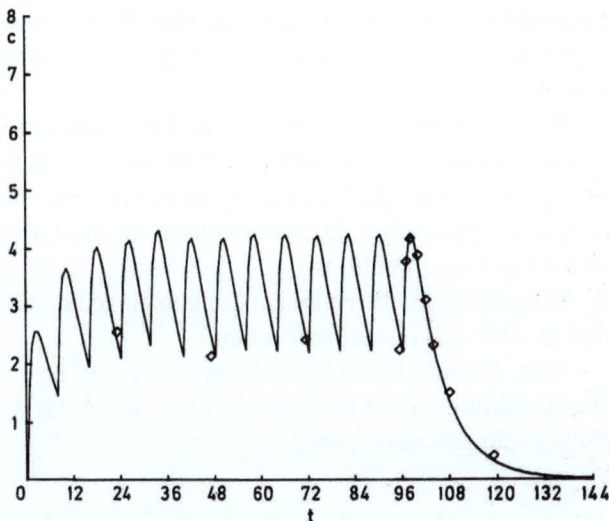

Abb. 14. Typischer Konzentrationszeitverlauf nach oraler repetitiver Applikation eines Pharmakons. Die Kurve wurde am Tischcomputer simuliert. Basis für die Simulation war der Konzentrationszeitverlauf nach der letzten Applikation. Die nach 24, 48, 72 und 96 h abgenommenen sogenannten „predose levels" belegen die Exaktheit der Simulation. Die Anpassung erfolgte mit dem REPRIP-Verfahren

Versuchsdurchführung

Wie unter 1. (Versuch zur Aufklärung des pharmakokinetischen Modells einer neuen Substanz sowie deren Bioverfügbarkeit).

Zwischen den beiden pharmakokinetischen Profilen müssen je nach Substanz 6–10 Tage eingeschaltet werden, an welchen die Probanden, je nach späterem therapeutischen Konzept, die Substanz erhalten. Während des gesamten Versuchs ist sportliche Betätigung verboten. Die Nachtruhe wird gleichmäßig auf 23.00 Uhr festgelegt.

Pharmakokinetik aus Urin

Da oral oder i. v. inkorporierte Substanzen immer über den Urin ausgeschieden werden, lassen sich eine Reihe von Schlüssen aus der gegen die Zeit verfolgten Ausscheidung der Prüfsubstanz mit dem Urin ziehen.

Hierzu gilt grundsätzlich, daß die Urinsammelperioden so kurz wie möglich sein sollten. Trinken die Probanden ausreichend Wasser, ist es im allgemeinen möglich, alle 2 h Urin zu erhalten, zumindest bis zu 16 h nach der Applikation. Dadurch gelingt es, die Urinkurven mit ausreichend Punkten zu belegen.

Die gebräuchlichsten Darstellungen für renale Eliminationsverläufe sind in Abb. 15–18 wiedergegeben.

Abb. 15 enthält den Konzentrationsverlauf im Urin gegen die Zeit. Die Abbildung gibt Aufschluß darüber, wann das Arzneimittel hauptsächlich ausgeschieden wird.

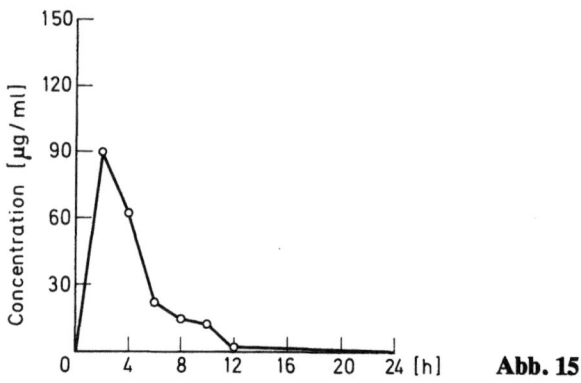

Abb. 15

Abb. 16 enthält die kumulierte Darstellung der Abb. 15. Der Kurvenverlauf läßt erkennen, wann der Eliminationsprozeß abgeschlossen ist, da der Kurvenverlauf zu diesem Zeitpunkt sein Plateau erreicht.

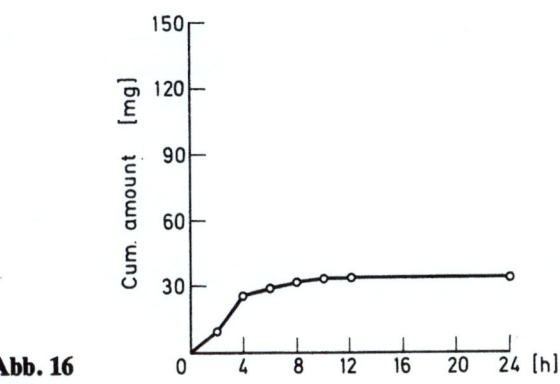

Abb. 16

Abb. 17 enthält eine $(U_\infty-U)/t$-Darstellung. Hier wurde die aktuell ausgeschiedene Arzneistoffmenge von der insgesamt ausgeschiedenen Menge zum jeweiligen Meßzeitpunkt abgezogen.

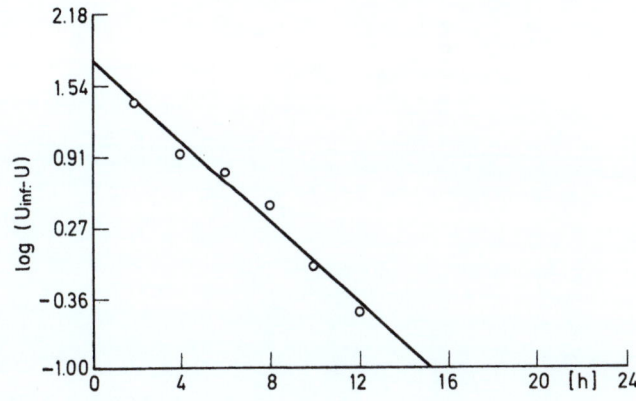

Abb. 17

Durch Bestimmung der Regression läßt sich durch diese Darstellung eine Halbwertszeit errechnen. Außerdem läßt sich die Linearität der Pharmakokinetik beurteilen.

Die Halbwertszeit stellt einen guten stützenden Parameter für die aus den Serumfluktuationsverläufen gemessene Halbwertszeit dar.

In Abb. 18 ist ein Verfahren dargestellt, mit welchem sich die renale Clearance bestimmen läßt. Die renale Clearance ist ein wichtiger Parameter zur Beurteilung der Pharmakokinetik eines Arzneistoffes, da sie in Zusammenhang mit der totalen Clearance Aufschluß über Metabolisierungsraten und „first pass"-Effekt geben kann.

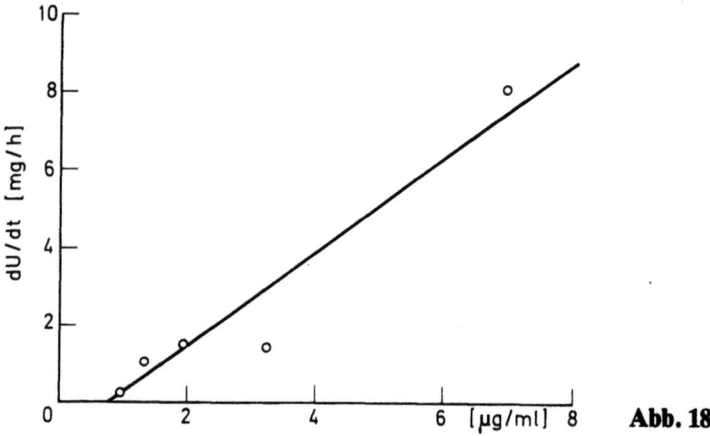

Abb. 18

Pharmakokinetische Nomenklatur

Das „American College of Clinical Pharmacology" hat ein „Ad Hoc Committee" zusammengestellt mit der Zielsetzung, eine einheitliche pharmakokinetische Nomenklatur zu schaffen, die in Zukunft möglichst für alle pharmakokinetischen Studien verwendet werden soll. Die wichtigsten Begriffe sind auszugsweise in Anhang 10 zu finden.

Statistik

Allgemeines

Wissenschaftliche Forschung besteht aus zwei grundsätzlichen Tätigkeiten. Es werden Daten gesammelt, und aus diesen werden Schlüsse gezogen. Dieses gilt auch für die klinische Pharmakologie. Jede auch noch so einfache Studie am Menschen gibt dem Untersucher unendlich viele komplexe Probleme auf, die geklärt sein müssen, bevor die Studie beginnt, damit der richtige Weg zum Sammeln von Daten beschritten werden kann.

Häufig bleibt das gesuchte Ergebnis im Berg der Informationen versteckt, wenn die Daten nicht richtig gesammelt wurden und sich somit nicht mehr interpretieren lassen.

Statistik wird definiert als das Sammeln, Organisieren und Interpretieren numerischer Daten unter besonderer Berücksichtigung der Analyse von Populationscharakteristiken durch Beobachtung von Stichproben.

Obgleich die Mathematik nicht unbedingt die Mittel zum Beobachten bereithält, kann sie dem Untersucher Richtlinien und Regeln in die Hand geben, die ihm bei der Lösung von Forschungsproblemen hervorragende Dienste leisten können.

Experimentelle methodische Designs können zur Optimierung der Datensammlung verwendet werden.

Das Ziehen von Schlüssen ist meist jedoch nur durch Berechnung von Parametern und durch Annahme oder Ablehnung von Hypothesen möglich.

Die Statistik bietet dem Untersucher Rechenverfahren an, mit denen sich wissenschaftliche Arbeit verbessern läßt, ihr kommt die gleiche Bedeutung zu wie experimentellen Techniken, mit welchen Effekte im Labor gemessen oder Konzentrationen bestimmt werden.

Der Fortschritt der elektronischen Technologie erlaubt dem klinischen Pharmakologen, auch größere komplexe Studien ohne mühselige Handrechnung zu erstellen.

Es ist von zeitgemäßer Forschungsarbeit zu verlangen, daß sie ihre Werkzeuge mit statistischen Methoden verbessert, ebenso wie technische Instrumente eingesetzt werden, um Daten leichter und besser zu erfassen.

Es muß jedoch ausdrücklich davor gewarnt werden, in der Statistik eine Methode zu sehen, mit welcher schlechte oder magere Versuchstechniken kaschiert werden können. Die Statistik kann, wenn sie falsch angesetzt wird, ein im Grunde gutes Ergebnis verschlechtern und umgekehrt.

Die richtig angewandte Statistik gehört zum Verantwortungsbereich des klinischen Prüfers, auch wenn er sich dazu mit einem professionellen Statistiker zusammentut.

Das Verständnis statistischer Zusammenhänge ist für den Erfolg in jedem Falle notwendig.

Das vorliegende Kapitel ist in drei Teile unterteilt:

1. Grundlegende Konzepte,
2. Erstellen statistischer Modelle und experimenteller Designs,
3. die Anwendung von Modellen auf experimentelle Daten.

Die Darstellung soll die wichtigsten Regeln und Richtlinien der statistischen Methodologie vermitteln sowie einen Einblick in die Anwendung, aufgezeigt an einzelnen Beispielen, geben, erhebt jedoch nicht den Anspruch auf Vollständigkeit.

Erster Teil: Grundlegende Konzepte

Statistische Methoden werden immer dann angewandt, wenn es darum geht, von einer großen Population, von der nur eine kleine Stichprobe zur Verfügung steht, Phänomene zu beschreiben oder Wirkungen abzuschätzen. Die deskriptive Statistik beschäftigt sich damit, die untersuchte Stichprobe zu beschreiben, und verwendet dazu graphische und numerische Methoden. Obgleich graphische Methoden nicht so häufig verwendet werden wie numerische, so geben sie dennoch ein gutes analoges Bild zur Beschreibung der Beobachtungen, und es sollte des besseren Verständnisses wegen nicht auf sie verzichtet werden.

In Abb. 19 ist die Normalverteilungskurve und deren Parameter dargestellt. Die y-Achse beschreibt die relative Frequenz, d. h. wie oft eine Beobachtung aus der Gesamtheit der Beobachtungen auftritt. Die x-Achse beschreibt die Beobachtungseinheiten.

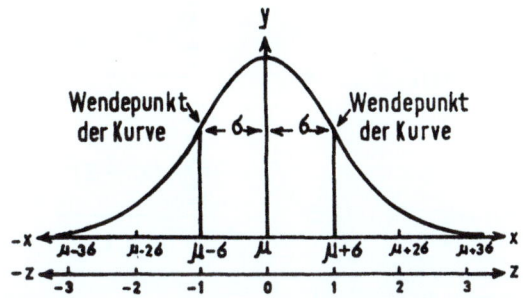

Abb. 19. Normalverteilung mit Standardabweichung und Wendepunkten. Beziehung zwischen x und z: Übergang von der Variablen x auf die Standardnormalvariable z

$$z = \frac{x - \mu}{\sigma}$$

Zwei statistische Parameter definieren das Profil der Verteilungskurve in Form von numerischen Werten. Der Median μ stellt den Wert dar, bei welchem die meisten Beobachtungen gemacht wurden, die Standardabweichung σ läßt eine Aussage über die Variation zwischen den einzelnen Messungen zu.

Will man Normalverteilung für eine statistische Aussage erreichen, so ist eine große Anzahl von Beobachtungen notwendig, was jedoch bei Untersuchungen mit gesunden Versuchspersonen fast nie gegeben ist, da die Anzahl der Stichprobe durch ethische Grenzen stark beschnitten wird. Außerdem ist der echte Wert von σ fast nie bekannt, da die Population, aus welcher die Stichprobe gezogen worden ist, im Verhältnis zur Stichprobe selbst sehr groß ist. Aus diesem Grunde ist die t-Verteilung günstiger, da mit ihrer Hilfe die Vertrauensgrenzen des Medians μ berechnet werden können, wenn die Standardabweichung S bekannt ist.

Die folgende Tabelle stellt ein deskriptiv statistisches Glossar für die t-Verteilung dar.

Name	Symbol	Formel	Bemerkungen
Beobachtungen	x_i	—	i ist der Index für jede Beobachtung $i = 1, 2, 3 \ldots n$
Gesamtheit der Beobachtungen	n	—	—
Mittelwert	$\bar{x}$	$\dfrac{\sum_{i=1}^{n} x_i}{n}$	ist der zentrale Mittelwert der Verteilung
Varianz	S^2	$\dfrac{\sum_{i=1}^{n} (x_i - \bar{x})^2}{n-1}$	ist der Mittelwert der quadratischen Abweichung aller Beobachtungen vom Mittelwert
Standardabweichung	S	$\sqrt{S^2}$	ist ein Maß für die Variation von $\bar{x}$
Freiheitsgrade	$n-1$	$n-1$	gibt die Wahrscheinlichkeit der Verteilung von S^2 an
Standardfehler des Mittelwerts	SEM	$\dfrac{S}{\sqrt{n}}$	beschreibt die Präzision von $\bar{x}$
Variationskoeffizient	COV	$\dfrac{S}{\bar{x}}$	dimensionsloser Variationsindex
Konfidenzintervall	CI	$\bar{x} \pm t\left(1 - \dfrac{\alpha}{2}\right) \cdot \dfrac{S}{\sqrt{n}}$	gibt die Vertrauensgrenzen von $\bar{x}$ an

$\bar{x}$ ist das bekannte und überall in der Forschung verwendete arithmetische Mittel, aus der Summe der Einzelbeobachtungen gewonnen und durch die Anzahl der Beobachtungen geteilt. Die Bewertung des arithmetischen Mittels als Zusammenfassung aller Meßwerte ist jedoch nur bei Normalverteilung möglich, so daß der Mittelwert eine Zahlenreihe nicht allein charakterisiert. Ebenso wichtig ist die Streuung der Einzelwerte um den Mittelwert herum, da nur so die Variation der Stichprobe ermittelt werden kann. Zur Beschreibung der Variation gibt es verschiedene Streuungsmaße: Varianz, Standardabweichung und Variationsbreite.

Die Varianz gehorcht folgender Formel:

$$S^2 = \frac{\sum_{i=1}^{n} (x_i - \bar{x})^2}{n-1}$$

Der positive Wert S der Wurzel aus der Varianz ist die Standardabweichung.

Die Variationsbreite gibt die Differenz zwischen dem größten und dem kleinsten Wert der Stichprobe an. Da sie aber über die Lage der dazwischen liegenden Glieder nichts aussagt, also die Verteilung nicht berücksichtigt, ist die Variationsbreite stets vorsichtig zu interpretieren.

Der Standardirrtum des Mittelwerts (SEM = Standard Error of the Mean) gibt Aufschluß über die Vertrauensgrenzen sowie über die Genauigkeit des arithmetischen Mittels $\bar{x}$, das ja nur einen Näherungswert für den Median μ darstellt.

Mit steigender Anzahl von Beobachtungen, also wachsender Stichprobe, steigt die Präzision des arithmetischen Mittels an.

Diesen Überlegungen liegt folgendes sogenanntes zentrales Grenzwerttheorem für die Verteilung von x zugrunde:

In einer Population mit der endlichen Varianz σ^2 und einem Median μ nähert sich die Verteilung des arithmetischen Mittels $\bar{x}$ der Normalverteilung mit der Varianz σ^2/n und dem Median μ, wenn die Stichprobengröße steigt.

Es ist also zulässig, die Normalverteilung zur Abschätzung von $\bar{x}$ heranzuziehen, sofern die Population ein endliches σ aufzuweisen hat.

Die beiden notwendigen Voraussetzungen sind allerdings, daß die Stichprobeneinzelwerte randomisiert aus der Population herausgegriffen wurden und daß n groß genug ist, um einen einigermaßen sicheren Schätzwert für μ zu ergeben. Diese Eigenschaft von $\bar{x}$ ist außerordentlich wichtig und läßt zu, mit $\bar{x}$ zu rechnen, auch wenn die Stichprobe nicht normal verteilt war.

Um ein sicheres arithmetisches Mittel zu erhalten, sollte die Zahl der Beobachtungen so groß wie möglich gehalten werden.

Ist wie gewöhnlich die Verteilung der Population nicht bekannt, sollten folgende weitere 4 Regeln beachtet werden:

1. Viele Verteilungen in natürlichen Prozessen sind untereinander ähnlich und folgen meist einer Glockenform.

2. Eine einfache Transformation reicht oft aus, um die Daten normal zu verteilen.
3. Das arithmetische Mittel stellt häufig den einzigen und wichtigsten berechneten Parameter dar. Die mittlere Verteilung der Stichprobe wird sich der Normalverteilung nähern, wenn genug Beobachtungen gemacht worden sind.
4. Viele statistische Ergebnisse sind zwar ausreichend, um die Ergebnisse einer Studie zu charakterisieren, auch wenn sie nicht normal verteilt sind, es muß jedoch strengstens beachtet werden, daß viele Tests bei nicht normaler Verteilung der Beobachtungen falsche Ergebnisse bringen können.

Die t-Verteilung ist ein Verfahren, welches oft statt der Normalverteilung eingesetzt wird, wenn n kleiner als 30 ist, da eine sehr kleine Stichprobengröße oft nicht ausreicht, um die Normalverteilung von x̄ ausreichend zu beschreiben.

Ist die Population normal verteilt, das σ jedoch unbekannt und n klein, erhält man über die t-Verteilung meist die besten Ergebnisse.

Die Anfangsphase eines wissenschaftlichen Projekts besteht im allgemeinen daraus, daß eine Idee gefunden oder eine Theorie aufgestellt wird, die durch eine Untersuchung belegt werden muß. Die Theorie oder Hypothese muß zunächst akzeptiert werden, da ja noch nicht genug Informationen zusammengetragen worden sind, um einen Beschluß über ihre Richtigkeit herbeizuführen. In etwa parallel verläuft die Hypothese bei statistischen Planungen, die ebenfalls bereits in den abschließenden Prozeß zur Findung eines Ergebnisses einbezogen wird.

Eine statistische Hypothese ist eine Feststellung über eine interessierende Population und enthält im allgemeinen Meßgrößen oder Schätzgrößen über diese. Eine Hypothese kann durch den Versuch angenommen oder abgelehnt werden, es muß dabei aber klargestellt sein, daß dieses nicht möglich ist, wenn die Population selbst nicht genau beschrieben werden kann. Wird eine Hypothese angenommen oder abgelehnt, muß an den ständig vorhandenen Fehler gedacht werden, der jedem Testverfahren innewohnt. Es gibt zwei Arten von Fehlern einer Testhypothese, Typ I oder α-Fehler und Typ II oder β-Fehler. Als α-Fehler bezeichnet man die Wahrscheinlichkeit, daß die Hypothese abgelehnt wird, als β-Fehler die Wahrscheinlichkeit, daß die Hypothese angenommen wird.

Der α-Fehler kann durch den klinischen Untersucher kontrolliert werden, indem er das Signifikanzniveau des α-Fehlers festlegt, welches er später beim Vergleich der Mittelwerte akzeptieren will. Der β-Fehler hingegen ist unkontrollierbar, solange die Population nicht definiert werden kann und die wahre Antwort auf die Hypothese unbekannt bleibt.

Die aktuelle statistische Hypothese nennt man Nullhypothese, sie wird durch das Symbol H_0 dargestellt. Eine Nullhypothese trifft in jedem Falle eine Feststellung über die zu untersuchende Population und repräsentiert somit den Blickwinkel des Untersuchers.

H_0: $\mu = 0$

ist eine typische Nullhypothese. Sollte die Hypothese abgelehnt werden, muß eine neue Hypothese aufgestellt werden:

H_A: $\mu \neq 0$.

Durch Festlegen des Signifikanzniveaus α legt sich der Untersucher fest, wie oft er bereit ist, die Nullhypothese abzulehnen, wenn das Experiment mehrfach wiederholt werden kann. Hierdurch ergibt sich eine nützliche Information, die jedoch keine Einsicht bietet, ob eine Hypothese abzulehnen ist. Die Wahrscheinlichkeit, eine falsche Nullhypothese oder β abzulehnen, hängt davon ab, ob der echte Wert für μ bekannt ist, was fast nie der Fall ist.

Um μ zu schätzen, muß der Untersucher bereit sein, das Verhältnis von H_A zum Median μ zu spezifizieren, wie z. B.

H_A: $\mu = 1.5$.

Durch Spezifizieren der Hypothese muß ein teststatistisches Verfahren herangezogen werden, um entscheiden zu können, ob man die Nullhypothese annimmt oder ablehnt.

Zweiter Teil: Modellfindung und Studiendesign

In der Planungsphase eines Forschungsprojekts muß der klinische Prüfer entscheiden, welche Methode der Datensammlung dem Versuchsziel am besten entspricht. Ein vernünftiges experimentelles Design, das auf einem bereits etablierten Modell aufgebaut wird, kann selbstverständlich eine Studie erheblich verbessern. Gewöhnlich weiß der Untersucher in der Planungsphase bereits, wo die Probleme stecken, um repräsentative aussagekräftige Daten zu erhalten. Das Modell sollte deshalb am Problem informiert sein und besonders in der klinischen Pharmakologie versuchen, mit möglichst wenigen Daten auszukommen.

Wenn nur wenige Probanden in eine Untersuchung einbezogen werden können und somit nur wenige Proben später zur Verfügung stehen, ist es besonders wichtig, ein gutes statistisches Design zu finden, da mit dem Design die ganze Studie steht und fällt.

Alle Modelle, die im folgenden Abschnitt vorgestellt werden, sind parametrische Modelle, d. h. sie haben meßbare Parameter, die auf irgendeine Weise verteilt sind.

Die Tatsache, daß die Werte verteilt sind, macht es andererseits notwendig, daß die Meßwerte der Stichprobe die Meßwerte der Population in vernünftiger Weise repräsentieren.

Da fast alle Methoden davon ausgehen, daß die Werte normal verteilt sind, muß der Untersucher voraussetzen, daß auch seine Daten diesem Kriterium gehorchen.

Das weiter vorne dargestellte Theorem rechtfertigt diese Annahme in gewisser Weise, vorausgesetzt, daß genug Proben zur Verfügung stehen, um die Verteilung und das arithmetische Mittel der Stichprobe zu charakterisieren.

Diese Überlegungen müssen vor jeder Studie erneut angestellt werden, insbesondere dann, wenn nur wenige Proben zur Verfügung stehen.

Es ist fast unmöglich, die Normalverteilung für kleine Proben zu beweisen, und ebenso schwierig ist es, den Beweis anzutreten, daß sie nicht normal verteilt sind, solange die Population selbst undefiniert bleibt.

Eine weitere wichtige Voraussetzung ist, daß die Streuung der Daten um das arithmetische Mittel von der Behandlungsart, welche den Mittelwert schlußendlich verändern soll, unabhängig ist. Vergleicht man einen an einer Kontrollgruppe gemessenen Parameter mit dem gleichen Parameter einer behandelten Gruppe, so muß der Wert für S für beide Gruppen annähernd gleich groß sein, d. h beide Gruppen müssen aus derselben Population stammen, andernfalls sind die Gruppen nicht vergleichbar. Die verschiedenen Tests:

1. t-Test

Die Statistik für einen Datensatz wird wie folgt berechnet:

$$t = \frac{\bar{x} - \mu}{\frac{S}{\sqrt{n}}}$$

μ ist der angenommene Median der Population. Der kritische t-Wert kann aus einer t-Tabelle entnommen werden, die angestrebtes Signifikanzniveau, Freiheitsgrad und Standardabweichung berücksichtigt. Beispiel:

H_0: $\mu = 0$
H_A: $\mu \neq 0$ entweder größer oder kleiner.
$\alpha = 0.05$
$n = 15$
$\bar{x} = -0.27$
$S = 0.03$

$$t_{test} = \frac{-0.27 - 0}{\frac{0.03}{\sqrt{15}}} = -34.86$$

Schlägt man nun in der Tabelle für die zweiseitige Fragestellung bei einem Signifikanzniveau von 5% und 14 Freiheitsgraden den Wert auf, erhält man:

$t_{krit} = \pm\, 2.145$

also:

H_0: $\mu = 0$

ist abzulehnen.

Ähnliche Verfahren stehen für den Vergleich von 2 Probenmittelwerten zur Verfügung.

Wenn die Datensätze unabhängig voneinander sind, also wenn eine Kontrollgruppe mit einer Behandlungsgruppe verglichen wird, bezeichnet man den Test als unverbunden. Sollte es sich um einen cross-over handeln, spricht man von verbundenen Stichproben.

Um das t bei unverbundenen Stichproben zu berechnen, werden die Standardabweichungen zusammengelegt.

$$t = \frac{(x_1 - x_2) - D}{S_p \sqrt{\frac{1}{n_1} + \frac{1}{n_2}}};$$

$$S_p = \frac{(n_1 - 1) S_1^2 + (n_2^2 - 1) S_2^2}{n_1 + n_2 - 2}$$

D ist dabei die angenommene Differenz zwischen den arithmetischen Mittelwerten. Das Zusammenlegen der Standardabweichungen führt zu einem gewogenen Mittel und stellt somit den denkbar besten Schätzwert für die Standardabweichung der Gesamtpopulation dar.
D wird zu 0, wenn sich die Nullhypothese wie folgt formulieren läßt:

H_0: $x_1 = x_2$

Sind die Mittelwerte nicht gleich, stellt D das Ausmaß der Antwort, welches durch eine Behandlungsart im Vergleich zur Kontrolle bewirkt wird, dar, d. h. die Gruppe, die behandelt wurde, zeigt einen statistisch absicherbaren Effekt, der Unterschied kann nach folgender Gleichung formuliert werden: (Konfidenzintervall: $100 \cdot (1 - \alpha)$ [%])

$$D = x_1 - x_2 \pm t_1 - \frac{\alpha}{z} \cdot \frac{S_p}{\sqrt{\frac{1}{n_1} - \frac{1}{n_2}}}$$

Der t-Test hat seine Grenzen, wenn mehr als 2 Datensätze verglichen werden sollen, da mit jedem weiteren Datensatz das Signifikanzniveau absinkt.

In der klinischen Pharmakologie hat der Untersucher meist Kenntnis über die Stichprobe aus der Population, da er sie, insbesondere bei Führung in einer Probandenstation, gründlicher ärztlicher Voruntersuchung, geschickter problemrelevanter Auswahl im Sinne des früher im Kapitel „Modellcharakter" beschriebenen, besser vergleichen kann als der Arzt in der Klinik, der auf das per Zufall in die Station kommende Krankengut angewiesen ist, welches meist noch durch zusätzliche Medikationen oder Begleiterkrankungen uneinheitlicher ist und somit eine größere Varianz aufzuweisen hat. Auf die Probleme der Übertragbarkeit experimenteller Daten gesunder Versuchspersonen auf spätere Patienten muß an dieser Stelle hingewiesen werden. Die Problematik wurde in einem früheren Kapitel bereits diskutiert.

In der klinischen Pharmakologie werden im allgemeinen zwei verschiedene Behandlungsarten, von denen eine Placebo ist, an zwei weitgehend vergleichbaren Gruppen ausgeführt. Wenn irgend möglich, sollte jedoch die Gruppe sich selbst Kontrolle sein, also das „cross-over design" gewählt werden, wobei die Hälfte der Gruppe randomisiert zugeordnet Placebo, die zweite Hälfte Verum erhält. Nach Abschluß aller Messungen werden die Gruppen ausgetauscht, so daß nun die Placebogruppe Verum und die Verumgruppe Placebo erhält. Dieses Verfahren reduziert die Variation erheblich, da man voraussetzen muß, daß sich der Proband A während des ersten Versuchsdurchgangs, was seinen Stoffwechsel anbetrifft und seine pharmakodynamische Antwort, genauso verhält, wie während des zweiten Durchgangs. Deshalb braucht der Untersucher sich in diesem Falle nur um die Verteilung der Differenzen zu kümmern und nicht um die tatsächlich beobachteten Messungen.

(Die Erfahrung zeigt jedoch, daß diese Annahme nur bedingt stimmt. Die intraindividuelle Varianz ist der interindividuellen Varianz, bei pharmakokinetischen Untersuchungen z. B., oft gleich.)

$$t_{test} = \frac{D}{S_D \sqrt{n_D}}$$

D ist der Mittelwert der Differenzen für verbundene Stichproben und S_D und n_D sind die Differenzen der Standardabweichungen und der Stichprobengröße. Das Konfidenzintervall für D_i kann wie folgt berechnet werden:

$$D_i = D \pm t_1 - \frac{\alpha}{z} \cdot \frac{S_D}{\sqrt{n_D}}$$

2. Varianzanalyse

Die Varianzanalyse unterscheidet sich grundsätzlich vom t-Test dadurch, daß sie verschiedene Verteilungen für die Testhypothese voraussetzt. Dennoch ist sie mit dem t-Test vergleichbar, da sie ebenfalls

Mittelwerte, die durch eine Behandlungsart einer Stichprobe entstehen, vergleicht.
Die Varianzanalyse rechnet mit einem mittleren Schätzwert, jedoch mit anderen Verfahren als beim t-Test.
Die Einführung von Computern hat die sehr komplexen Rechenverfahren der Varianzanalyse vereinfacht. Es sollen in den folgenden Zeilen nur die Vorteile und Grenzen der verschiedenen Modelle dargestellt werden. Die Rechenbasis sollte man ohnehin den Computern überlassen.

Die Varianzanalyse ist, wenn man die verschiedenen mathematischen Modelle betrachtet, der beste Zugang zu jeder Art statistischen Designs. Im folgenden soll die Einwegvarianzanalyse dargestellt werden, welche zum kompletten randomisierten Blockdesign paßt.

$$y_{ij} = \mu + T_i + \varepsilon_{ij};$$

y_{ij} ist die einzelne Beobachtung, μ ist der Mittelwert über sämtliche bekannten Proben. T_i ist ein zusätzlicher Effekt, der durch Zuordnen der Probe zur Behandlungsart entsteht. ε_{ij} ist der Restirrtum der Probe, vergleichbar der Varianz S^2.

Die Gleichung macht deutlich, daß jede Beobachtung um einen mittleren Wert verteilt ist und die aktuelle Beobachtung durch eine nicht bekannte Variation bestimmt wird. Die Variation ist additiv und wird durch die Glieder T_i und ε_{ij} für jede Beobachtung einzeln ausgedrückt. Da eine Einzelbeobachtung für die Beurteilung einer Population nicht ausreicht, wird μ durch x geschätzt und dann Trends aufgezeigt, die durch die Behandlungsart hervorgerufen sein könnten, durch Vergleich von T_i und ε_{ij}.

Der Vergleich wird unter Verwendung der F-Verteilung durchgeführt, die F-Verteilung stellt den Quotienten zweier Varianzausdrücke dar und verlangt kritische Werte für die Testhypothese, bei vorher gegebenem Signifikanzniveau und Anzahl der Meßwerte, die die Probenvarianz ausmachen.

Es sollen im folgenden die Vor- und Nachteile verschiedener Studiendesigns an einer hypothetischen Bioverfügbarkeitsstudie dargestellt werden, außerdem sollen alle Faktoren, die eine solche Studie beeinflussen können, besprochen werden.

Der Ansatz enthält 4 verschiedene pharmazeutische Zubereitungen, deren Bioverfügbarkeit bestimmt werden soll.

Zur Verfügung stehen nur 4 Versuchspersonen. Es können auch nur 4 Versuchspersonen aus technischen Gründen pro Woche untersucht werden. Wegen der langen Halbwertszeit der Substanz ist es nötig, eine wash-out-Phase von 1 Woche zwischen die einzelnen Applikationen einzuschalten. Eine der größten Variationen ist die Versuchsperson selbst. Eine zweite Variation kommt dadurch hinein, daß die Applikation der Formulierungen in verschiedenen Wochen erfolgen muß. Beide Größen entziehen sich im wesentlichen der Kontrolle des klinischen Prüfers.

Das Interesse der Studie besteht darin, Variationen aufzuzeigen, die durch die verschiedenen pharmazeutischen Formulierungen hervorgerufen werden.

3 mögliche Studiendesigns sollen auf dieser Basis besprochen werden.

1. Das komplett randomisierte Design: Die einzige Einschränkung, die hier gemacht werden muß, ist, daß nur eine Zubereitung pro Woche appliziert werden kann. Das Modell enthält deshalb, wie weiter oben beschrieben, nur 1 Glied, um die Variation, die aus den verschiedenen galenischen Formulierungen stammt, zu beschreiben, sowie einen weiteren Ausdruck für die biologische Streuung, die der Proband mit sich bringt. Die Nullhypothese müßte also lauten:

$H_0: \quad \mu_{D_1} = \mu_{D_2} = \mu_{D_3} = \mu_{D_4}.$

Die Nullhypothese setzt voraus, daß es keinen Unterschied in der pharmakokinetischen Antwort gibt, die sich auf die Applikation einer der 4 Formulierungen bezieht, eine Annahme, die im allgemeinen Gültigkeit besitzt. Da die Irrtumswahrscheinlichkeit in bezug auf die Unterschiede bei der Behandlung groß ist, wird der Quotient klein bleiben. Sollte jedoch der Unterschied, der aus der alleinigen Behandlung herrührt, groß werden, kann die Nullhypothese möglicherweise nicht abgelehnt werden.

Die nachfolgende Zahlenaufstellung stellt einen Ablauf- und Randomplan für 4 Probanden für die angenommenen Versuchsbedingungen dar. Wird dieses Design verwendet, erhält nicht jede Versuchsperson jede pharmazeutische Formulierung einmal. Es wird angenommen, daß das Prüfsystem Proband gleichmäßig streut.

Ein Effekt, der möglicherweise durch klimatische oder diätetische Einflüsse von Woche zu Woche entstehen könnte, wird nicht erkannt.

Woche	Proband 1	Proband 2	Proband 3	Proband 4
1	D_3	D_1	D_4	D_1
2	D_1	D_1	D_3	D_4
3	D_4	D_2	D_2	D_2
4	D_4	D_3	D_2	D_3

2. Das randomisierte Blockdesign: Das randomisierte Blockdesign enthält eine weitere, für die Versuchsplanung und deren Ergebnis wichtige Einschränkung. Die Randomisierung wird so ausgeführt, daß jeder Proband jede Behandlungsart einmal erhält, da im allgemeinen, wie vorher ausgeführt, nicht angenommen werden kann, daß das Prüfsystem gleichmäßig streut.

Die Sensibilität der Varianzanalyse wird dadurch gesteigert und der Behandlungseffekt, also die Variable in der Bioverfügbarkeit, die aus den verschiedenen galenischen Zubereitungen herrührt, besser erkannt. Das zugehörige mathematische Modell lautet:

$$Y_{ij} = \mu + \beta_i + T_j + \varepsilon_{ij}.$$

β_1 stellt die Variation dar, die immer noch übrig bleibt, wenn die Versuchspersonen zu den 4 Blöcken zugeordnet werden. Addiert man den β_i-Ausdruck zur Irrtumswahrscheinlichkeit, so wird diese im Verhältnis zum Ausdruck T_j, also dem Ausdruck, der die Behandlungsart beschreibt, relativ kleiner. Dieses Design sollte immer dann angewendet werden, wenn weitere Einschränkungen aus versuchstechnischen Gründen nicht möglich sind.

Die Variation innerhalb der Blöcke stellt in diesem Modell gleichzeitig die intraindividuelle Variation dar, die insbesondere bei pharmakokinetischen Studien sehr groß sein kann und, wie weiter vorne ausgeführt, der interindividuellen Streuung häufig sogar gleich ist. In diesem Modell erhält zwar jeder Proband jede Zubereitung einmal, ist sich also selbst innerhalb der Studie Kontrolle, es können jedoch keine Blockeffekte ausgeklammert werden, die sich aus der Tatsache herleiten, daß die Studie in 4 verschiedenen Wochen durchgeführt werden mußte.

Woche	Proband 1	Proband 2	Proband 3	Proband 4
1	D_2	D_4	D_1	D_3
2	D_3	D_3	D_2	D_4
3	D_1	D_2	D_4	D_2
4	D_4	D_1	D_3	D_1

3. Lateinisches Quadrat: Das lateinische Quadrat setzt eine weitere Einschränkung voraus und somit ein weiteres Glied im randomisierten Blockdesign.

Der Effekt, der durch die galenische Formulierung entsteht, ist weiterhin das Hauptversuchsziel, es wird jedoch zusätzlich der Rest Irrtumswahrscheinlichkeit beschrieben. Die Modellgleichung dazu lautet:

$$y_{ijk} = \mu + \beta_i + T_i + W_k + \varepsilon_{ijk}.$$

W_k stellt das Glied dar, welches den Unterschied, der durch die verschiedenen Wochen in die Studie hineinkommt, charakterisiert.

Ein typischer Randomisierungsplan ist der folgenden Aufstellung zu entnehmen.

Woche	Proband 1	Proband 2	Proband 3	Proband 4
1	D_3	D_4	D_1	D_2
2	D_2	D_3	D_4	D_1
3	D_1	D_2	D_3	D_4
4	D_4	D_1	D_2	D_3

Auf diese Weise ist eine weitere unkontrollierte Varianz eliminiert, so daß der Test insgesamt sensibler wird.

Die Elimination erfolgt, wie die Zahlenaufstellung zeigt, dadurch, daß alle 4 Behandlungsarten in jeder Woche gegeben werden (Woche 1: D_3, D_4, D_1, D_2 etc.). Sollte also ein durch Diät oder Klima bedingter Einfluß in die Studie hineingeraten, so verteilt sich dieser gleichmäßig auf die 4 Blöcke.

Die Voraussetzungen zur Anwendung dieser Modelle gehen über die am Anfang gestellten Forderungen hinaus:

1. Die Irrtümer, die in das Experiment unkontrolliert hineingetragen werden, dürfen nicht mit den Behandlungsarten zusammenhängen, da letztere zu unterscheiden das eigentliche Versuchsziel darstellt.
2. Die Irrtumswahrscheinlichkeit muß für alle Probanden und Gruppen gleich sein.

Logischerweise kann nicht erwartet werden, daß jede Gruppe gleiche Varianzen enthält, was jedoch durch den Variationskoeffizienten leicht festgestellt werden kann. Wird der Mittelwert einer Behandlungsart aufgrund der galenischen Formulierung geändert, bleibt der Variationskoeffizient jedoch in etwa konstant, kann angenommen werden, daß man einen Präparateffekt, nämlich den der galenischen Zubereitung, gemessen hat.

3. Die mathematischen Modelle, die diesen Überlegungen zugrunde liegen, sind linear, d. h. jeder denkbare, erwünschte oder unerwünschte Effekt addiert sich zum Median der Population.

Nichtadditivität ist immer dann vorhanden, wenn die Behandlung mit einer bestimmten galenischen Formulierung unproportionale Änderungen der nicht gewünschten unkontrollierbaren Effekte hervorruft.

Die Nichtadditivität wird häufig zu einem Problem in biopharmazeutischen Untersuchungen, sie ist das Ergebnis von Interaktionen zwischen Behandlungsart und den Gruppen von Probanden. Wenn z. B. die washout-Phase zu kurz gehalten wurde, können die Meßwerte der zweiten Gruppe zu hoch werden, da noch Substanz im Plasma gefunden wird. Diese Möglichkeit wird durch das Modell nicht berücksichtigt.

Sollte man auf Nichtadditivität stoßen, kann man durch logarithmische Transformation der Daten multiplikative Effekte in additive umwandeln. Ein günstiger Test ist der Tukey's test, der vor Behandlung der Daten feststellt, ob eine Transformation notwendig ist und den erwünschten Erfolg bringen kann.

Wenn die Untersuchungen zeigen, daß die Nullhypothese nicht abgelehnt werden sollte, muß der Untersucher annehmen, daß die Mittelwerte aus der galenischen Zubereitung abzuleiten sind. Sollte die Nullhypothese jedoch angenommen werden, muß daraus gefolgert werden, daß zumindest eine der Versuchsgruppen im Mittelwert nicht den anderen entspricht.

Um festzustellen, wo die Störfaktoren liegen, gibt es eine Reihe weiterer Methoden, die zu beschreiben jedoch den Rahmen dieses Kapitels sprengen würde.

Grundsätzlich sollte man davon ausgehen, den α-Fehler von vornherein festzulegen. Steckt man ihn zu groß ab, wird man zu viele Scheinergebnisse erhalten, so daß hierdurch die Sicherheit und Sensitivität des Verfahrens nicht mehr gewährleistet werden kann.

Im vorliegenden Modellfall wird man α allerdings mit 0.1 ansetzen müssen und somit selbst bei Randomisierung im lateinischen Quadrat viele Störfaktoren nicht richtig identifizieren oder als Präparateffekt verkennen.

Das lateinische Quadrat mit 2 × 4 Probanden bietet durch Verdoppelung der Freiheitsgrade im allgemeinen, wenn es um die Abschätzung galenischer Formulierungen geht, ausreichende Sicherheit. Der Unterschied zum dargestellten Quadrat besteht lediglich darin, daß ein zweites Quadrat mit 4 weiteren Probanden aufgebaut wird.

Sollten 3 pharmazeutische Zubereitungen verglichen werden, was in der Praxis bei Erarbeitung des pharmakokinetischen Profils einer neuen Substanz sehr häufig auftritt, so empfiehlt es sich, zwei lateinische Quadrate mit 3 Probanden, die je 3 Behandlungsarten erhalten, aufzustellen. Ein Quadrat könnte z. B. folgende Behandlungsarten vergleichen:

Behandlungsart I. Intravenöse Injektion der zu untersuchenden Substanz.

Behandlungsart II. Orale Applikation einer wäßrigen Lösung der Substanz.

Behandlungsart III. Die später in den Handel einzuführende pharmazeutische Formulierung wie Tablette, Dragee oder Kapsel.

Im Abschnitt „Pharmakokinetik" sind die Algorithmen für Berechnung der Bioverfügbarkeit dargestellt. Die folgende Zahlenaufstellung gibt ein typisches lateinisches Quadrat für die Untersuchungen wieder.

Anzumerken ist, daß bei Zulassung von neuen Substanzen auf internationaler Ebene das lateinische Quadrat mit 6 Probanden im allgemeinen nicht akzeptiert wird und man besser von vornherein die beiden Quadrate verdoppelt.

Woche	Proband 1 + 4	Proband 2 + 5	Proband 3 + 6
1	i. v.	Lösung	Kapsel
2	Kapsel	i. v.	Lösung
3	Lösung	Kapsel	i. v.

Als letztes soll die Problematik besprochen werden, die sich ergibt, wenn sich nicht alle Werte erstellen lassen, z. B. dadurch, daß eine Versuchsperson den Versuch aus eigenem Ermessen abbricht oder daß ein gesamter Satz von Probenröhrchen, aus welchen die Arzneimittelkonzentration im Plasma bestimmt werden soll, in der pharmazeutischen Mikroanalytik durch Versehen oder technischen Fehler nicht aufgearbeitet werden kann.

Setzen wir voraus, daß 1 Proband aus einem lateinischen Quadrat die dritte Applikation verweigert hat, so daß in der späteren varianzanalytischen Matrix eine Zelle nicht belegt ist. Es muß nunmehr der Wert für diese Zelle berechnet werden, wobei zu beachten ist, daß die Genauigkeit des Ergebnisses in jedem Falle schlechter ist, da man einen Wert einfügt, der dem Experiment keine zusätzliche Information gibt, sondern nur geschaffen wurde gewissermaßen als „dummy", um die Varianzanalyse lösbar zu machen.

Dieses setzt unabdinglich voraus, daß die Freiheitsgrade des Versuchsfehlers um die Anzahl der künstlich aufgefüllten Zellen reduziert werden müssen. Die Berechnung des fehlenden Wertes geht nach folgender Formel:

$$BS_{ij} = \frac{n\,(\Sigma\,S_i) + k\,(\Sigma\,B_j) - \Sigma\,BS}{(n-1)(k-1)}$$

wobei n die Anzahl der Blöcke darstellt und k die Stufen. (Z. B. Anzahl der Probanden)

$\Sigma\,S_i$ steht für die Summe der Spalte in welcher ein Wert fehlt.
$\Sigma\,B_j$ steht für die Summe der Reihe in welcher ein Wert fehlt.
$\Sigma\,BS$ ist die Summe aller Zahlen.

Dieses Verfahren kann durchaus für zwei Fehlzellen angewendet werden, wenn die Matrix 6 Probanden und 3 Behandlungsarten enthält. Bei kleineren Matrizen wird die Aussagekraft fragwürdig, wenn mehr als eine Zelle künstlich aufgefüllt wird.

Anhang

1 „intensive care unit" einer Probandenstation für Phase-I-Untersuchungen

Die „intensive care unit" einer Probandenstation für Phase-I-Untersuchungen sollte folgende Geräte und Medikamente enthalten:

1. Geräte

Defibrillatoreinrichtung
Sauerstoffflasche
Beatmungsmaske
Zungengrundtubus
Trachialtuben verschiedener Größen
Nasopharyngialtubus
Kiefersperre
Zahnkeil
Magenschlauch
Taschenlampe
Absaugkatheter
Absaugpumpe
Tracheotomiebesteck
Blutdruckmeßgerät
Stethoskop
Reflexhammer
Thermometer
kombinierter Augen/Ohrenspiegel
verschiedene Spritzen und Kanülen
diverses Verbandmaterial

2. Medikamente

Schock

Plasmaexpander
Sympathomimetika
Corticoide

Asthma cardiale

Herzglykoside

Myokardinfarkt

Morphine
Nitroglyzerinpräparate
Papaverinderivate
Phenprocoumon
Antiarrhythmika

Asthma bronchiale

Etofyllin, Theophyllin
Corticoide
β_2-Mimetika

Allergien

Antihistaminika
Corticoide
Calzium

Koliken

Spasmolytika

Blutungen

Vitamin K
Mutterkornalkaloide

Arzneimittelintoxikation

physiologische Kochsalzlösung
Diuretika
Apomorphin oder Lorphan
Atropin oder Toxogenin
Zentrale Kreislaufmittel
Atemanaleptika

2 Einverständniserklärung für die Teilnahme an klinischen Prüfungen und Protokoll zur Probandenaufklärung (Muster)

Prüf-einrichtung	Code	Datum	Kartei
	Versuchsbeschreibung	Prüfer	

Einverständniserklärung für die Teilnahme an klinischen Prüfungen
(§ § 40, 41 AMG 1976)

Herr _____ ist Leiter der beabsichtigten klinischen Prüfungen des Prüfpräparates

1. Er hat mich heute darüber informiert, daß der Zweck der Prüfung darin besteht, herauszufinden

2. Er hat mich auch über Wesen und Bedeutung der Tragweite der klinischen Prüfung informiert, die weltweit als ein unabdingbares Erfordernis der Prüfung neuer Arzneimittel angesehen wird.

3. Er hat mich über die Risiken, die mit dieser Prüfung verbunden sind, aufgeklärt, insbesondere

   und erklärt, daß diese Risiken ärztlich vertretbar sind.

4. Er hat mich darauf hingewiesen, daß die vorgeschriebene pharmakologisch-toxikologische Prüfung am Tier stattgefunden hat und sich dabei keine Bedenken gegen die Anwendung des Prüfpräparates am Menschen ergeben haben.

5. Mir wurde erklärt, daß der gesetzlich vorgeschriebene Versicherungsschutz besteht.

6. Ich bin darüber belehrt worden, jederzeit Mitglieder des ethischen Komitees oder einen Arzt meiner Wahl ansprechen zu können. Es wird nahegelegt im Sinne einer optimalen medizinischen Betreuung, dem Versuchsleiter den Arzt bekanntzugeben oder den Arzt seiner Wahl über die Vorfälle zu informieren.

Aufgrund dieser Information erkläre ich mich damit einverstanden, daß die vorgenannte Arzneimittelprüfung einschließlich der dafür notwendigen ärztlichen Untersuchungen an mir durchgeführt wird, wobei ich mir vorbehalte, meine Einwilligung jederzeit zu widerrufen. Ferner erkläre ich meine Bereitschaft, mich an die ärztlichen Anordnungen des Prüfungsleiters für die Zeit vor, während und nach der Prüfung zu halten.

Ich erkläre, daß ich nicht drogenabhängig bin, und bin damit einverstanden, daß Herr _____ bei den zuständigen Stellen diesbezüglich Auskünfte einholen darf und diese von mir insofern von der ärztlichen Schweigepflicht entbunden wird.

Ort und Datum

_____   _____
Unterschrift des Leiters der klinischen Prüfung   Unterschrift des Probanden

_____
Zeuge

Protokoll zur Probandenaufklärung   CODE:

Zum Versuch:
Sinn und Zweck der Prüfung: _____

Zum Präparat:
Handelspräparat
Hauptwirkung: _____

Wirkungsweise lt. Hersteller: _____

Nebenwirkungen lt. Hersteller: _____

Tagesdosis lt. Hersteller: _____ Dosis im Versuch: _____

Prüfpräparat
Erstanwendung beim Menschen: ja / nein
Wirkungsweise: _____

Wirkung im Tierversuch: _____

Misch-LD_{50}: _____, daraus errechnete Humandosis: _____
Dosierung im vorliegenden Versuch: _____
evtl. auftretende Nebenwirkungen: _____

Zum Versuchsablauf:
Applikationsarten und Anzahl: _____
Anzahl Tage in der Station: _____, Blutentnahmen intern: _____ extern: _____
Urinsammelperioden intern: _____, extern: _____, EKGs: _____, RR: _____
Respirogramme: _____, Psychometrien: _____, Ergometrien: _____
Pupillographien: _____, Schlauch schlucken: _____
Infusionen: _____   Einfuhr/Ausfuhr muß protokolliert
                                    werden: ja / nein

Diät und Trinkvorschriften:
Verboten sind: Kaffee, Tee, Kakao, Nutella, Alkohol, Nikotin, Fruchtsaft.
Jegliche Medikamenteneinnahme ist verboten!

Datum	Leiter der klinischen Prüfung
Unterschrift des Probanden	Zeuge

3 Großer und kleiner Laborstatus

Großer Laborstatus

Bilirubin
Gamma GT
GOT
GPT
Alkalische Phosphatase

Cholesterin
Triglyceride

Creatinin
Harnstoff

Kalium
Natrium
Calcium

Elektrophorese

Blutzucker nüchtern

Harnsäure

Hämatokrit
Hämoglobin
Erythrozyten
Leukozyten
Differentialblutbild
Thrombozyten

Kleiner Laborstatus

Gamma GT
GOT
GPT

Creatinin

Blutzucker nüchtern

Hämoglobin
Erythrozyten
Leukozyten

4 Checkliste (Muster)

| Prüf-einrichtung | Code | Datum | 1 |
| | Versuchsbeschreibung **CHECKLISTE** | Prüfer | |

○ HANDELSZUBEREITUNG
Chargen-Nr.:
1. ───────────
2. ───────────
3. ───────────

Tagesdosis lt. Hersteller:
1. ───────────
2. ───────────
3. ───────────

Tagesdosis im Versuch:
1. ───────────
2. ───────────
3. ───────────

○ NEUE SUBSTANZ
Prüf-Nr./Charge:
1. ──────── / ────────
2. ──────── / ────────
3. ──────── / ────────

○ Toxikologie eingesehen
LD_{50}: ───────────
Humandosis: ───────────
1. Dosis im Versuch: ───────────

○ BGA-Hinterlegung ist erfolgt

○ Prüfung vom ethischen Komitee genehmigt

Hauptwirkung: ───────────────────────────
───────────────────────────

Nebenwirkungen: ───────────────────────────
───────────────────────────

Antidot: ───────────────────────────
───────────────────────────

○ Versuchsplan erstellt
○ Dosisprotokoll ist angelegt
○ Versicherungsbestätigung des Herstellers
 bzw. Versicherungsnachweis der Prüfeinrichtung liegt vor
○ Datenträger und Einverständniserklärungen sind vorbereitet
○ QSE-Verständigung

Prüf-einrichtung	Code		Datum	Kartei	2
	Versuchsbeschreibung **CHECKLISTE**		Prüfer		

○ intensive-care-unit überprüft
○ Antidot liegt bereit
○ Diätplan ist erstellt

Versuch freigegeben am ―――――――――

Für die Richtigkeit der Angaben

Unterschrift des Leiters der klinischen Prüfung

5 Gesetz über den Verkehr mit Arzneimitteln
sowie
4. Richtlinie über die Prüfung von Arzneimitteln

Gesetz über den Verkehr mit Arzneimitteln (Arzneimittelgesetz) vom 24. August 1976
(Bundesgesetzblatt I S. 2445)

Sechster Abschnitt
Schutz des Menschen bei der klinischen Prüfung
§ 40 Allgemeine Voraussetzungen

(1) Die klinische Prüfung eines Arzneimittels darf bei Menschen nur durchgeführt werden, wenn und solange

1. die Risiken, die mit ihr für die Person verbunden sind, bei der sie durchgeführt werden soll, gemessen an der voraussichtlichen Bedeutung des Arzneimittels für die Heilkunde ärztlich vertretbar sind,
2. die Person, bei der sie durchgeführt werden soll, ihre Einwilligung hierzu erteilt hat, nachdem sie durch einen Arzt über Wesen, Bedeutung und Tragweite der klinischen Prüfung aufgeklärt worden ist,
3. die Person, bei der sie durchgeführt werden soll, nicht auf gerichtliche oder behördliche Anordnung in einer Anstalt verwahrt ist,
4. sie von einem Arzt geleitet wird, der mindestens eine zweijährige Erfahrung in der klinischen Prüfung von Arzneimitteln nachweisen kann,
5. eine dem jeweiligen Stand der wissenschaftlichen Erkenntnisse entsprechende pharmakologisch-toxikologische Prüfung durchgeführt worden ist,
6. die Unterlagen über die pharmakologisch-toxikologische Prüfung bei der zuständigen Bundesoberbehörde hinterlegt sind,
7. der Leiter der klinischen Prüfung durch einen für die pharmakologisch-toxikologische Prüfung verantwortlichen Wissenschaftler über die Ergebnisse der pharmakologisch-toxikologischen Prüfung und die voraussichtlich mit der klinischen Prüfung vebundenen Risiken informiert worden ist und
8. für den Fall, daß bei der Durchführung der klinischen Prüfung ein Mensch getötet oder der Körper oder die Gesundheit eines Menschen verletzt wird, eine Versicherung nach Maßgabe des Absatzes 3 besteht, die auch Leistungen gewährt, wenn kein anderer für den Schaden haftet.

(2) Eine Einwilligung nach Absatz 1 Nr. 2 ist nur wirksam, wenn die Person, die sie abgibt

1. geschäftsfähig und in der Lage ist, Wesen, Bedeutung und Tragweite der klinischen Prüfung einzusehen und ihren Willen hiernach zu bestimmen und
2. die Einwilligung selbst und schriftlich erteilt hat.

Eine Einwilligung kann jederzeit widerrufen werden.

(3) Die Versicherung nach Absatz 1 Nr. 8 muß zugunsten der von der klinischen Prüfung betroffenen Person bei einem im Geltungsbereich dieses Gesetzes zum Geschäftsbetrieb zugelassenen Versicherer genommen werden. Ihr Umfang muß in einem angemessenen Verhältnis zu den mit der klinischen Prüfung verbundenen Risiken stehen und für den Fall des Todes oder der dauernden

Erwerbsunfähigkeit mindestens fünfhunderttausend Deutsche Mark betragen. Soweit aus der Versicherung geleistet wird, erlischt ein Anspruch auf Schadensersatz.

(4) Auf eine klinische Prüfung bei Minderjährigen finden die Absätze 1 bis 3 mit folgender Maßgabe Anwendung:

1. Das Arzneimittel muß zum Erkennen oder zum Verhüten von Krankheiten bei Minderjährigen bestimmt sein.
2. Die Anwendung des Arzneimittels muß nach den Erkenntnissen der medizinischen Wissenschaft angezeigt sein, um bei dem Minderjährigen Krankheiten zu erkennen oder ihn von Krankheiten zu erkennen* oder ihn vor Krankheiten zu schützen.
3. Die klinische Prüfung an Erwachsenen darf nach den Erkenntnissen der medizinischen Wissenschaft keine ausreichenden Prüfergebnisse erwarten lassen.
4. Die Einwilligung wird durch den gesetzlichen Vertreter oder Pfleger abgegeben. Sie ist nur wirksam, wenn dieser durch einen Arzt über Wesen, Bedeutung und Tragweite der klinischen Prüfung aufgeklärt worden ist. Ist der Minderjährige in der Lage, Wesen, Bedeutung und Tragweite der klinischen Prüfung einzusehen und seinen Willen hiernach zu bestimmen, so ist auch seine schriftliche Einwilligung erforderlich.

§ 41 Besondere Voraussetzungen

Auf eine klinische Prüfung bei einer Person, die an einer Krankheit leidet, zu deren Behebung das zu prüfende Arzneimittel angewendet werden soll, findet § 40 Abs. 1 bis 3 mit folgender Maßgabe Anwendung:

1. Die klinische Prüfung darf nur durchgeführt werden, wenn die Anwendung des zu prüfenden Arzneimittels nach den Erkenntnissen der medizinischen Wissenschaft angezeigt ist, um das Leben des Kranken zu retten, seine Gesundheit wiederherzustellen oder sein Leiden zu erleichtern.
2. Die klinische Prüfung darf auch bei einer Person, die geschäftsunfähig oder in der Geschäftsfähigkeit beschränkt ist, durchgeführt werden.
3. Ist eine geschäftsunfähige oder in der Geschäftsfähigkeit beschränkte Person in der Lage, Wesen, Bedeutung und Tragweite der klinischen Prüfung einzusehen und ihren Willen hiernach zu bestimmen, so bedarf die klinische Prüfung neben einer erforderlichen Einwilligung dieser Person der Einwilligung ihres gesetzlichen Vertreters oder Pflegers.
4. Ist der Kranke nicht fähig, Wesen, Bedeutung und Tragweite der klinischen Prüfung einzusehen und seinen Willen hiernach zu bestimmen, so genügt die Einwilligung seines gesetzlichen Vertreters oder Pflegers.
5. Die Einwilligung des gesetzlichen Vertreters oder Pflegers ist nur wirksam, wenn dieser durch einen Arzt über Wesen, Bedeutung und Tragweite der klinischen Prüfung aufgeklärt worden ist. Auf den Widerruf findet § 40 Abs. 2 Satz 2 Anwendung. Der Einwilligung des gesetzlichen Vertreters oder Pflegers bedarf es solange nicht, als eine Behandlung ohne Aufschub erforderlich ist, um das Leben des Kranken zu retten, seine Gesundheit wiederherzustellen oder sein Leiden zu erleichtern, und eine Erklärung über die Einwilligung nicht herbeigeführt werden kann.
6. Die Einwilligung des Kranken, des gesetzlichen Vertreters oder Pflegers ist auch wirksam, wenn sie mündlich gegenüber dem behandelnden Arzt in Gegenwart eines Zeugen abgegeben wird.
7. Die Aufklärung und die Einwilligung des Kranken können in besonders schweren Fällen entfallen, wenn durch die Aufklärung der Behandlungserfolg nach der Nummer 1 gefährdet würde und ein entgegenstehender Wille des Kranken nicht erkennbar ist.

---

* Originaltext Bundesgesetzblatt I S. 2445

4. Richtlinie über die Prüfung von Arzneimitteln vom 11. Juni 1971*

Erster Teil

Pharmakologisch-toxikologische Prüfung von Arzneimitteln

E. Pharmakodynamik

Hierunter versteht man die durch das Arzneimittel verursachten Veränderungen der normalen oder experimentell veränderten Funktionen des Organismus.

Diese Untersuchungen sollen unter zwei Gesichtspunkten durchgeführt werden:

1. Es müssen die Wirkungen hinreichend beschrieben werden, die die Grundlage für die empfohlene praktische Anwendung bilden. Dabei müssen die Ergebnisse in quantitativer Form (Dosiswirkungskurve, Zeitwirkungskurve usw.) und, soweit vorhanden, im Vergleich zu Stoffen bekannter Wirkung beschrieben werden. Wird eine größere therapeutische Breite angegeben, so ist auch diese statistisch zu belegen.

2. Es muß eine allgemeine pharmakologische Bewertung des Stoffes erfolgen, wobei insbesondere die Möglichkeit von Nebenwirkungen zu berücksichtigen ist. Dabei sind Untersuchungen der wichtigsten vegetativen und animalischen Lebensfunktionen vorzunehmen. Diese Untersuchungen müssen um so gründlicher durchgeführt werden, je näher die Dosen, die Nebenwirkungen hervorrufen können, bei den Dosen liegen, die die therapeutischen Wirkungen verursachen.

Soweit es sich nicht um eine routinemäßige Ermittlung der Versuchsdaten handelt, muß das angewendete Verfahren hinlänglich beschrieben werden, um die Reproduzierbarkeit der Daten zu ermöglichen, deren Stichhaltigkeit der Versuchsleiter nachzuweisen hat. Die Untersuchungsergebnisse sind ausführlich zu beschreiben und soweit dies sinnvoll ist, statistisch auszuwerten.

Quantitative Veränderungen in der Wirkung nach wiederholter Verabfolgung sind zu untersuchen. Ausnahmen von diesem Grundsatz müssen eingehend begründet werden.

Stoffkombinationen können das Ergebnis pharmakologischer Überlegungen oder klinischer Hinweise sein. Im ersten Falle müssen die pharmakodynamischen Untersuchungen diejenigen Wirkungen herausstellen, die die Stoffkombinationen als solche für die klinische Anwendung empfehlen. Im zweiten Fall, in dem die wissenschaftliche Rechtfertigung der Stoffkombination durch klinische Versuche erbracht werden muß, untersucht der Pharmakologe, ob die von der Stoffkombination erwarteten Wirkungen am Tier nachgewiesen werden können, und prüft zumindest das Ausmaß der Nebenwirkungen nach. Wird in der Stoffkombination ein neuer Stoff verwendet, so ist dieser vorher für sich zu prüfen.

F. Pharmakokinetik

Hierunter versteht man das Verhalten eines Arzneimittels im Organismus, nämlich die Resorption, die Verteilung, die biochemische Umwandlung (Metabolismus) und die Ausscheidung.

Die Untersuchung der Pharmakokinetik soll mit Hilfe physikalischer, chemischer oder biologischer Methoden sowie durch die Beobachtung der pharmakodynamischen Eigenschaften des Stoffes selbst durchgeführt werden. Die Angaben über die Verteilung und Ausscheidung sind bei chemotherapeutischen Stoffen, z. B. bei Antibiotika, sowie bei solchen Stoffen notwendig, deren Anwendung auf anderen als pharmakodynamischen Wirkungen beruht. Dies gilt insbesondere für zahlreiche zu diagnostischen Zwecken bestimmte Arzneimittel sowie in allen Fällen, in denen die Angaben für die Anwendung am Menschen unerläßlich sind.

Bei neuen Kombinationen bekannter und nach diesen Vorschriften geprüfter Stoffe können die pharmakokinetischen Untersuchungen unterbleiben, wenn die toxikologischen Versuche und die klinischen Prüfungen dies rechtfertigen. Diesen bekannten und nach diesen Vorschriften geprüften Stoffen werden solche gleichgestellt, die sich in einer mindestens dreijährigen weitgehenden Anwendung bei der Krankenbehandlung und in kontrollierten Untersuchungen als wirksam und nicht schädlich erwiesen haben.

---

* Bundesanzeiger Nr. 113 v. 25. Juni 1971

6 Deklaration von Helsinki vom 30. Juli 1976

1. Biomedizinische Forschung am Menschen muß den allgemein anerkannten wissenschaftlichen Grundsätzen entsprechen; sie sollte auf ausreichenden Laboratoriums- und Tierversuchen sowie einer umfassenden Kenntnis der wissenschaftlichen Literatur aufbauen.
2. Die Planung und Durchführung eines jeden Versuches am Menschen sollte eindeutig in einem Versuchsprotokoll niedergelegt werden; diese sollte einem besonders berufenen unabhängigen Ausschuß zur Beratung, Stellungnahme und Orientierung zugeleitet werden.
3. Biomedizinische Forschung am Menschen ist nur zulässig, wenn die Bedeutung des Versuchsziels in einem angemessenen Verhältnis zum Risiko für die Versuchsperson steht.
4. Jedem biomedizinischen Forschungsvorhaben am Menschen sollte eine sorgfältige Abschätzung der voraussehbaren Risiken im Vergleich zu dem voraussichtlichen Nutzen für die Versuchsperson oder andere vorausgehen. Die Sorge um die Belange der Versuchsperson muß stets ausschlaggebend sein im Vergleich zu den Interessen der Wissenschaft und der Gesellschaft.
5. Das Recht der Versuchsperson auf Wahrung ihrer Unversehrtheit muß stets geachtet werden. Es sollte alles getan werden, um die Privatsphäre der Versuchsperson zu wahren; die Wirkung auf die körperliche und geistige Unversehrtheit sowie die Persönlichkeit der Versuchsperson sollte so gering wie möglich gehalten werden.

Bonn, den 30. Juli 1976

7 Aufbau eines Prüfplans (Muster)

Auftraggeber: (vollständiger Name der Behörde oder der auftraggebenden Industrie)

Auftragnehmer: (vollständiger Name der Prüfeinrichtung)

1. Einleitung

Kurzer pharmakologischer Abriß.
Kurzer toxikologischer Abriß.
Begründung der Dosierung mit Hinweis auf Dosisprotokoll.
Phase der Prüfung.

2. Zielsetzung

Allgemeine Zielsetzung der Studie.

3. Fragestellung

Konkrete Formulierung der an die Studie zu stellenden Fragen.

4. Material und Methoden

Sämtliche während der Studie verwendeten technischen Geräte.
Probanden mit Einschlußkriterien und Ausschlußkriterien.
Behandlungsarten.
Dosierung.
Formulierung.
Prüfdesign.

5. Versuchsablauf

Exakte Beschreibung des zeitlichen Ablaufs der Untersuchung mit Verweis auf ein Ablaufschema.

6. Analytik

Nachvollziehbare Analysenvorschrift.
Detektorlinearität.
Erfassungsgrenze.
Wiederfindung.

7. Datenverarbeitung

Rechenprogramme zur Pharmakokinetik.
Rechenprogramme zur Statistik.

8. Berichterstattung

Gutachten oder Versuchsbericht.

9. Qualitätssicherung

Beschreibung der Maßnahmen zur Qualitätssicherung.

10. Formalrechtliches

Durchführung nach GLP-Richtlinien.
Verbot der Weitergabe an Dritte.
Publikationsverbot oder Erlaubnis.

11. Timing

Versuchsanfang und Versuchsende.
Abgabe des Berichts.

12. Verantwortlichkeiten

Durch den Auftraggeber:
Vorlage der BGA-Hinterlegung.
Vorlage einer Probandenversicherung.
Vorlage von Reinheitszertifikaten.
Beschaffung der Prüfchargen.

Durch den Auftragnehmer:
Rekrutierung der Probanden.
Versuchslogistik.

13. Anhang

Der Anhang sollte einen Randomplan sowie einen Ablaufplan enthalten.

8 Probandenvertrag (Muster)

VERTRAG

Ich .... Prob.-Nr. ....
erhalte von der Prüfeinrichtung ein Honorar von

DM ....

Die Voraussetzung für die Auszahlung ist, daß ich mich während der Studie konform verhalte und alle Anweisungen des Leiters der klinischen Prüfung oder seines Beauftragten befolge.

Die Studie beginnt am .... (abends/morgens)
Entlassung ist am .... (abends/morgens)

Im übrigen gelten die in der Station ausliegenden Bedingungen des Prüfplans.

Eine endgültige Rechtsprechung über die Versteuerung von Probandenhonoraren im Sinne von § 22 Nr. 3 EStG liegt noch nicht vor.

Falls die Rechtsprechung eine Steuerpflicht ergeben sollte, bin ich darauf hingewiesen worden, daß diese bei mir liegt.

Ich erkläre hiermit ausdrücklich, daß ich während der letzten 24 Stunden keinen Alkohol getrunken und keine Medikamente eingenommen habe.

Datum .... Unterschrift ....

9 Kinetikdatenträger (Muster)

Prüf-einrichtung	Code		Datum	Kartei	
	Versuchsbeschreibung		Prüfer	Daten-Träger Nr.	

P. Nr.	Zeit nach Appl.	Uhr-zeit	Real-zeit	$c = \frac{}{ml}$			Bemer-kungen
.00					Dosis:	g	
.01					Applikation um:	Uhr	
.02					Gewicht:	kg	
.03					Größe:	cm	
.04					Alkohol:		
					Nikotin:		
.05					Luftdruck:	mb	
.06					relative Feuchte:	%	
					Temperatur:	°C	
.07					**EDV**		
.08					Checksumme:		
.09					Term 1 von: bis:		
.10					Term 2		
					Term 3		
.11					Term 4		
.12					Hilfspunkte:		
.13					ohne:		
.14					Daten auf Block:		

P. Nr.	Zeit n. Appl.	Uhr-zeit	Real-zeit	Volum. (ml)	pH	Osmol.	$c = \frac{}{ml}$	U [ ]	Σ U
.00									
.01									
.02									
.03									
.04									
.05									
.06									
.07									
.08									
.09									

Unterschrift Medizin   Unterschrift Analyse

10 American College of Clinical Pharmacology

Ad Hoc Committee for Pharmacokinetic Nomenclature (Final Revision, Spring 1981)

Prof. L. Allen
Prof. Dr. Greenblatt
Prof. Kazuo Kimure
Prof. J. MacKichan
Prof. W. A. Ritschel

Absolute Bioavailability of a drug in a dosage form administered by an extravascular route is the fraction of the administered dose which reaches the systemic circulation when the reference is the same dose of drug administered intravenously.

Accumulation is the increase of drug concentration in whole blood (plasma or serum) or tissue or the amount of drug in the body until steady-state is reached.

Area Under the Curve is the concentration of drug in blood (plasma or serum) over time (from zero to infinity) after a single dose or during a dosage interval at steady-state.

Bioequivalence of a drug product is achieved if its extent and rate of absorption (bioavailability) are not substantially different from those of the standard when administered at the same molar dose.

Biophase is the immediate environment surrounding the site of action of a drug in the body.

Central Compartment is the sum of all body regions (organs and tissues) in which the drug concentration approaches immediate equilibrium with that in blood, plasma or serum.

Clearance under steady-state conditions is a proportionality constant relating systematically available dose-rate (i. e., maintenance dose per dosage interval) to the average steady-state concentration of drug in a specified biological fluid. It must be defined according to site of measurement (i. e., blood, plasma, water etc.) and elimination organ(s) (i. e., hepatic, renal, total body clearance, etc.) see Hepatic, Renal or Total Clearance.

A Compartment in pharmacokinetics is a mathematical entity which can be described by a volume (not necessarily physiologic) and its drug concentration.

Cumulative Urinary Excretion Curves are plots of the actual cumulative amounts of drug und/or its metabolites excreted into urine versus time after administration of a drug product by various routes of administration.

Dose is the amount of drug administered as part of the dosage regimen.

Dosing Interval is the time period between administration of doses.

Elimination Half-Life is the time necessary to decrease the drug concentration in the blood (plasma or serum) to one half during the elimination phase. Elimination half-life may or may not agree with therapeutic or response half-life.

Enzyme Induction is the increase in enzyme content which may result in faster metabolism of a compound.

Enzyme Inhibition is the decrease in rate of metabolism of a compound (usually by competition) by an enzyme system.

Excretion of drugs is the final elimination from the body's systemic circulation via the kidney into urine, bile into intestines, saliva, lung, feces, sweat, skin, and milk, etc.

Feathering refers to a graphic method for obtaining individual exponential slopes, from a polyexponential curve. The therm, residual method or curve-stripping are synonymous with feathering.

First Pass Effect describes the phenomenon that drugs may be *metabolized* (not chemically degraded) between the site of absorption and reaching systemic circulation. First pass effect may occur upon P. O. (not oral, i. e., sublingual, buccal, etc.) and deep rectal administration.

Flip-Flop Model refers to the phenomenon when the rate of input is much less than the rate of output. This is usually observed when the rate of absorption is slower than the rate of elimination.

Lag Time is the period of time which elapses between the time of administration and the time of a measurable drug concentration is found in blood or the time (other than zero) when the polyexponential function describing the concentration-time relationship commenses. Lag times are often found upon P. O. administration due to slow disintegration and dissolution of tablets or capsules.

Loading Dose, Priming Dose is the dose size used in *initiating* therapy. It is usually larger than the maintenance dose and is used to rapidly provide therapeutic concentrations. The need for a loading dose depends upon elimination half-life, dosage interval, and therapeutic concentration to be achieved.

Maintenance Dose is the dose size required to maintain the clinical effectiveness or a therapeutic concentration. It is determined by drug clearance, desired steady-state concentration, and the desired therapeutic effectiveness of the drug.

Micro Constants are the rate constants of a hypothetical pharmacokinetic mode. Hybrid constants are composed of individual micro constants.

Michaelis-Menten Kinetics is used to characterize certain *nonlinear* or *saturable* processes usually involving enzymatic reactions.

Nonlinear Kinetics or Saturation Kinetics are those when the rate of the process is not directly proportional to the concentration, as it is in first-order kinetics. These processes may be described by Michaelis-Menten kinetics.

Peripheral Compartment is the sum of all body regions (i.e., organs, tissues or parts of them) to which a drug eventually distributes, but is not in immediate equilibrium with central compartment. The peripheral compartment is sometimes further subdivided into *shallow* and *deep compartments*.

Pharmacokinetics deals mathematically with the changes of drug and/or metabolite concentration in the human or animal body following administration.

Protein Binding is the phenomenon which occurs when a drug combines with plasma or tissue protein. Only the unbound drug is in equilibrium with the biophase.

Steady-State strictly speaking is only achieved during constant rate infusion when *input* and *output* are equal. The steady-state drug concentrations during multiple drug administration fluctuate (oscillate) between a maximum (peak) and a minimum (trough) steady-state concentration within each dosage interval.

Total Clearance usually is the sum of individual clearance of eliminating organs. See Hepatic and Renal Clearance.

Volume of Distribution is not a "real" volume but a hypothetic volume of body fluid that would be required to dissolve the total amount of drug at the same concentration as that found in the blood or plasma. It is a proportionality constant relating the amount of drug in the body to the measured concentration in biological fluid (blood, or plasma, plasma water).

Table 1. Recommended Pharmacokinetic Symbols, Definitions and Dimensions, and Symbols Used in Pharmacokinetic Literature

Standard Symbol	Definition and Dimensions
A	Amount of drug in the body at anytime t [amount]
A^{ss}	Amount of drug in the body at steady-state [amount]
Ae	Amount of unchanged drug excreted into urine [amount]
$Ae\,(\infty)$	Amount of unchanged drug excreted into urine in infinite time [amount]
Ae_τ^{ss}	Amount of unchanged drug excreted into the urine during a dosage interval (τ) at steady-state [amount]
AUC	Area under concentration-time curve from zero to infinity [amount · time/volume][1]
AUC (0-t)	Area under concentration-time curve from zero to time t [amount · time/volume][1]
AUC_τ^{ss}	Area under concentration-time curve during any dosing interval (τ) at steady-state [amount · time/volume][1]
C	Drug concentration in plasma at anytime t [amount/volume]; for blood or serum use specifiers b or s, respectively with all C terms.
C_1	Intercept of fastest disposition slope with ordinate [amount/volume]
C_z	Intercept of slowest disposition slope with ordinate [amount/volume]
$C\,(0)$	Initial (fictitious) or back-extrapolated drug concentration [amount/volume] from rapid intravenous injection
C_{max}	Drug concentration at peak after single dose administration [amount/volume]
$C_{max\,(N)}$	Peak concentration after a given number of doses (N) before steady-state is reached [amount/volume]

[1] Areas under concentration-time curves of other body fluids must be qualified according to Table 2 of symbols. For example, AUC_b, $AUC_b\,(0\text{-}t)$ or $AUC_{b,\tau}^{ss}$ are the corresponding areas under the *blood* concentration-time curves.

Table 1 (continued)

Standard Symbol	Definition and Dimensions
$C_{min(N)}$	Trough concentration after repetitive dosing (N) before steady-state is reached [amount/volume]
C (Time) = C (1), C (2), etc.	Drug concentration at a given time after administration [amount/volume]
C^{ss}	Steady-state drug concentration in plasma during constant rate infusion [amount/volume]
C_{av}^{ss}	Mean or average steady-state drug concentration in plasma [amount/volume]
C_{max}^{ss}	Maximum steady-state (= peak) drug concentration in plasma during dosing interval [amount/volume]
C_{min}^{ss}	Minimum steady-state (= trough) drug concentration in plasma during dosing interval [amount/volume]
CL	Total body clearance [volume/time] or [volume/time/body surface area] or [volume/time/body surface area/1.73] or [volume/time/body weight][2]
CL_H	Hepatic clearance [volume/time] or [volume/time/body surface area] or [volume/time/body surface area/1.73] or [volume/time/body weight]
CL_{int}	Intrinsic hepatic clearance of free drug [volume/time] or [volume/time/body surface area] or [volume/time/body surface area/1.73] or [volume/time/body weight]
CL_{NR}	Nonrenal clearance [volume/time] or [volume/time/body surface area] or [volume/time/body surface area/1.73] or [volume/time/body weight]
CL_R	Renal clearance [volume/time] or [volume/time/body surface area] or [volume/time/body surface area/1.73] or [volume/time/body weight]

[2] Clearance values from other body fluids must be qualified according to Table 2 of symbols. For example, CL_b = clearance from blood and CL_u = clearance of free, unbound drug from plasma.

Table 1 (continued)

Standard Symbol	Definition and Dimensions
CL_{CR}	Creatinine clearance [volume/time] or [volume/time/body surface area] or [volume/time/body surface area/1.73] or [volume/time/body weight]
D	Nonspecific dose size [amount]
DL	Loading dose size [amount]
DM	Maintenance dose size [amount]
E	Organ extraction ratio; specifiers: H = hepatic
f	Fraction of drug systemically available ($= f_a \cdot f_{fp}$)
f_a	Fraction of administered dose absorbed
f_e	Fraction of systemically available drug eliminated into urine
f_{fp}	Fraction of absorbed dose reaching systemic circulation in presence of first-pass elimination
f_m	Fraction of drug metabolized
f_u	Free (unbound) fraction of drug in plasma
k	First-order rate constant [1/time]
k_a	Absorption rate constant (first-order) [1/time]
k_m	Rate constant (first-order) for formation of metabolite [1/time]
$k_{m,z}$	Elimination rate constant (first-order) for metabolite [1/time]
Km	Michaelis-Menten constant [amount/volume]
k_e	Rate constant (first-order) for unchanged drug appearing in urine [1/time]
k_0	Zero-order rate constant [amount/time]
k_{12}	Transfer rate constant from central (1) to peripheral (2) compartment (first-order) [1/time]

Table 1 (continued)

Standard Symbol	Definition and Dimensions
k_{21}	Transfer rate constant from peripheral (2) to central (1) compartment (first-order) [1/time]
k_{10}	Elimination rate constant (first-order) from central (1) compartment [1/time]
λ_i	Exponential term (eigenvalue) equivalent to the ith slope of a concentration-time curve [1/time]
λ_1	Fastest disposition (= hybrid) rate constant [1/time]
λ_z	Slowest disposition (= hybrid) rate constant [1/time]
Q_H	Liver blood flow [volume/time] or [volume/time/body weight]; for all Q terms use specifier p or s for plasma or serum, respectively
Q_R	Renal blood flow [volume/time] or [volume/time/body weight]; specifier p or s for plasma or serum, respectively
R_o	Constant infusion rate (zero-order) [amount/time]
t	Time after drug administration [time]
T	Duration of constant rate infusion [time]
t_{lag}	Lag-time [time]
t_{max}	Time to reach peak or maximum concentration following drug administration [time]
t_{mp}	Midpoint time of a collection interval [time]
t_{pi}	Time elapsed since end of infusion [time] (i.e. post infusion time)
$t_{1/2a}$	Absorption half-life [time]
$t_{1/2\lambda i}$	Distribution half-life [time]
$t_{1/2}$	Half-life associated with terminal slope (λ_z) of a concentration-time curve [time]
τ	Dosing inverval [time]

Table 1 (continued)

Standard Symbol	Definition and Dimensions
V_{ur}	Urine volume excreted [volume]
V_c	Pharmacokinetic volume of central or plasma compartment [volume] or [volume/body weight][3]
V_z	Pharmacokinetic volume of distribution during terminal (λ_z) phase [volume] or [volume/body weight]
V_{ss}	Volume of distribution at steady-state [volume] or [volume/body weight]
V_p; V_T	Volume of plasma (physiologic) or tissue of peripheral compartment [volume] or [volume/body weight]
V_{max}	Maximum rate of metabolism by an enzyme-mediated reaction [concentration/time]
iv, im, po, rect	Route of administration: If required to be added to qualify any of the terms such as Div; AUC (0-t) po; etc.

---

[3] V_d = Volume of distribution in the one- compartment model $V_c = V_z = V_{ss}$ [volume] or [volume/body weight]. If the two-compartment model is collapsed to a one-compartment model $V_{d\,extrap}$ is obtained which is always an overestimate. Other symbols: V; VD; V_D; AVD; $V_{d\,extrapol}$.

Table 2. Symbol qualifiers

Sites of Measurement (To qualify: C, CL, AUC, etc.)
- p   plasma
- b   blood
- u   unbound species
- sal   saliva
- ur   urine

Organs and Elimination Routes (To qualify: CL, k, Q, f, etc.)
- H   hepatic
- R   renal
- NR   nonrenal
- e   excreted into urine
- m   metabolized

Routes of Administration (To qualify: D, DL, DM, AUC, etc.)
- iv   intravenous
- po   orally, perorally
- sc   subcutaneous
- im   intramuscular
- sl   sublingual
- pr   rectally
- ip   intraperitoneally

Weiterführende Literatur

1. *Klinische Pharmakologie*
1.1 Kümmerle, H. P., Garrett, E. R., Spitzy, K. H.: Klinische Pharmakologie und Pharmakotherapie. Urban & Schwarzenberg, München (1976)
1.2 Kümmerle, H. P.: Methoden der klinischen Pharmakologie. Urban & Schwarzenberg, München (1978)
1.3 Füllgraf, G., Palm, D.: Pharmakotherapie/Klinische Pharmaokologie. Gustav Fischer Verlag, Stuttgart (1979)
1.4 Saller, R., Berger, T. H., Ulmer, E. M., Hellenbrecht, D.: Praktische Pharmakologie. F. K. Schattauer Verlag, Stuttgart, New York (1979)
1.5 Walter, H.: Klinische Pharmakologie. VEB Verlag Volk & Gesundheit, Berlin (1979)
1.6 Hasskarl, H., Kleinsorge, H.: Arzneimittelprüfung/Arzneimittelrecht. Gustav Fischer Verlag, Stuttgart, New York (1979)
1.7 Liedtke, R. K.: Wörterbuch der klinischen Pharmakologie. Gustav Fischer Verlag, Stuttgart, New York (1980)
1.8 Eickstedt, K. W. v., Gross, F.: Klinische Arzneimittelprüfung (1. Symp. F. Klinische Pharmakologie des Bundesgesundheitsamtes Berlin in Zusammenarbeit mit der Ärztekammer Berlin). Gustav Fischer Verlag, Stuttgart, New York (1975)
1.9 Kümmerle, H. P., Shibuya, T. K., Timura, E.: Problems of Clinical Pharmacology in Therapeutic Research, Phase I. Urban & Schwarzenberg, München (1977)
1.10 Lewandowski, G., Schnieders, B.: Grundzüge der Zulassung und Registrierung von Arzneimitteln in der Bundesrepublik Deutschland. Esopus, München (1977)
1.11 Martini, P., Oberhoffer, D., Welte, E.: Methodenlehre der therapeutisch-klinischen Forschung. Springer, Berlin, Heidelberg, New York, 4. Auflage (1968)
1.12 Federal Register, Part IX. FDA January 27, 1981
1.13 Richtlinien für Gute-Labor-Praxis (GLP-Richtlinien) vom 12. August 1980. Bundesminister für Jugend, Familie und Gesundheit (431-6803-42)

2. *Pharmakokinetik*
2.1 Dost, F. H.: Grundlagen der Pharmakokinetik. Georg Thieme Verlag, Stuttgart (1968)
2.2 Gladtke, E., v. Hattingberg, H. M.: Pharmakokinetik. Springer Verlag, Berlin, Heidelberg, New York (1977)
2.3 Gibaldi, M., Perrier, D.: Pharmacokinetics. Marcel Dekker Inc., New York (1975)
2.4 Wagner, J. G.: Fundamentals of Clinical Pharmacokinetics. Drug Intelligence Publications Inc., Hamilton, Illinois (1979)

2.5 Ritschel, W. A.: Handbook of Basic Pharmacokinetics. Drug Intellegence Publication, Hamilton (1979)
2.6 Evans, W. E., Schentag, J. J., Jusko, W. J.: Applied Pharmacokinetics. Applied Therapeutics Inc., San Francisco (1980)
2.7 Gladtke, E., Heimann, G.: Pharmacokinetics. Symposiumsband November 1978, Köln. Gustav Fischer Verlag, Stuttgart, New York (1979)
2.8 Winter, M. E.: Basic Clinical Pharmacokinetics. Applied Therapeutics Inc., San Francisco (1980)
2.9 Ritschel, W. A.: Clinical Pharmacokinetics. Gustav Fischer Verlag, Stuttgart, New York (1977)
2.10 Pharmakokinetik (5. Deidesheimer Gespräch). Arzneimittelforschung 21, 283–329 (1972)

3. *Statistik*

3.1 Sachs, L.: Angewandte Statistik. Springer Verlag, Berlin, Heidelberg, New York
3.2 Überla, K.: Versuchsplanung und Statistik in Phase II und III. Arzneimittelforschung/Drug Research 23, 1192–1196 (1973)
3.3 Armitage, P.: Sequential medical trials, 2nd Edition. Blackwell, Oxford (1975)
3.4 Weber, E.: Grundriß der biologischen Statistik, 7. Auflage. Fischer Verlag, Jena (1972)
3.5 Morris, W. (ed.): The American Heritage Dictionary of the English Language. New College Edition, Houghton Mifflin Company, Boston (1976)
3.6 Ostle, B., Mensing, R.: Statistics in Research, Third Edition. The Iowa State University Press, Ames, Iowa (1975)
3.7 Hicks, C. R.: Fundamental Concepts in the Design of Experiments, Second Edition. Holt, Rinehart and Winston, New York (1976)
3.8 Snedecor, G. W., Cochran, W. G.: Statistical Methods, Sixth Edition. The Iowa State University Press, Ames, Iowa (1967)
3.9 Steel, Torrie: Principles and Procedures of Statistics (209–213)
3.10 Kirk: Experimental Design (423–436)
3.11 Winer: Statistical Principles in Experimental Design (487–490)

4. *Endokrinologie*

4.1 Dallenbach Hellweg, G.: Functional morphologic changes in femal sex organs induced by exogenous hormones. Springer Verlag, Berlin, Heidelberg, New York (1980)
4.2 Heilmann, K.: Therapeutic systems. Georg Thieme Verlag, Stuttgart (1978)
4.3 Kracht, J.: Haut als endokrines Erfolgsorgan. Springer Verlag, Berlin, Heidelberg, New York (1971)
4.4 Lingemann, Ch.: Carcinogenic hormones, in: Recent Results in Cancer Research. Springer Verlag, Berlin, Heidelberg, New York (1979)
4.5 Martini, L., Motta, M.: Androgens and Antiandrogens. Raven Press, New York (1977)
4.6 Mauvais-Jarvis, P., Vickers, C. F. H., Wepierre, J.: Percutaneous absorption of steroids. Academic press, 1980, London, New York, Toronto, Sydney, San Francisco.

4.7 Plotz, J., Haller, G.: Methodik der Steroidtoxikologie. Thieme Verlag, Stuttgart (1971)
4.8 Rindt, W.: Gestagenpotenzen in der hormonalen Kontrazeption. Geburtshilfe und Frauenheilkunde 33, 640–646 (1973)
4.9 Schneider, M. L., Stämmler, H. J.: Atlas der gynäkologischen Differentialzytologie Schattauer Verlag, Stuttgart, New York (1976)
4.10 Junkmann, K.: Handbuch der experimentellen Pharmakologie XXII. Springer Verlag, Berlin, Heidelberg, New York (1969)

5. Modelle

5.1 Modell zur Prüfung eines Arzneimittels mit β-adrenolytischer Wirkung
5.1.1 Bruhn, R., Höffken, I., Henry, R., Lücker, P. W.: Ein klinisch-pharmakologisches Verfahren zur Messung der β-adrenolytischen Wirkung ohne invasive Techniken. Arzneim. Forsch. 31 (II), 8, 1299–1302 (1981)
5.1.2 Bruhn, R., Höffken, I., Henry, R., Lücker, P. W.: Zur Pharmakodynamik von Acebutolol 1-(2-Acetyl-4-n-butyramidophenoxy)-2-hydroxy-3-isopropylaminopropan. Therapiewoche 31, 5470–5487 (1981)
5.2 Modell zur Prüfung von Antacida, H_2-Blockern sowie Substanzen mit schleimhautprotektiver Wirkung
5.2.1 Laule, H., Altmayer, P., Eldon, M. A., Lücker, P. W.: Gastric Potential Difference as a Model in Clinical Pharmacology: Assessment of Gastric Mucosa Response to Ingested Substances. European Journal of Clinical Pharmacology in press
5.2.2 Kraus, M., Lücker, P. W., Eldon, M. A.: Comparison of choline theophyllinate and theophylline gastric irritation utilizing gastric potential difference as a model. Arzneim. Forsch. 31 (II), 9, 1503–1507 (1981)
5.2.3 Lücker, P. W., Altmayer, P.: Grenzen und Möglichkeiten der Magenpotentialmessungen am Menschen. Methods and Findings in Experimental and Clinical Pharmacology 3 (Suppl. 1), 77–81 (1981)
5.3 Modell zur Prüfung von Arzneimitteln mit Wirkung an der glatten Muskulatur (Pupillometrie)
5.3.1 Kraus, M., Breuel, H., Lücker, P. W.: Die Pupillometrie, ein klinisch-pharmakologisches Modell, Aussagekraft und Grenzen. Vortrag 31.10.1981, 5. Bobenheimer Allerheiligengespräch

6. Rechenverfahren

6.1 Hattingberg, H. M. von, Brockmeier, D., Kreuter, G.: A Rotating Iterative Procedure (RIP) for Estimating Hybrid Constants in Multi-Compartment Analysis of Desk Computers. Europ. J. clin. Pharmacol. 11, 381–388 (1977)
6.2 Hattingberg, H. M. von, Brockmeier, D.: Drug concentration control and pharmacokinetic analysis during long term therapy with desk top computers. Presentation of a programming concept. Pharmacokinetics. Gladtke/Heimann (Hrsg.). Gustav Fischer Verlag, Stuttgart/New York (1980)
6.3 Hattingberg, H. M. von, Brockmeier, D.: The Pharmacokinetic Basis of Optimal Antibiotic Dosage. Infection Volume 8 (1980), Suppl. 1 (Seite 21–24)

Sachverzeichnis

Abbruch 17
Abbruchkriterium 39, 42, 44
Abhängigkeitsverhältnis 18
Ablaufplan 23, 29, 36
Ablaufschema 22
absättigbar 86
Absorption 73, 76
Absorptionskonstante 85
Absorptionsprozeß 74
Abweichungen vom Versuchsplan 18
Abweichungsquadrate 76
Acetylsalicylsäure (ASA) 48, 52
ärztliche Schweigepflicht 18, 23
Agar-KCl-Meßelektrode 49
alpha-Fehler 102, 103, 113
Androgene 67, 72
Anfangsbedingung 76
Antacida 48
Antiandrogene 67, 72
Antibiotika 9
Anticholinergikum 55
Antiepileptika 9
antigonadotrop wirkende Pharmaka 67
antiphlogistische Wirkung 64, 65
antiphlogistischer Effekt 66
arithmetisches Mittel 101
Arzneimittelgesetz 11
AUB 50, 51
AUC 54
Aufklärung 29, 36
Aufklärungspflicht 17
Ausscheidung 73
Ausschlußkriterien 22

Befindlichkeitsskalen 62
beta-Adrenolytikum 45
beta-adrenolytische Wirkung 43
beta-Blocker 45, 46
beta-Fehler 102

Bioverfügbarkeit 74, 81, 87, 88, 91
Bl (Baseline) 50
Blutabnahmezeiten 74
bronchokonstriktorischer Effekt 43
Bundesminister für Jugend, Familie und Gesundheit 11

Checkliste 30
Checklistenbesprechung 30
Clearance 74, 84
cmax 76
Corticosteroide 67

Deklaration von Helsinki 12
Design 21
Desogestrel 71
Determinationsgerät (DTG) 57, 60
Diazepam 59
Digoxin 9
dose tolerance-Studie 38, 39
Dost'scher Flächensatz 81
drug screen 29

Einschlußkriterien 22
Einverständnis 29
Einverständniserklärung 29
Elimination 75, 76
Eliminationskonstante 85
Endokrinium 67
Entzündung 64
Enzyminduktion 90
Enzyminhibition 90
Ergometrie 45
Erstdosis 28
ethisches Komitee 13
ethisches Komitee – Bewertungsskala 14

F-Verteilung 108
Fachgutachten 31

145

Fahrradergometer 44
fiktive Anfangskonzentration 76
first pass-Effekt 94
fixed sample trial 37
flip-flop 83
Fmax 54
FMF 45
Fragestellung 22
Freiheitsgrade 100
frequenzstabile Ergometrie 44
FSH 69, 71, 72

geistige Konzentrationsleistung 56
Geschwindigkeitskonstante 78
Gestagene 67, 70, 71
glatte Muskulatur 53
gonadotrop wirkende Pharmaka 67
Good Clinical Research Practice 11, 19, 22
Gruppendynamik 27
Gutachten 32, 33
Gute-Labor-Praxis (GLP) 11, 22, 35

H_0 105, 109
H_2-Blocker 48
Halbwertszeit (HWZ) 79, 84, 88, 93
Hexobarbital 87
Hormone 67
Hormonomimetika 72
humanpharmakokinetische Studie 86
Hybridkonstante 84

Institutional Review Boards 12
Integral 80
Integrität der Versuchsperson 18
ISA 45, 46
Iteration 76, 83, 84

Kapitänsprinzip 13
Karzinostatika 10
klinisch-pharmakologischer Service 9
Kompartiment 77, 78
komplett randomisiertes Design 109
Konfidenzintervall 100, 106
Konstanten 76
Konzentrationen zum Maximum 74
Konzentrations-Leistungs-Test (KLT) 58, 61

Korrelationskoeffizient 84
Kumulationsmaxima 74
Kumulationsminima 74
Kumulationsschema 90
Kumulationsverhalten 89

Laborstatus 29
lag time 82
lateinisches Quadrat 111
leberinduzierende Wirkung 41, 86
leberinduzierender Effekt 82
leistungsinduzierte Tachykardie 43
Leiter der klinischen Prüfung 11
LH 69, 71, 72
Lynestrenol 71

mean transit time 82, 90, 91
Meantime (MT) 54
Median 99, 101, 103
Metabolisierung 73
MIT (mittlere Instabilitätszeit) 51, 52
Mittelwert 100, 103
Modell 88
Modell (Pharmakokinetik) 80
Modellcharakter 24
Modellfindung 103
Modellkonstante 74
Modellversuch 25

Nennfrequenz 44
Nennzeit 44
Nichtraucher 24
Nomenklatur 95, 96
Normalverteilung 99, 101
Nullhypothese 103, 106, 109

Oestrogene 67, 68
Optimierung 26
Ordinateninterzepte 74

Pdmax 50, 51
Pemolin 59
Pfadfindermodell 41
Pharmakokinetik 41, 73
Pharmakokinetik aus Urin 92
Phase I 8
Phase II 8
Phase III 8
Phase IV 9
Placebo 27

Population 99, 101
Potentialdifferenz 48, 52
predose level 91
Primäranpassung 76, 84
Probandenstation 26
Probandenvertrag 29
Prolaktin 71
Prolaktinhemmer 67
Prozeß erster Ordnung 82
psychische Befindlichkeit 56
psychologische Gesichtspunkte 24
psychomotorische Konzentration 56
psychotroper Effekt 43
Pupillenindex (PI) 54
Pupillometrie 53
Pursuit-Rotor-Test (PRT) 57, 61

Qualitätssicherung 23, 29

Rahmenerklärung von Helsinki 12
Randbedingungen 26
randomisiert aus der Population 101
randomisiertes Blockdesign 110
Raucher 24, 89
Reaktionszeit 56
Reinheitszertifikat 29
Reizindex 51
renale Clearance 93
renale Elimination 92
REPRIP-Verfahren 83, 84, 91
Retardeffekt 74, 82
Richtlinie des BMJFG 11
RIP-Verfahren 83
Rohdaten 31
Rohdatenakte 33, 34

sättigbar 82
Sättigungskinetik 41
schleimhautprotektive Wirkung 48
Schwarz-weiß-Fernsehkamera 53
Schwarz-weiß-Monitor 53
Schwelldosis 38
sedierender Effekt 56
Senkung der ST-Strecke 44
sequential trial 37
Serum/Plasmakonzentration 88
SHBG 69, 72
Signifikanzniveau 103
Simulation 91
Sollfrequenz 44

Spaltlampengestell 53
Spasmolytikum 55
Standard Error of the Mean (SEM) 101
Standardabweichung 99, 100, 101
Standardfehler des Mittelwerts 100
Statistik 20, 97
statistische Designs 98
statistische Modelle 98
steady state 77
Steigerungsfaktor 38
Stichprobe 99
stimulierender Effekt 56
Studiendesign 103
Substanzen mit schleimhautprotektiver Wirkung 48
Sulfonamide 9

t-Test 105
t-Verteilung 99, 102
tailored testing 59
tailoring 44
Theophyllin 9
tkrit 105
tmax 76
totale Clearance 82, 94
Trainingseffekt 57
Transformation 102, 112
Transkortin 69
transmurale Potentialdifferenzauslenkung 48
Transportzeit 84
Trapezregel 80
ttot 50, 51
Tukey's test 112

(U-U)/t-Darstellung 93
unverbundene Stichproben 105

Varianz 100, 101
Varianzanalyse 39, 107, 108, 110
Variation 99
Variationsbreite 101
Variationskoeffizient 100
Vcc 77
verbundene Stichproben 105
Verhältnismäßigkeit der eingesetzten Mittel 18
Versuchsablauf 22
Versuchsdesign 22

Versuchsplan 21
Verteilung 73, 75, 76
Verteilungsvolumina 74
Vss 77

WHO Technical Reports 403 und 556 12

Zahlen-Symbol-Test (ZST) 58, 61
zentrales Grenzwerttheorem 101
Zielsetzung 22
zirkadiane Einflüsse 57, 87

Beta-Rezeptorenblocker

Aktuelle klinische Pharmakologie und Therapie

Herausgeber: H.-D. Bolte, A. Schrey
Unter Mitarbeit von zahlreichen Fachwissenschaftlern

1981. 79 Abbildungen, 48 Tabellen.
XI, 188 Seiten
Gebunden DM 48,–
ISBN 3-540-11224-3

Diuretika

1. Diuretika-Symposium Düsseldorf 1979

Herausgeber: F. Krück, A. Schrey
1980. 86 Abbildungen, 31 Tabellen.
X, 200 Seiten
Gebunden DM 48,–
ISBN 3-540-09819-4

J. Drews

Grundlagen der Chemotherapie

1979. 112 z. T. farbige Abbildungen im Text und auf einer Farbtafel, 22 Tabellen.
IX, 368 Seiten
DM 69,–
Wien – New York: Springer-Verlag
ISBN 3-211-81513-9

Springer-Verlag
Berlin
Heidelberg
NewYork

E. Gladtke, H. M. von Hattingberg

Pharmakokinetik

Eine Einführung

Mit Beiträgen von W. Kübler, W.-H. Wagner und einem Geleitwort von F. H. Dost

2., neubearbeitete Auflage. 1977.
72 Abbildungen, 13 Tabellen.
X, 162 Seiten
DM 29,80
ISBN 3-540-08168-2

E. Habermann, H. Löffler

Spezielle Pharmakologie und Arzneitherapie

3., verbesserte und erweiterte Auflage.
1979. 37 Abbildungen, 54 Tabellen.
XII, 375 Seiten
(Heidelberger Taschenbücher, Band 166)
DM 27,80
ISBN 3-540-09341-9
Basistext

Immunglobulintherapie

Tierexperimentelle und klinische Ergebnisse

Herausgeber: H. Deicher, I. Stroehmann
Unter Mitarbeit von zahlreichen Fachwissenschaftlern

1980. 55 Abbildungen, 55 Tabellen.
XII, 139 Seiten
DM 32,–
ISBN 3-540-10416-X

Immunostimulation

Editors: L. Chedid, P. A. Miescher, H. J. Mueller-Eberhard

1980. 44 figures, 39 tables.
VIII, 236 pages
DM 38,–
ISBN 3-540-10354-6

Medizinisch und wirtschaftlich rationale Arzneitherapie

Herausgeber: H. Kewitz

Korrigierter Nachdruck 1979. 55 Abbildungen, 69 Tabellen. Arzneimittelverzeichnis. XXII, 358 Seiten
DM 42,-
ISBN 3-540-08619-6

Pentazocin

Im Spiegel der Erfahrungen

Herausgeber: S. Kubicki, G. A. Neuhaus
Mit Beiträgen von zahlreichen Fachwissenschaftlern

III. Pentazocin-Symposium am 9. Mai 1980 in Berlin

1981. 16 Abbildungen. XI, 89 Seiten
DM 29,80
ISBN 3-540-10755-X

Springer-Verlag
Berlin
Heidelberg
New York

Pharmakotherapie bei Niereninsuffizienz

Herausgeber: A. Heidland, E. Wetzels
Mit Beiträgen von zahlreichen Fachwissenschaftlern

1980. 45 Abbildungen, 35 Tabellen.
IX, 140 Seiten (24 Seiten in Englisch)
DM 38,-
ISBN 3-540-10101-2

Retinoids

Advances in Basic Research and Therapy

Editors: C. E. Orfanos, O. Braun-Falco, E. M. Farber, C. Grupper, M. K. Polano, R. Schuppli

1981. 215 figures, 143 tables.
XX, 527 pages
(Proceedings of the International Dermatology Symposium (IDS), Berlin, Oktober 13-15, 1980
Cloth DM 78,-
ISBN 3-540-10673-1

Ventrikuläre Herzrhythmusstörungen

Pathophysiologie - Klinik - Therapie

Herausgeber: B. Lüderitz

1981. 149 Abbildungen. XV, 459 Seiten
Gebunden DM 88,-
ISBN 3-540-10553-0

G. K. Wolf

Klinische Forschung mittels verteilungsunabhängiger Methoden

1980. 10 Abbildungen, 39 Tabellen.
X, 141 Seiten
(Medizinische Informatik und Statistik, Band 24)
DM 29,-
ISBN 3-540-10268-X

MIX
Papier aus verantwortungsvollen Quellen
Paper from responsible sources
FSC® C105338

If you have any concerns about our products,
you can contact us on
ProductSafety@springernature.com

In case Publisher is established outside the EU,
the EU authorized representative is:
**Springer Nature Customer Service Center GmbH
Europaplatz 3, 69115 Heidelberg, Germany**

Printed by Libri Plureos GmbH
in Hamburg, Germany